电气自动化技能型人才实训系列

三菱FX$_{3U}$系列PLC

应用技能实训

肖明耀　代建军　主编

杭白清　陈俊雄　陈意平　参编

中国电力出版社

CHINA ELECTRIC POWER PRESS

内 容 提 要

PLC 是从事工业自动化、机电一体化专业的技术人员应掌握的实用技术之一。本书采用以工作任务驱动为导向的项目训练模式，分为十五个项目，每个项目设有一至两个训练任务，通过任务驱动技能训练，可使读者快速掌握三菱 FX3U 系列 PLC 的基础知识、程序设计方法与编程技巧。部分项目后面设有技能提高训练内容，可全面提高读者三菱 FX3U 系列 PLC 的综合应用能力。

本书贴近教学实际，为电气类、机电类高技能人才的培训教材，可作为大专院校、高职院校、技工院校工业自动化、机电一体化、机械设计、制造及自动化等相关专业的教材，也可作为工程技术人员、技术工人的参考学习资料。

图书在版编目(CIP)数据

三菱 FX3U 系列 PLC 应用技能实训/肖明耀，代建军主编. —北京：中国电力出版社，2015.1(2020.1重印)
（电气自动化技能型人才实训系列）
ISBN 978-7-5123-6516-2

Ⅰ. ①三… Ⅱ. ①肖… ②代… Ⅲ. ①plc 技术 Ⅳ. ①TM571.6

中国版本图书馆 CIP 数据核字(2014)第 226589 号

中国电力出版社出版、发行
（北京市东城区北京站西街 19 号　　100005　http://www.cepp.sgcc.com.cn）
北京天宇星印刷厂印刷
各地新华书店经售

*

2015 年 1 月第一版　　2020 年 1 月北京第四次印刷
787 毫米×1092 毫米　16 开本　16.5 印张　443 千字
印数 5001—6000 册　　定价 59.00 元

前　言

　　《电气自动化技能型人才实训系列》为电气类高技能人才的培训教材，以培养学生实际综合动手能力为核心，采取以工作任务为载体的项目教学方式，淡化理论、强化应用方法和技能的培养。本书为《电气自动化技能型人才实训系列》之一。

　　可编程控制器（PLC）是微电子技术、继电器控制技术和计算机及通信技术相结合的新型通用的自动控制装置。PLC具有体积小、功能强、可靠性高、使用便利、易于编程控制、适用工业应用环境等一系列优点，便于应用于机械制造、电力、交通、轻工、食品加工等行业，既可应用于旧设备改造，也可用于新产品的开发，在机电一体化、工业自动化方面的应用极其广泛。

　　PLC是从事工业自动化、机电一体化专业的技术人员应掌握的重要实用技术之一。本书采用以工作任务驱动为导向的项目训练模式，介绍工作任务所需的PLC基础知识和完成任务的步骤与方法，通过完成工作任务的实际技能训练全面提高PLC综合应用的技巧和技能。

　　全书分为认识FX$_{3U}$系列可编程控制器、学会使用GPPW编程软件、用PLC控制三相交流异步电动机、定时控制及其应用、计数控制及其应用、步进顺序控制、交通灯控制、彩灯控制、电梯控制、机床控制、机械手控制、步进电动机控制、自动生产线控制、远程通信控制、温度控制15个项目，每个项目设有一至两个训练任务，共27个任务，通过任务驱动技能训练，可使读者掌握PLC的基础知识、PLC程序设计方法与编程技巧，部分项目后面设有技能提高训练内容，可全面提高读者PLC的综合应用能力。

　　本书由肖明耀、代建军、杭白清、陈俊雄、陈意平编写，肖明耀、代建军主编。

　　由于编写时间仓促，加上作者水平有限，书中难免存在错误和不妥之处，恳请广大读者批评指正，不胜感谢。

作　者

目 录

项目一　认识 FX₃ᵤ 系列
可编程控制器

学习目标

（1）认识三菱 FX₃ᵤ 系列可编程控制器硬件。

（2）认识三菱 FX₃ᵤ 系列 PLC 的软元件。

（3）学会识别与选择三菱 FX₃ᵤ 系列 PLC。

任务 1　认识三菱 FX₃ᵤ 系列 PLC 的硬件

基础知识

一、FX₃ᵤ 系列可编程控制器的结构

可编程控制器主要由中央处理单元 CPU、存储器、输入输出单元（I/O）、电源和编程器等组成。其结构如图 1-1 所示。

1. 中央处理单元

中央处理单元 CPU 的主要功能如下。

（1）从存储器中读取指令。CPU 在地址总线上给出地址，在控制总线上给出读命令，从数据总线上读出存储单元中的指令，存入 CPU 的指令寄存器。

（2）执行指令。对存放在指令寄存器中的指令进行译码，识别并执行指令规定的操作，如算术运算或逻辑运算并将结果送输出有关部分。

（3）顺序取指令。CPU 执行完一条指令后，能自动生成下一条指令的地址，以便取出和执行下一条指令。

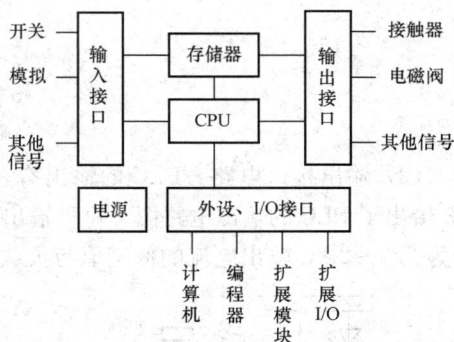

图 1-1　PLC 硬件结构

（4）处理中断。CPU 除顺序执行程序外，还能接收内部或外部发来的中断请求，并进行中断处理，处理完返回，继续顺序执行程序。

2. 存储器

存储器是具有记忆功能的半导体电路，用来存储系统程序、用户程序、逻辑变量、系统组态等信息。

可编程控制器配有系统存储器和用户存储器。系统存储器存放系统管理程序，用户存储器存放用户设计编辑的应用程序。

3. 输入输出单元（I/O）

实际生产中信号电平是多样的，外部执行机构所需的电平也不同，而可编程控制器的 CPU

所处理的信号只能是标准电平,通过输入输出单元实现这些信号电平的转换。可编程控制器的输入和输出单元实际上是 PLC 与被控对象之间传送信号的接口部件。

输入输出单元有良好的电隔离和滤波作用。接到 PLC 输入端的输入器件是各种开关、操作按钮、选择开关、传感器等。通过输入接口电路将这些开关信号转换为 CPU 能够识别和处理的信号,并送入输入映像存储器。运行时 CPU 从输入映像存储器读取输入信息并进行处理,将处理结果存放到输出映像存储器。输入输出映像寄存器由输入输出相应的触发器组成,输出接口将其弱电控制信号转换为现场所需要的强电信号输出,驱动显示灯、电磁阀、继电器、接触器等各种被控设备的执行器件。

(1) 输入接口电路。为了防止各种干扰信号和高电压信号进入 PLC,现场输入接口电路一般由 RC 滤波器消除输入触点的抖动和外部噪声干扰,由光电耦合电路进行隔离。光电耦合电路由发光二极管和光电三极管组成。

通常 PLC 的输入可以是直流、交流或交直流。输入电路电源可以由外部供给,有的也可以由 PLC 内部提供。采用外部电源的直流、交流输入电路如图 1-2 所示。对于图 1-2 (a) 直流输入电路,当输入开关闭合时,其一次电路接通,上面的发光二极管对外显示,同时光电耦合器中的发光管使三极管导通,信号进入内部电路,此输入点对应的位由 0 变为 1。即输入映像寄存器的对应位由 0 变为 1。

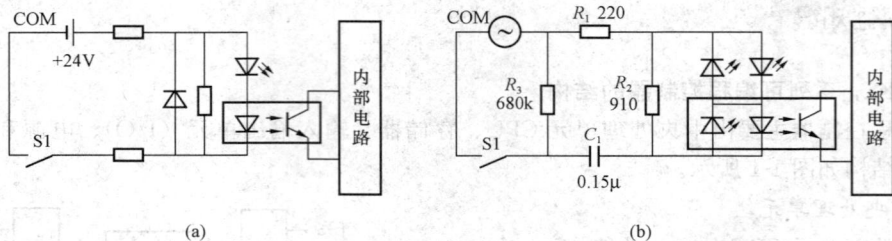

图 1-2 输入接口电路
(a) 直流输入电路;(b) 交流输入电路

(2) 输出接口电路。PLC 的输出有三种形式:继电器输出、晶体管输出、晶闸管输出。图 1-3 给出了 PLC 的输出电路图。每种输出都采用了电气隔离技术,电源由外部供给,输出电流一般为 0.5~2A,输出电流的额定值与负载的性质有关。

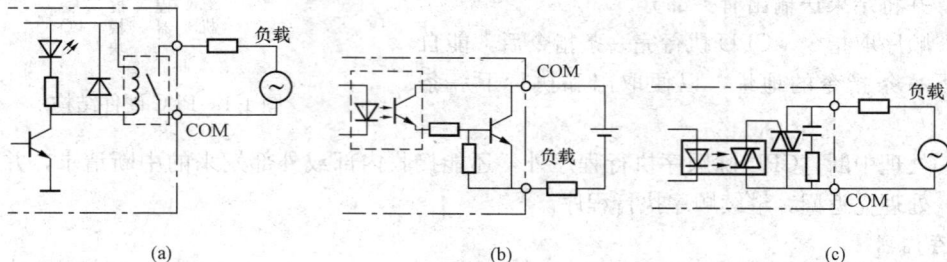

图 1-3 输出接口电路

继电器输出型最常用。当 CPU 有输出时、根据输出映像区对应位的状态,接通或断开输出电路中的继电器线圈,继电器的触点闭合或断开,通过该触点控制外部负载电路的通断。继电器输出型利用了继电器的线圈和触点将 PLC 的内部电路与外部负载进行了电气隔离。

晶体管输出型是通过光电耦合器使晶体管饱和或截止以控制外部负载电路的通断,并同时进行电气隔离。

晶闸管输出型采用了光触发型双向晶闸管，通过它进行驱动和电气隔离。

为了使 PLC 避免受瞬间大电流的作用而损坏，必须采取保护措施：一是在输入、输出的公共端接熔断器。二是采用保护电路，对直流感性负载用续流二极管，对交流感性负载用阻容吸收回路。

由于 PLC 的输入和输出端是靠光电耦合的，在电气上是完全隔离的，输出信号不会反馈到输入端，也不会产生地线干扰和其他串扰，因此 PLC 具有很高的可靠性和极强的抗干扰能力。

4. 电源

PLC 的电源一般采用交流 220V 市电，电源部件将交流电转换为供 PLC 工作所需的直流电，使 PLC 正常工作。小型 PLC 电源和 CPU 单元等合为一体，中、大型 PLC 有专用的电源模块。部分 PLC 电源部分提供 24V 直流输出，用于对外部的传感器供电，最大输出电流大约为 500mA。

5. 编程器

编程器是 PLC 的最重要的外部设备。利用编程器将用户程序送入 PLC 的存储器，还可以用编程器检查、修改、调试程序。利用编程器可以监视程序的运行及 PLC 的工作状态。小型 PLC 常用简易型便携式、手持式编程器。利用个人计算机，添加适当的硬件接口电缆和编程软件，也可以对 PLC 编程。计算机编程可以直接显示梯形图、读出程序、写入程序、监控程序运行等。

二、工作原理

PLC 采用循环扫描的工作方式，其扫描过程如图 1-4 所示。

这个过程一般包括五个阶段：内部处理、通信操作、输入扫描处理、执行用户程序、输出处理。当 PLC 方式开关置于运行（RUN）时，执行所有阶段。当 PLC 方式开关置于停止（STOP）时，不执行后三个阶段，此时可进行通信操作，对 PLC 编程等。对于不同的 PLC，扫描过程中各步执行的顺序不同，由 PLC 内部的系统程序决定。全过程扫描一次所需的时间称为扫描周期。

1. 内部处理

CPU 检查主机硬件，检查所有的输入模块、输出模块等，在运行模式下，还要检查用户程序存储器。如果发现异常，则停止并显示错误。若自诊断正常，继续向下扫描。

2. 通信操作

在 CPU 扫描周期的通信操作阶段，CPU 自检并处理各通信端口接收到的任何信息，完成数据通信任务。即检查是否有计算机、编程器的通信请求，若有则进行相应处理。

3. 输入扫描处理

输入扫描处理又称为输入采样。在此阶段，顺序读入所有输入端子的通断状态，并将读入的信息存入输入映像寄存器。输入映像寄存器被刷新，程序执行时，输入映像寄存器与外界隔离，即使外界信号变化，其内容也保持不变。

4. 执行用户程序

用户程序在 PLC 中是顺序存放的。在这一阶段，CPU 根据 PLC 用户程序从第一条指令开始顺序取指令并执行，直到最后一条指令结束。执行指令时，从输入映像寄存器读取各输入端的状

图 1-4　PLC 的扫描
过程

内部处理

通信操作

STOP　　　RUN

输入扫描处理

执行用户程序

输出处理

态，执行指令对各数据进行算术运算或逻辑运算，然后将运算结果送输出映像寄存器，输出映像寄存器的内容会随着程序的运行而改变。

5. 输出处理

程序执行完毕后，将输出映像寄存器的状态转存到输出锁存器，集中对输出点进行刷新，通过隔离电路，驱动功率放大器，使输出端子向外界输出控制信号，驱动外部负载。

PLC 的循环扫描工作方式，说明 PLC 是"串行"工作的，这和继电接触控制系统"并行"工作有质的区别。PLC 的串行工作方式避免了继电接触控制的触点竞争问题。

由于 PLC 是扫描工作方式，在程序执行阶段，输入变化不会影响输入映像寄存器的内容，输出映像区的输出信号要等到执行程序的结束才会送到输出锁存器。由此可以看出，全部的输入输出状态的改变，需要一个扫描周期，即输入输出状态保持一个扫描周期。

扫描周期是 PLC 的重要指标之一，小型 PLC 的扫描周期一般为十几毫秒到几十毫秒。扫描周期的长短取决于扫描速度和用户程序的长短。选择高速 CPU 可以提高扫描速度，合理的设计程序也可以缩短扫描时间。

三、可编程控制器使用的编程语言

PLC 编程语言有梯形图、指令语句表、步进顺控图等。

1. 梯形图

梯形图是最直观、最简单的一种编程语言，它类似于继电接触控制电路形式，逻辑关系明显，在电气控制线路继电接触控制逻辑基础上使用简化的符号演变而来，形象、直观、实用，电气技术人员容易接受，是目前用得较多的一种 PLC 编程语言。

继电接触控制线路图和 PLC 梯形图如图 1-5 所示，由图可见两种控制图逻辑含义是一样的，但具体表示方法有本质区别。梯形图中的继电器、定时器、计数器不是物理实物继电器、实物定时器、实物计数器，这些器件实际是 PLC 存储器中的存储位，因此称为软元件。相应的位为"1"状态，表示该继电器线圈通电、常开触点闭合、常闭触点断开。

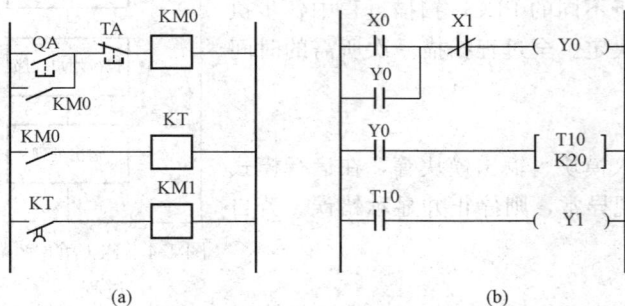

图 1-5 控制线路图和梯形图
(a) 控制线路图；(b) 梯形图

梯形图左右两端的母线是不接任何电源的。梯形图中并没有真实的物理电流流动，而是概念电流（假想电流）。假想电流只能从左到右、从上到下流动。假想电流是执行用户程序时满足输出执行条件的形象理解。

梯形图由多个梯级组成，每个梯级由一个或多个支路和输出元件构成。右边的输出元件是必需的。例如图 1-5 (b) 的梯形图是由三个梯级构成的，梯级一有 4 个编程元件，输入元件 X0、X1 表示按钮开关触点，第二行的 Y0 表示接触器触点，括号中的 Y0 表示接触器线圈，线圈 Y0 是输出元件。

2. 指令语句表

指令语句表是一种与计算机汇编语言相类似的助记符编程语言，简称语句表，它用一系列操作指令组成的语句描述控制过程，并通过编程器送到 PLC 中。不同厂家的指令语句表使用的助记符不相同，因此，一个功能相同的梯形图，书写的指令语句表并不相同。表 1-1 是三菱 FX$_{3U}$ 系列 PLC 指令语句表完成图 1-5 (b) 控制功能编写的程序。

表 1-1   FX₃ᵤ 系列 PLC 指令语句表

步序	指令操作码（助记符）	操作数（参数）	说　　明
0	LD	X0	输入 X0 常开触点　逻辑行开始
1	OR	Y0	并联 Y0 自保触点
2	ANI	X1	串联 X1 常闭触点
3	OUT	Y0	输出 Y0　逻辑行结束
4	LD	Y0	输入 Y0 常开触点　逻辑行开始
5	OUT	T10　K20	驱动定时器 T10
8	LD	T10	输入 T10 常开触点　逻辑行开始
9	OUT	Y1	输出 Y1　逻辑行结束

指令语句表编程语言是由若干条语句组成的程序，语句是程序的最小独立单元。每个操作功能由一条语句来表示。PLC 的语句由指令操作码和操作数两部分组成。操作码由助记符表示，用来说明操作的功能，告诉 CPU 做什么，例如逻辑运算的与、或、非等。算术运算的加、减、乘、除等。操作数一般由标识符和参数组成。标识符表示操作数类别，例如输入继电器、定时器、计数器等。参数表示操作数地址或预定值。

3. 步进顺控图

步进顺控图，简称步进图，又叫状态流程图或状态转移图，它是使用状态来描述控制任务或过程的流程图，是一种专用于工业顺序控制程序设计语言。它能完整地描述控制系统的工作过程、功能和特性，是分析、设计电气控制系统控制程序的重要工具。步进顺控图如图 1-6 所示。

四、FX₃ᵤ 系列可编程控制器

1. 可编程控制器组件

三菱 FX₃ᵤ 系列 PLC 基本性能大幅提升，通信功能、定位功能有较大提高，新增了高速输入输出适配器，模拟量输入输出适配器和温度输入适配器，这些适配器不占用系统点数，使用方便，在 FX₃ᵤ 的左侧最多可以连接 10 台特殊适配器，通过 CC-Link 网络的扩展可以实现最多达 384 点（包括远程 I/O 在内）的控制，可以选装高性能的显示模块，可显示 PLC 内部软元件信息、设定值、当前值和故障。

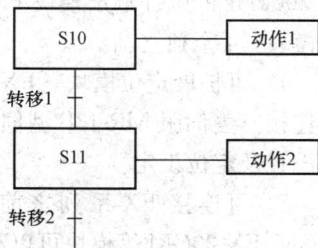

图 1-6　步进顺控图

三菱小型可编程控制器为满足各种工业控制需要，提供了非常紧凑的晶体管输出 FX₃ᵤᴄ 系列，普遍适用的 FX₃ᵤ 系列。

（1）FX₃ᵤᴄ 系列。三菱 FX₃ᵤᴄ 系列 PLC 可编程控制器是第三代紧凑型的小型可编程控制器。采用连接器输入输出形式。行业内最高水平的高速处理及定位等内置功能得到大幅提升。

1）内置高达 64 000 步大容量的 RAM 存储器。

2）内置业界最高水平的高速处理 $0.065\mu s$/基本指令。

3）控制规模：16～384（包括 CC-Link I/O）点。

4）内置独立 3 轴 100kHz 定位功能（晶体管输出型）。

5）基本单元左侧均可以连接功能强大简便易用的适配器。

6）外观如图 1-7 所示。

（2）FX₃UC 和 FX₂N 在显示功能上的不同点。

1）本身带有显示模块。

2）监视/测试。

3）检查错误。

4）语言（日语/英语）。

5）设定时间。

6）关键字。

7）元件全部清除。

8）显示扫描时间。

9）存储器盒的传送。

（3）FX₃U 系列。FX₃U 系列的基本单元有16～128点多种规格，输入输出有多种选择。与 FX₃UC 的区别是没有内置显示单元。

图 1-7　FX₃UC 系列

FX₃U 系列与之前的 FX 系列产品相比其定位功能得到了提高，FX₃U 系列 PLC 的定位功能主要有以下几点。

1）PLC 主体的脉冲输出由两个增加到三个。三菱小型可编程控制器 FX 系列（FX₃U 之前产品：FX₁S/FX₁N/FX₂N）主体脉冲输出功能为 Y0、Y1 两个（其中 FX₁S/FX₁N 为 100kHz，FX₂N 为 20kHz），最新产品 FX₃U 在此项功能方面增加到三个，分别为 Y0、Y1、Y2，频率为 100kHz。

2）定位指令增加。FX₃U 除了之前的 FX 系列的定位指令 ABS/ZRN/PLSV/DRVI/DRVA 等指令外，还增加了 DSZR（带 DOG 搜索的原点回归）、DVIT（中断定位）、TBL（表格定位）等指令。

3）可扩展高速脉冲输出模块。FX₃U-2HSY-ADP 用于定位，FX₃U 可在其主体左侧扩展最高为 200kHz 的脉冲输出模块 FX₃U-2HSY-ADP，用于连接差动输入型的伺服电机，最多可扩展 2 个模块，4 个独立轴。

4）可扩展定位模块。FX₃U-20SSC-H 模块用于定位此模块用三菱专用 SSCNET 总线连接，需连接三菱伺服 MR-J3B 型伺服，可进行 2 轴插补，用专用软件 FX-Configurator-FP 进行伺服参数设置及定位设定。

5）可连接 FX 系列之前的定位模块。FX 之前的特殊模块 FX₂N-1PG-E/FX₂N 10PG/FX-10GM/FX-20GM 等模块可以和 FX₃U 一起使用。

（4）FX₃U 系列 PLC 的基本性能大幅提升。

1）CPU 处理速度达到了 $0.065\mu s$/基本指令。

2）内置了高达 64 000 步的大容量 RAM 存储器。

3）大幅增加了内部软元件的数量。

4）强化了指令的功能，提供了多达 209 条应用指令，包括与三菱变频器通信的指令，CRC 计算指令，产生随机数指令等。

5）晶体管输出型的基本单元内置了 3 轴独立最高 100kHz 的定位功能，并且增加了新的定位指令：带 DOG 搜索的原点回归（DSZR），中断单速定位（DVIT）和表格设定定位（TBL）等指令，从而使得定位控制功能更加强大，使用更为方便。

6）内置 6 点同时 100kHz 的高速计数功能，双相计数时可以进行 4 倍频计数。

（5）FX₃U 系列 PLC 强大的扩展性。

1）增强了通信的功能，其内置的编程口可以达到 115.2kbit/s 的高速通信，而且最多可以同时使用 3 个通信口（包括编程口在内）。

2）新增了高速输入输出适配器，模拟量输入输出适配器和温度输入适配器，这些适配器不占用系统点数，使用方便，在 FX₃ᵤ 的左侧最多可以连接 10 台特殊适配器。其中通过使用高速输入适配器可以实现最多 8 路、最高 200kHz 的高速计数。通过使用高速输出适配器可以实现最多 4 轴、最高 200kHz 的定位控制，继电器输出型的基本单元上也可以通过连接该适配器进行定位控制。

3）通过 CC-Link 网络的扩展可以实现最多达 384 点（包括远程 I/O 在内）的控制。

4）可以选装高性能的显示模块（FX₃ᵤ-7DM），可以显示用户自定义的英文、数字和日文汉字信息，最多能够显示：半角 16 个字符（全角 8 个字符）× 4 行。在该模块上可以进行软元件的监控、测试，时钟的设定，存储器卡盒与内置 RAM 间程序的传送、比较等操作。另外，还可以将该显示模块安装在控制柜的面板上

（6）FX₃ᵤ系列 PLC 的基本产品。

1）FX₃ᵤ-128MR-ES-A 64 输入/64 继电器输出（AC 电源）。

2）FX₃ᵤ-80MR-ES-A 40 输入/40 继电器输出（AC 电源）。

3）FX₃ᵤ-64MR-ES-A 32 输入/32 继电器输出（AC 电源）。

4）FX₃ᵤ-48MR-ES-A 24 输入/24 继电器输出（AC 电源）。

5）FX₃ᵤ-32MR-ES-A 16 输入/16 继电器输出（AC 电源）。

6）FX₃ᵤ-16MR-ES-A 8 输入/8 继电器输出（AC 电源）。

7）FX₃ᵤ-80MR-DS 40 输入/40 继电器输出（DC 电源）。

8）FX₃ᵤ-64MR-DS 32 输入/32 继电器输出（DC 电源）。

9）FX₃ᵤ-48MR-DS 24 输入/24 继电器输出（DC 电源）。

10）FX₃ᵤ-32MR-DS 16 输入/16 继电器输出（DC 电源）。

11）FX₃ᵤ-16MR-DS 8 输入/8 继电器输出（DC 电源）。

12）FX₃ᵤ-128MT-ES-A 64 输入/64 晶体管输出（AC 电源）。

13）FX₃ᵤ-80MT-ES-A 40 输入/40 晶体管输出（AC 电源）。

14）FX₃ᵤ-64 MT-ES-A 32 输入/32 晶体管输出（AC 电源）。

15）FX₃ᵤ-48 MT-ES-A 24 输入/24 晶体管输出（AC 电源）。

16）FX₃ᵤ-32 MT-ES-A 16 输入/16 晶体管输出（AC 电源）。

17）FX₃ᵤ-16 MT-ES-A 8 输入/8 晶体管输出（AC 电源）。

18）FX₃ᵤ-80 MT-DS 40 输入/40 晶体管输出（DC 电源）。

19）FX₃ᵤ-64 MT-DS 32 输入/32 晶体管输出（DC 电源）。

20）FX₃ᵤ-48 MT-DS 24 输入/24 晶体管输出（DC 电源）。

21）FX₃ᵤ-32 MT-DS 16 输入/16 晶体管输出（DC 电源）。

22）FX₃ᵤ-16 MT-DS 8 输入/8 晶体管输出（DC 电源）。

2. FX₃ᵤ系列 PLC 的扩展模块

（1）通信扩展单元、模块。

1）FX₃ᵤ-232-BD RS-232C 串行通信接口（1 通道）。

2）FX₃ᵤ-422-BD RS-422 串行通信接口（1 通道）。

3）FX₃ᵤ-485-BD RS-485 串行通信接口（1 通道）。

4）FX₃ᵤ-CNV-BD FX₃ᵤ 模块转接接口。

5）FX₃ᵤ-USB-BD USB 通信接口模块（FX 全系列通用）。

6) FX₃U（C）SPECIAL ADAPTER UNITS。

7) FX₃U-232 ADP RS-232 通信模块。

8) FX₃U-485 ADP RS-485 通信模块。

（2）模拟量处理模块。

1) FX₃U-4AD-ADP 4 通道 AD 输入模块。

2) FX₃U-4AD-PT-ADP 4 通道 AD 模块，热电阻输入。

3) FX₃U-4AD-TC-ADP 4 通道 AD 模块，热电耦输入。

4) FX₃U-4DA-ADP 4 通道 AD 输出模块。

（3）高速脉冲模块。

1) FX₃U-4HSX-ADP 4 通道高速脉冲输入模块。

2) FX₃U-2HSY-ADP 2 通道高速差动脉冲信号输出模块。

3. FX₃U 系列 PLC 性能规格

（1）FX₃U 系列 PLC 的命名。FX₃U 系列可编程控制器型号命名的基本格式如下。

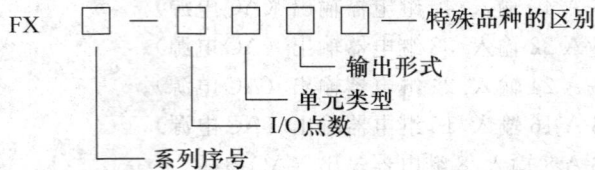

$$\text{FX} \ \square - \square\square\square\square - \text{特殊品种的区别}$$

输出形式

单元类型

I/O 点数

系列序号

系列序号：例如 FX₃U、FX₃UC。

I/O 点数：10～256。

单元类型：M—基本单元、E—扩展单元。

输出形式：

R—继电器输出，2A/点。

T—晶体管输出，0.5A/点。

特殊品种区别：

D—DC 直流电源，DC 输入。

H—大电流输出扩展模块。

（2）FX₃U 系列 PLC 性能规格（见表 1-2）。

表 1-2   FX₃U 系列 PLC 性能规格

项　目	规　格	备　注
运行控制	程序控制周期运转，有中断功能	
I/O 控制方法	执行 END 指令后，批次处理	可以刷新，有脉冲捕捉功能
编程语言	梯形图、指令表、步进顺控图	
运行处理时间	基本指令：0.65μs 功能指令：0.642～几百 μs	
程序容量	内置 64 000 步/RAM	使用内置锂电池进行备份
指令数	基本指令：27 步进指令：2 功能指令：209 种，486 个	

续表

项　目		规　格	备　注
I/O 配置		由主单元和扩展单元设置	
输入继电器		X000～X367（248 点）	输入、输出合计 256 点
输出继电器		Y000～Y367（248 点）	
远程 I/O		224 点以下	输入、输出、远程 I/O 合计 383 点
辅助继电器	一般	M0～M499（500 点）	通过参数设置可更改
	停电保持	M500～M1023（524 点）	通过参数设置可更改
	停电保持	M1024～M7679（6656 点）	固定
	特殊	M8000～M8511（512 点）	
状态继电器	初始	S0～S9（10 点）	
	一般	S10～S499（490 点）	通过参数设置可更改
	停电保持	S500～S799（400 点）	
	报警	S800～S899（100 点）	
定时器	100ms	T0～T191（192 点）	0～3276.7s
	100ms	T192～T199（8 点）	子程序、中断程序用
	10ms	T200～T245（46 点）	0～327.67s
	1ms 累积	T246～T249（4 点）	0.001～32.767s
	100ms 累积	T250～T255（6 点）	0～3276.7s
	1ms	T256～T511（256 点）	0.001～32.767s
计数器	一般	C0～C99（100 点）	设定值 1～32 767
	停电保持	C100～C199（100 点）	设定值 1～32 767
	32 位一般	C200～C219（20 点）	设定值 1～65 535，双向计数
	32 位保持	C220～C234（35 点）	设定值 1～65 535，双向计数
高速计数器	单相	C235～C238（4 点）	
	单相起停	C241～C244（4 点）	停电保持
	双相	C246～C249（4 点）	停电保持
	A/B 相	C251～C254（4 点）	停电保持
数据寄存器（成对使用为32 位寄存器）	一般	D0～D199（200 点）	通过参数设置可更改
	停电保持	D200～D511（312 点）	通过参数设置可更改
	停电保持	D512～D7999（7488 点）	固定，D1000～D7999 可设置为文件寄存器
	特殊	D8000～D8255（256 点）	
	变址	V0～V7，Z0～Z7（16 点）	V 和 Z
指针	程序	P0～P4095（4096 点）	CJ，CALL 指令用
	输入中断	I0××～I5××（6 点）	
	定时中断	I6××～I8××（3 点）	
	计数中断	I010～I060（6 点）	
嵌套	主控用	N0～N7	用于 MC 和 MCR 8 点
常数	十进制	16 位－32 768～32 767，32 位－2 147 483 648～2 147 483 647	
	十六进制	16 位 0000～FFFF，32 位 00000000～FFFFFFFF	

📖 **技能训练**

一、训练目标

（1）认识 FX$_{3U}$ 系列 PLC 外部端子的功能及连接方法，I/O 点的编号、分类、主要技术指标及使用注意事项。

（2）了解 FX$_{3U}$ 系列 PLC 基本单元、扩展单元、特殊功能模块的型号、功能及技术。

二、训练设备、器材

FX$_{3U}$-32MR 编程器主机、按钮开关、计算机、PLC 编程软件等。

三、训练内容

1. FX$_{3U}$ 系列 PLC 外部端子的功能及连接方法、I/O 点的类别及技术指标

（1）PLC 主机硬件认识与使用。PLC 有单元式、模块式和叠装式三种结构形式，常用结构形式为前两种。FX$_{3U}$ 系列为小型 PLC，采用单元式结构形式。

FX$_{3U}$-32MR 型 PLC 面板如图 1-8 所示，由三部分组成，即外部端子（输入/输出接线端子）部分、指示部分和接口部分，各部分的组成及功能如下。

图 1-8　FX$_{3U}$-32MR 面板

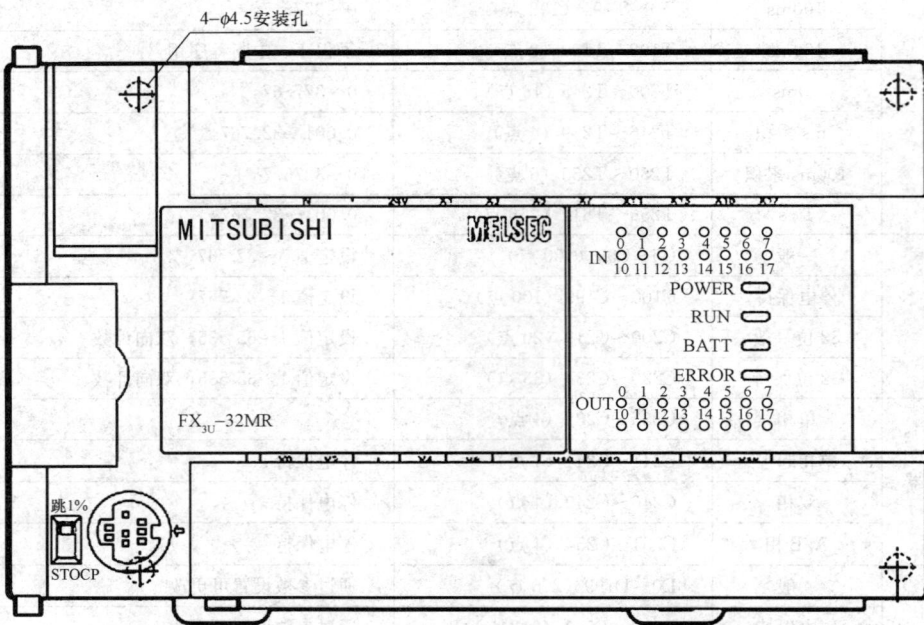

图 1-9　FX$_{3U}$-32MR 外部端子接线图

外部接线端子（见图 1-9）：外部接线端子包括 PLC 电源（L、N）、输入用直流电源（24V、0V）、输入端子（X）、输出端子（Y）、机器接地等。它们位于机器两侧可拆卸的端子板上，每个端子均有对应的编号，主要完成电源、输入信号和输出信号的连接。

指示部分：指示部分包括各输入输

10

出点的状态指示、机器电源指示（POWER）、机器运行状态指示（RUN）、用户程序存储器后备电池指示（BATT）和程序错误（ERROR）等，用于反映 I/O 点和机器的状态。

接口部分：FX₃U 系列 PLC 有多个接口，打开接口盖或面板可观察到。主要包括编程器接口、存储器接口、扩展接口和特殊功能模块接口等。在机器面板的左下角，还设置了一个 PLC 运行模式转换开关 SW1，它有 RUN 和 STOP 两个位置，RUN 使机器处于运行状态（RUN 指示灯亮）。STOP 使机器处于停止运行状态（RUN 指示灯灭）。当机器处于 STOP 状态时，可进行用户程序的录入、编辑和修改。

（2）FX₃U 的电源。FX₃U 系列 PLC 机器上有两组电源端子，分别是 PLC 交流电源的输入端子和直流 24V 电源的输出端子。L、N 为 PLC 交流电源输入端子，FX₃U 系列 PLC 要求输入单相交流电源，规格为 AC 85～264V 50/60Hz。机器输入电源还有一接地端子，该端子用于 PLC 的接地保护。24、0V 是直流 24V 电源输出端子。

（3）I/O 点的类别、编号及使用说明。I/O 端子（输入输出）是 PLC 的重要外部部件，是 PLC 与外部设备（输入设备、输出设备）连接的通道，其数量、类别也是 PLC 的主要技术指标之一。一般 FX₃U₂ 系列 PLC 的输入端子（X）位于机器的一侧，输出端子（Y）位于机器的另一侧。

FX₃U 系列 PLC 的 I/O 点数量、类别随机器的型号不同而不同，但 I/O 点数量比例及编号规则完全相同。一般输入点与输出点的数量之比为 1∶1，也就是说输入点数等于输出点数。FX₃U 系列 PLC 的 I/O 点编号采用八进制，即 00～07、10～17、20～27…输入点前面加"X"，输出点前面加"Y"。

扩展单元和 I/O 扩展模块其 I/O 点编号应紧接基本单元的 I/O 编号之后，依次分配编号。

I/O 点的作用是将 I/O 设备与 PLC 进行连接，使 PLC 与现场构成系统，以便从现场通过输入设备（元件）得到信息（输入），或将经过处理后的控制命令通过输出设备（元件）送到现场（输出），从而实现自动控制的目的。

输入电路将外部开关信号送入 PLC。输入元件（如按钮、转换开关、行程开关、继电器的触点、传感器等）连接到对应的输入点上，通过输入点 X 将信息送到 PLC 内部，一旦某个输入元件状态发生变化，对应输入点 X 的状态也就随之变化，这样 PLC 可随时检测到这些信息。

输入电路漏型连接的示意图如图 1-10 所示。漏型连接时，S/S 输入极性选择端子连接直流 24V 电源端，24V 电源由 S/S 通过内部的输入光电耦合器，电流经输入（X）端流出，输入元件可以使用 NPN 型晶体管传感器或其他触点（如按钮、转换开关、行程开关、继电器的触点）开关元件。

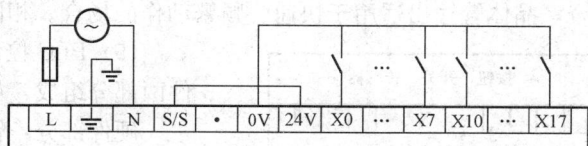

图 1-10 输入电路漏型连接

输入电路源型连接的示意图如图 1-11 所示。源型连接时，S/S 输入极性选择端子连接直流 0V 电源端，24V 电源电流经输入开关元件、输入（X）端流入，通过内部的输入光电耦合器经 S/S 端回流到 0V 电源端。输入元件可以使用 PNP 型晶体管传感器或其他触点（如按钮、转换开关、行程开关、继电器的触点）开关元件。

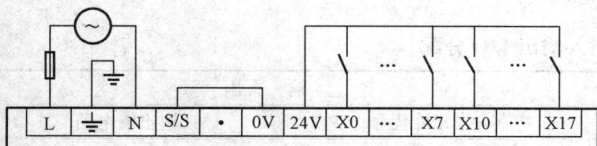

图 1-11 输入电路源型连接

输出电路就是 PLC 的负载驱动回路，输出电路连接的示意图如图 1-12 所示。PLC 仅提供输出点，通过输出点，将负载和负载电源连接成一个回路，这

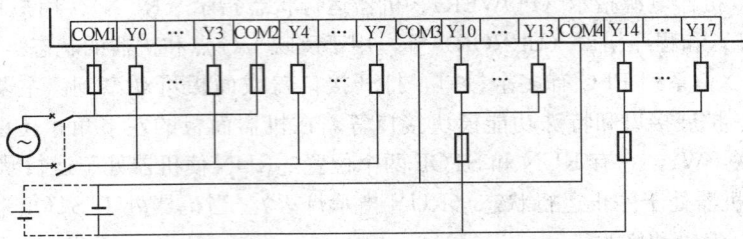

图 1-12　输出电路连接

样负载的状态就由 PLC 的输出点进行控制，输出点动作负载得到驱动。负载可以连接直流电源、交流电源，电源的规格应根据负载的需要和输出点的技术规格进行选择。

在实现输出回路时，应注意的事项如下。

1）输出点的共 COM 问题。一般情况下，每个输出点应有两个端子，为了减少输出端子的个数，PLC 在内部将其中的一个输出点采用公共端连接，即将几个输出点的一端连接到一起，形成公共端 COM。FX₃U 系列 PLC 的输出点一般采用每 4 个点共 COM 连接，如图 1-9 所示。在使用时要特别注意，否则可能导致负载不能正确驱动。

2）输出点的技术规格。不同的输出类别，有不同的技术规格，应根据负载的类别、大小、负载电源的等级、响应时间等选择不同类别的输出形式。

要特别注意负载电源的等级和最大负载的限制，以防止出现负载不能驱动或 PLC 输出点损坏等情况的发生。

3）多种负载和多种负载电源共存的处理。同一台 PLC 控制的负载，负载电源的类别、电压等级可能不同，在连接负载时（实际上在分配 I/O 点时），应尽量让负载电源不同的负载不使用共 COM 的输出点。若要使用，应注意干扰和短路等问题。

（4）PLC I/O 点的类别、技术规格及使用。现场信号的类别不同。为适应控制的需要，PLC I/O 具有不同的类别。其输入分直流输入和交流输入两种形式，前者完成直流信号的输入，后者完成交流信号的输入。输出分继电器输出、晶体管输出两种形式。继电器输出适用于大电流输出场合，晶体管输出适用于快速、频繁动作的场合。相同驱动能力，继电器输出形式价格较低。

（5）PLC 控制系统的组成。PLC 控制系统由硬件和软件两部分组成，如图 1-13 所示。

硬件部分：输入元件通过输入点与 PLC 连接，输出元件通过输出点与 PLC 连接，构成 PLC 控制系统的硬件系统。

软件部分：用 PLC 指令设计的用户程序等。

2. 使用 PLC 控制 LED 指示灯

（1）控制要求。

1）按下 SB1，LED 指示灯亮。

2）按下 SB2，LED 指示灯灭。

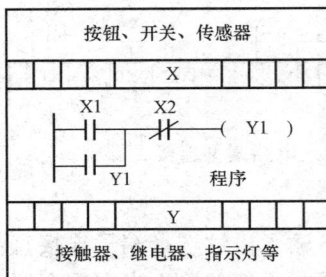

图 1-13　PLC 控制系统

（2）PLC 输入、输出 I/O 分配（见表 1-3）。

表 1-3　　　　　　　　　　　　　PLC 输入输出 I/O 分配

输　　入		输　　出	
元件代号	输入继电器	元件代号	输出继电器
SB1	X1	LED1	Y1
SB2	X2		

（3）PLC 接线图。PLC 接线图如图 1-14 所示。

（4）控制程序设计。根据控制要求，设计 PLC 控制程序，如图 1-15 所示。

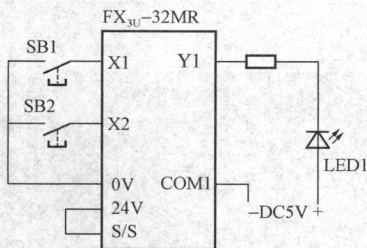

图 1-14　PLC 接线图　　　　　图 1-15　PLC 控制程序

3．输入程序

（1）启动 GPPW 编程软件。用鼠标双击桌面上的 GPPW 图标，或者如图 1-16 所示，依次点击"程序"→"MELSOFT 应用程序"→"GX Developer"，启动 GPPW 编程软件。

图 1-16　启动 GPPW 编程软件

图 1-17 为打开的 GPPW 工程管理器窗口。

（2）创建一个新工程。

1）如图 1-18 所示，点击执行"工程"菜单下的"创建新工程"命令，弹出创建新工程对话框。

2）选择 PLC 类型。如图 1-19 所示，在创建新工程对话框的 PLC 系列下拉列表中选择 FX-CPU，PLC 类型下拉列表中选择 FX₃U（C），程序类型选择梯形图逻辑。

3）设置工程名。如图 1-20 所示，选择设置工程名复选框，并完成下述设置：选择驱动器/路径为 G：\ FX₃U \ fx3u 训练，设置工程名为 LED 。

4）设置完成，点击"确定"按钮，弹出图 1-21 所示的是否新建工程对话框。

5）点击"是（Y）"按钮，进入图 1-22 所示的程序编辑界面。

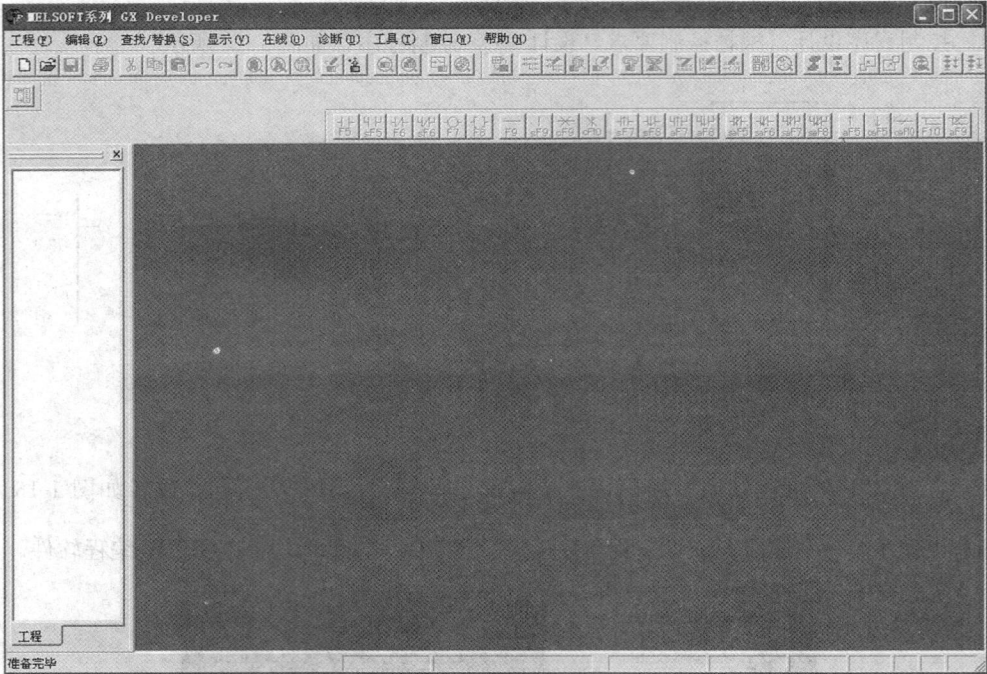

图 1-17　工程管理器窗口

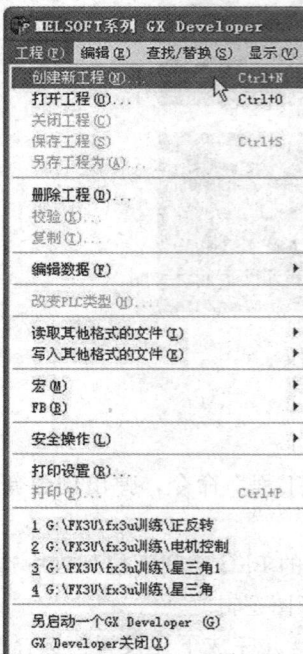

图 1-18　执行创建新工程命令

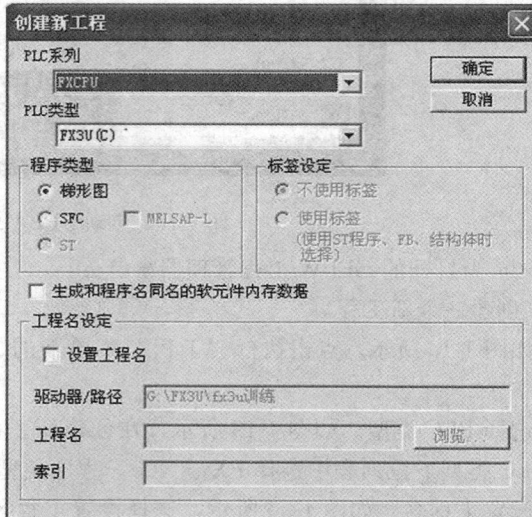

图 1-19　选择 PLC 类型

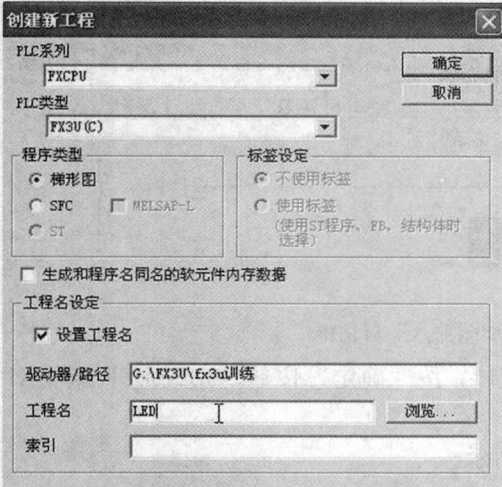

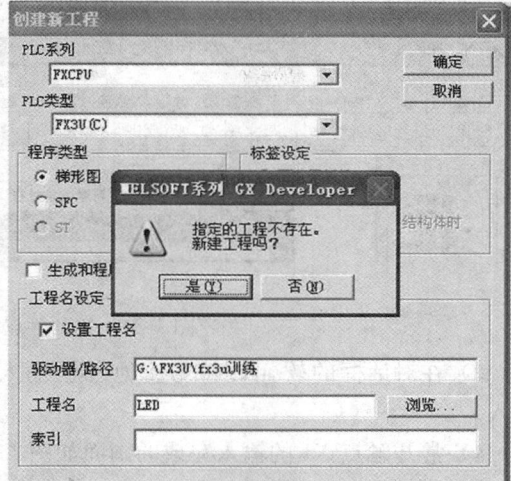

图 1-20 设置工程名　　　　　　　　　　　图 1-21 是否新建工程对话框

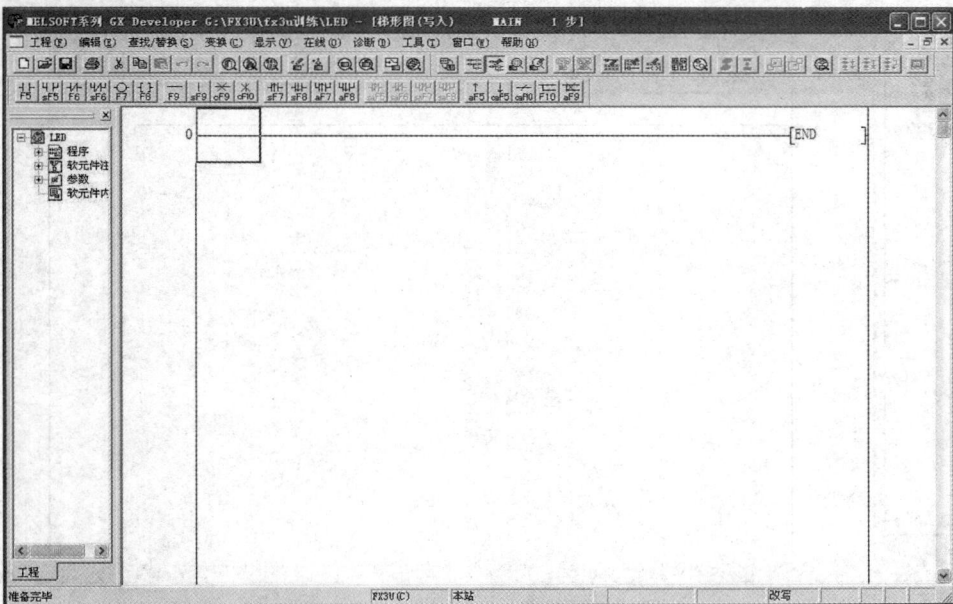

图 1-22 程序编辑界面

（3）输入程序。

1）如图 1-23 所示，点击梯形图"常开触点"图标。

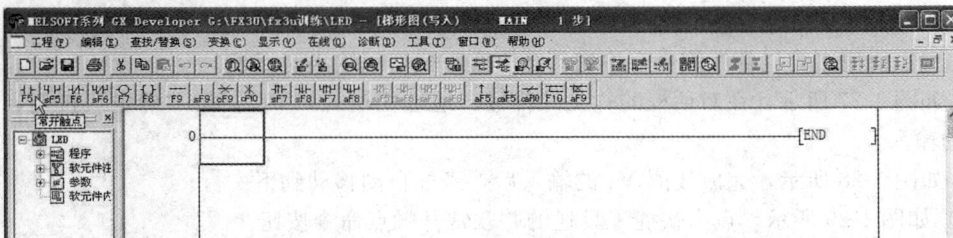

图 1-23 点击梯形图"常开触点"图标

15

2）弹出图 1-24 常开触点"梯形图输入"对话框。

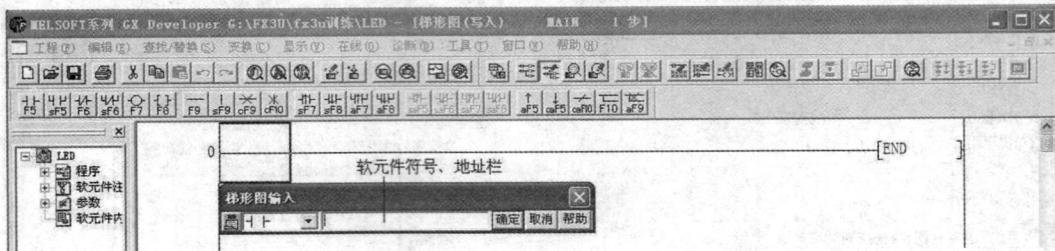

图 1-24　常开触点"梯形图输入"对话框

3）在对话框的软元件符号、地址栏输入"X1"，按"确定"按钮，完成常开触点 X1 的输入。

4）常开触点 X1 的输入完成的画面如图 1-25 所示。

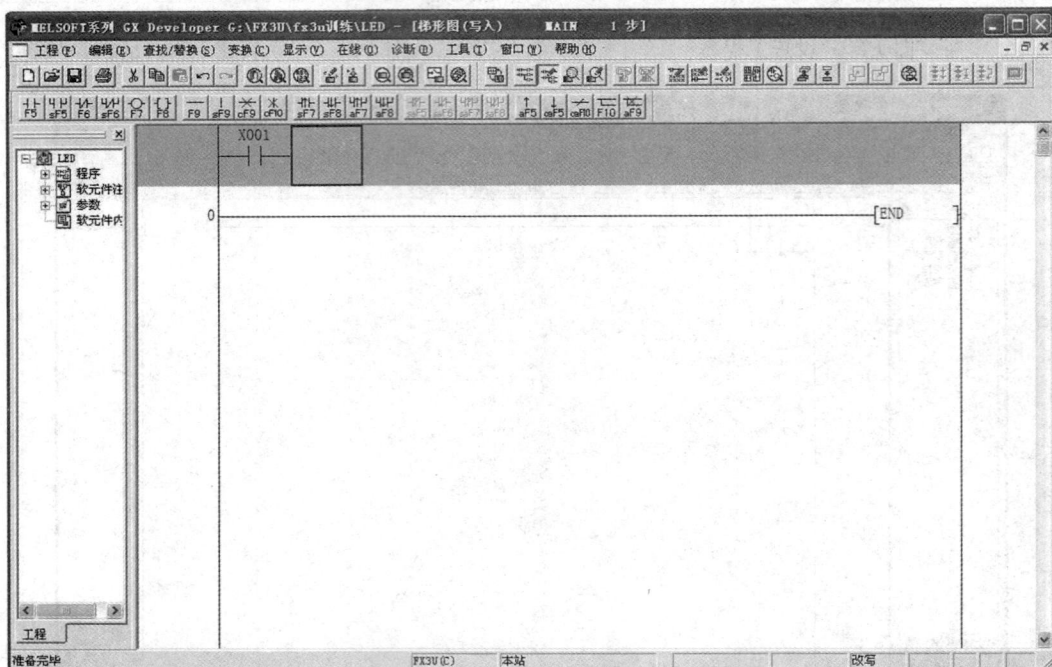

图 1-25　常开触点 X1 的输入完成对话框

5）点击梯形图常闭触点输入图标，弹出常闭触点梯形图输入对话框。

6）如图 1-26 所示，在对话框的软元件符号、地址栏输入"X2"，按"确定"按钮，完成常闭触点 X2 的输入。

7）点击快捷工具栏的线圈命令按钮，弹出线圈梯形图输入对话框。

8）如图 1-27 所示，在对话框的软元件符号、地址栏输入"Y1"，按"确定"按钮，完成线圈 Y1 的输入。

9）如图 1-28 所示，完成线圈 Y1 的输入后，光标自动移动到下一行。

10）如图 1-29 所示，点击快捷工具栏的并联常开触点命令按钮。

11）弹出图 1-30 所示的并联常开触点梯形图输入对话框。

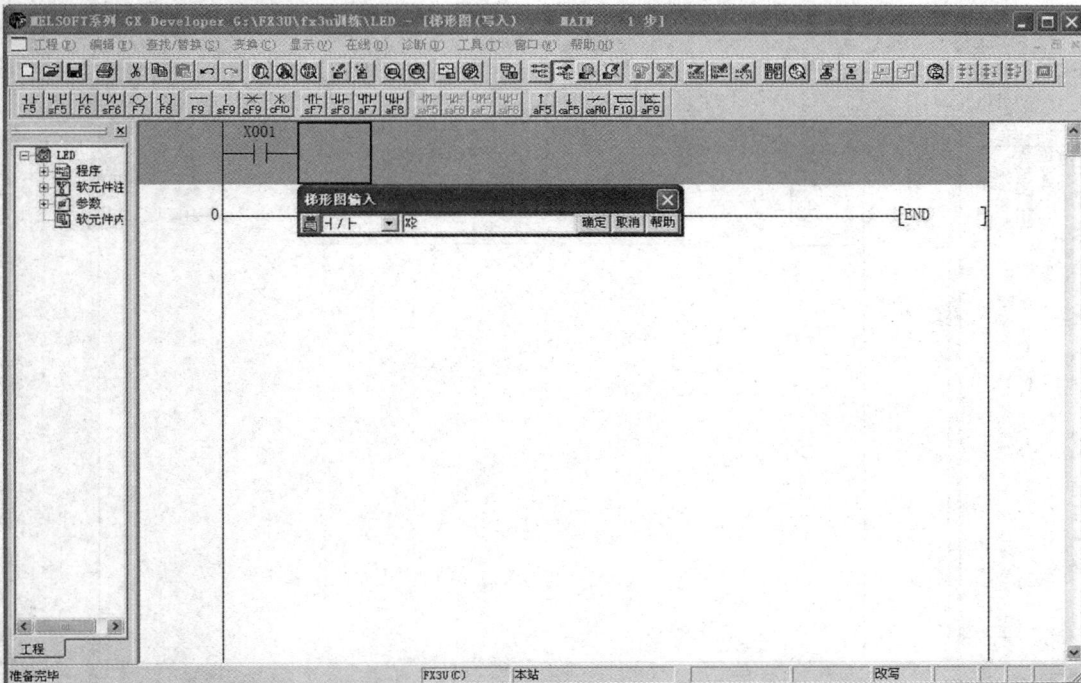

图 1-26 常开触点梯形图输入对话框

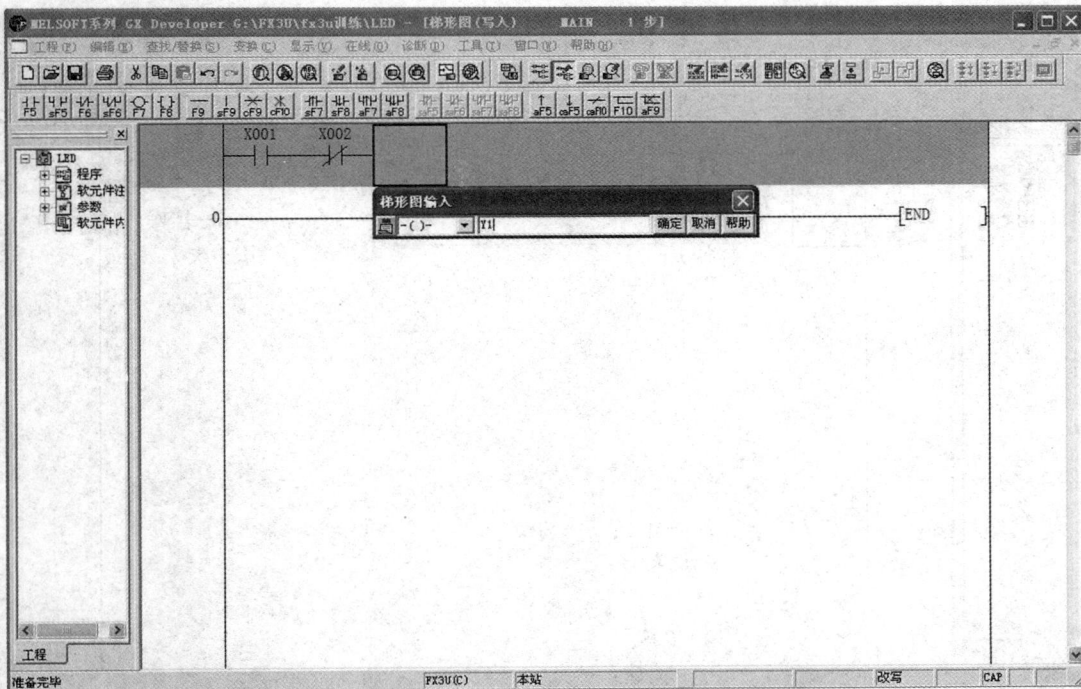

图 1-27 线圈梯形图输入对话框

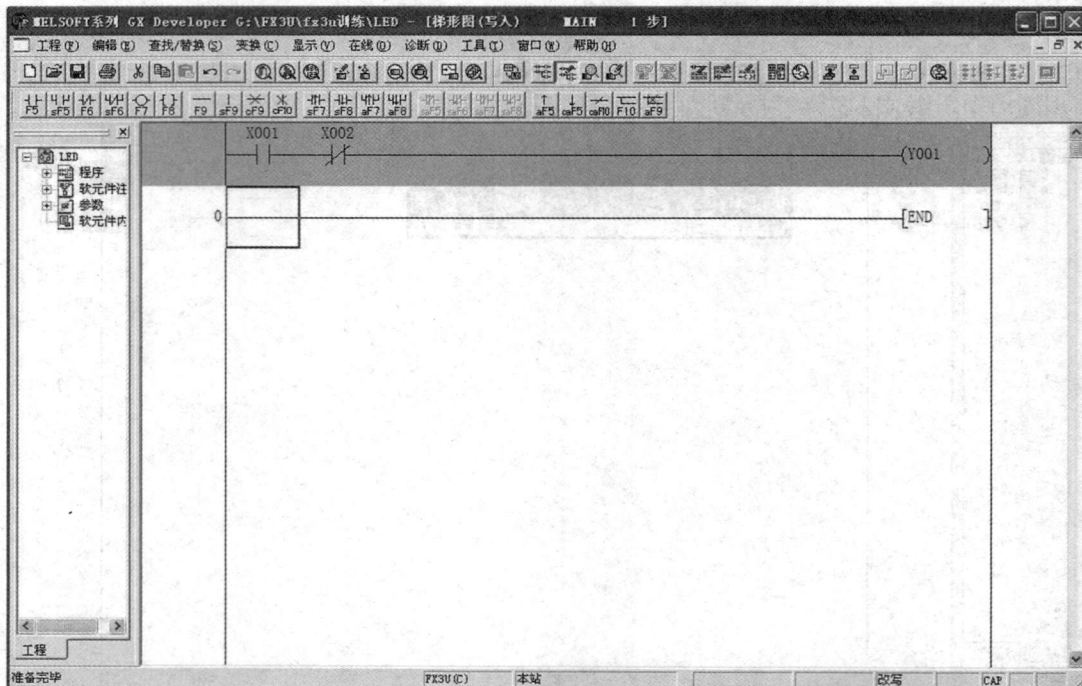

图 1-28 一行梯形图输入完成

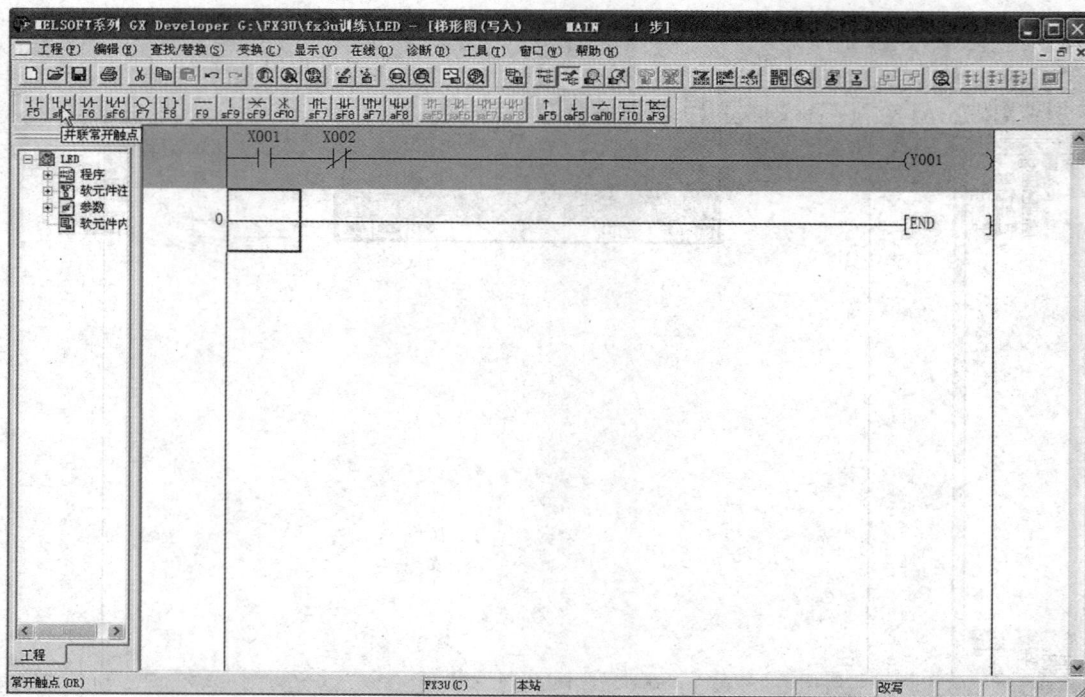

图 1-29 点击并联常开触点命令按钮

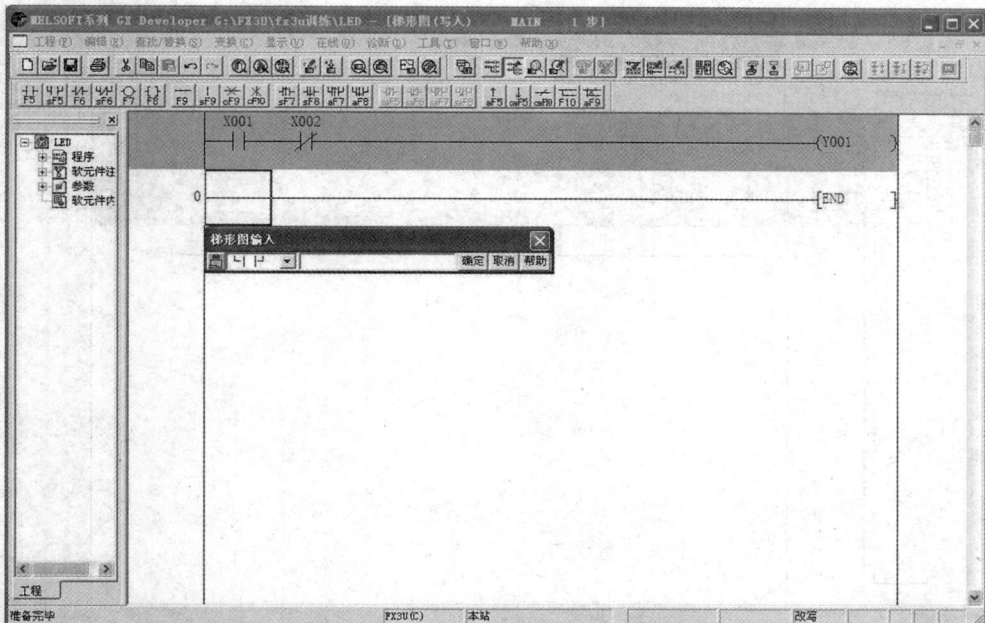

图 1-30　并联常开触点梯形图输入对话框

12）在弹出的并联常开触点梯形图输入对话框中符号地址栏输入"Y1"，按"确定"按钮，完成并联常开触点 Y1 的输入。

13）至此完成了指示灯控制梯形图的输入，如图 1-31 所示。

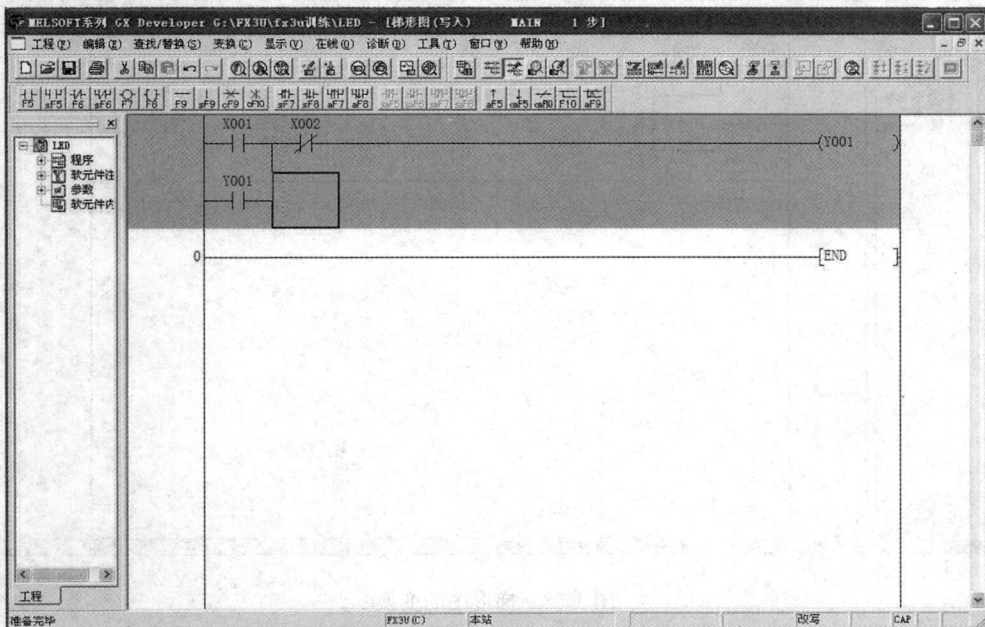

图 1-31　指示灯控制梯形图

14）如图 1-32 所示，点击"变换"主菜单下的"变换"子菜单命令，或者按 F4 功能键，进行梯形图的变换。

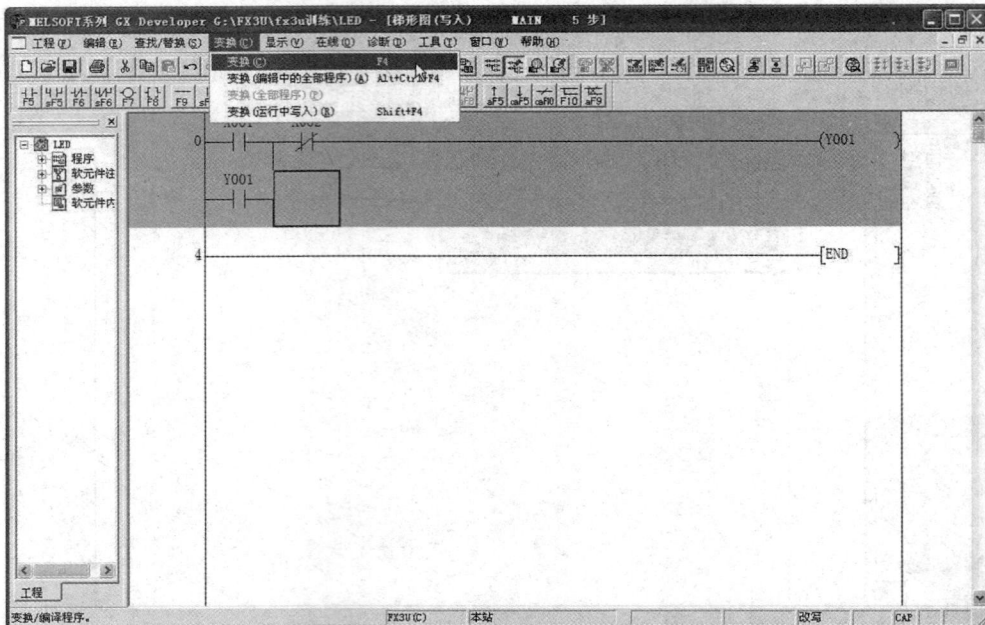

图 1-32　执行变换命令

15）变换完成后的梯形图如图 1-33 所示。

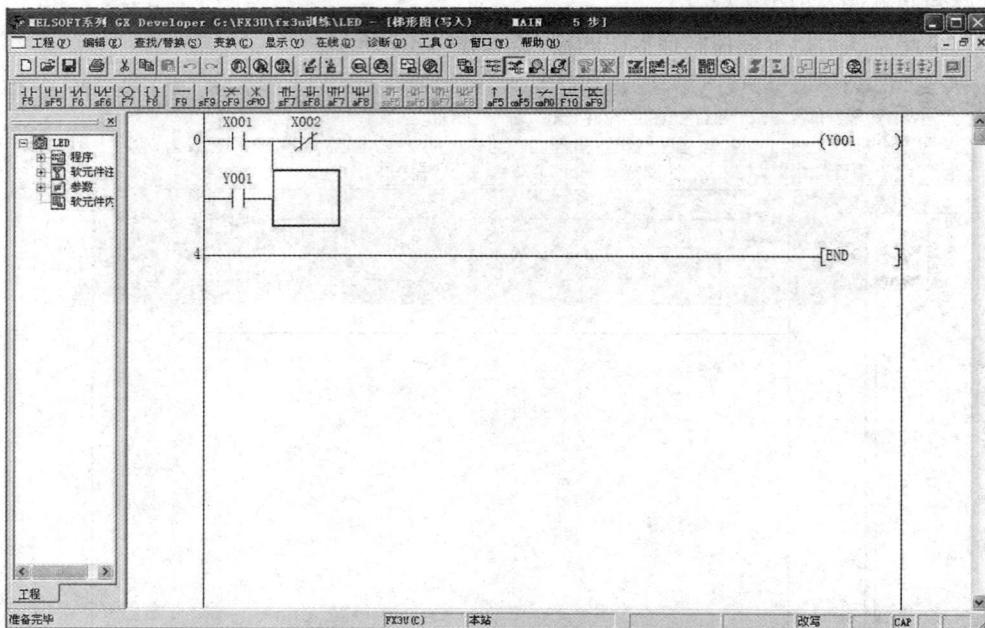

图 1-33　梯形图的变换

16）将光标移到常开触点"X1"上。

17）如图 1-34 所示，点击"显示"主菜单下的"列表显示"子菜单命令。

18）将梯形图程序变换为图 1-35 所示的指令语句形式程序。

19）如图 1-36 所示，点击"显示"主菜单下的"梯形图显示"子菜单命令。

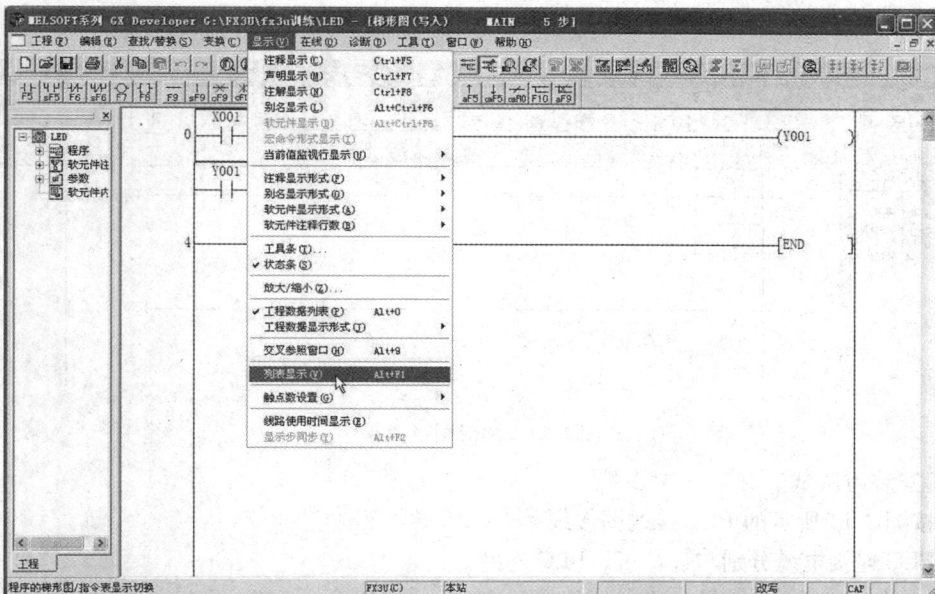

图 1-34 执行列表显示命令

图 1-35 指令语句形式程序

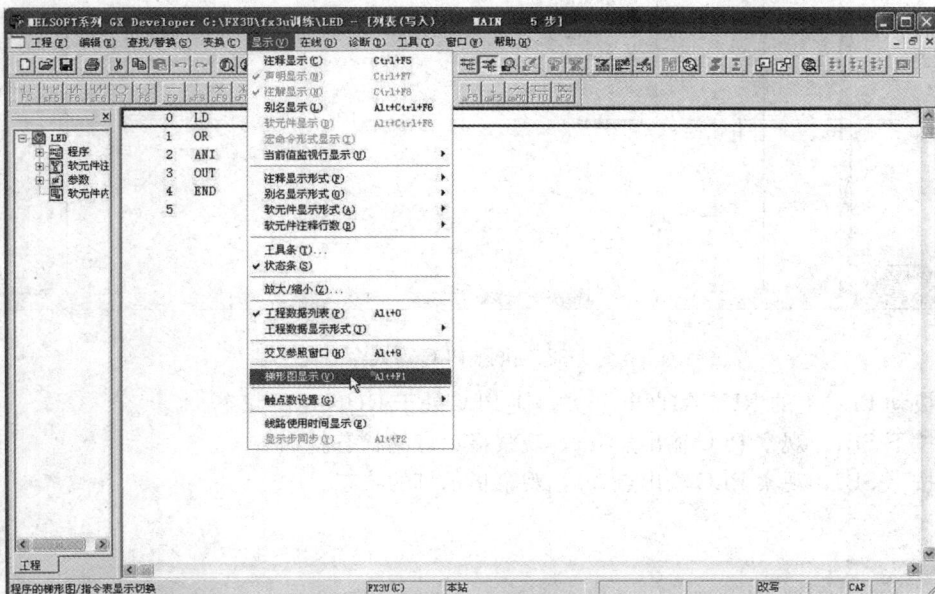

图 1-36 执行梯形图显示命令

20）将指令语句形式程序变换为图 1-37 所示的梯形图程序。

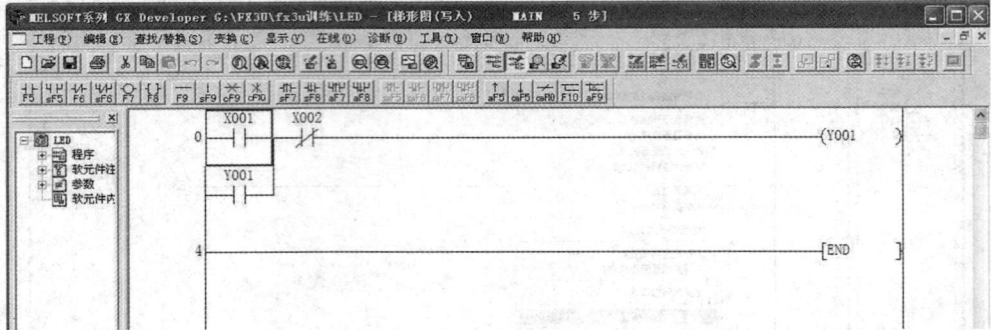

图 1-37　梯形图形式程序

（4）安装与调试。

1）按图 1-14 所示的 PLC 接线图接线。

2）PLC 连接电缆分别与计算机、PLC 连接。

3）如图 1-38 所示，点击"在线"主菜单下的"PLC 写入"子菜单命令，将程序下载到 PLC。

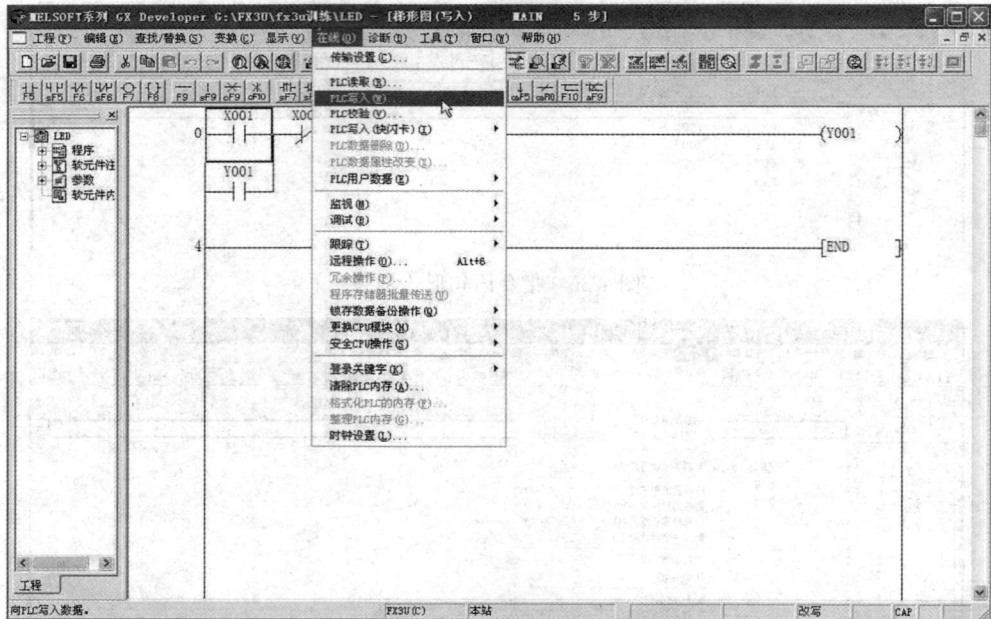

图 1-38　执行 PLC 写入命令

4）拨动 PLC 上的 RUN/STOP 开关，使 PLC 处于 RUN 运行状态。

5）按下 SB1，观察 PLC 输出点 Y1，观察指示灯的状态。

6）按下 SB2，观察 PLC 输出点 Y1，观察指示灯的状态。

任务 2 认识三菱 FX₃ᵤ系列 PLC 的软元件

📖 **基础知识**

用户使用的每一个输入输出端子及内部的每一个存储单元都称为软元件，每个软元件有其不同的功能，有固定的地址。软元件的数量是由监控程序规定的，它的多少就决定了 PLC 的规模及数据处理能力。

一、输入继电器（X0~X367）

输入继电器与 PLC 的输入端相连，是 PLC 接收外部开关信号的接口。输入继电器是光电隔离的电子继电器，其常开触点（a 触点）和常闭触点（b 触点）在编程中使用次数不限。这些触点在 PLC 内可自由使用，FX₃ᵤ系列 PLC 输入继电器采用 8 进制地址编号，X0~X367 最多可达248 点。需要注意的是，输入继电器只能由外部信号来驱动，不能用程序或内部指令来驱动，其触点也不能直接输出去驱动执行元件。

二、输出继电器（Y0~Y367）

输出继电器的外部输出触点连接到 PLC 的输出端子上，输出继电器是 PLC 用来传递信号到外部负载的元件。每一个输出继电器有一个外部输出的常开触点。输出继电器的常开、常闭触点，当作内部编程的触点使用时，使用次数不限。FX₃ᵤ系列 PLC 输出继电器采用 8 进制地址编号，Y0~Y367 最多可达 248 点。

图 1-39 描述了输入、输出继电器的作用。

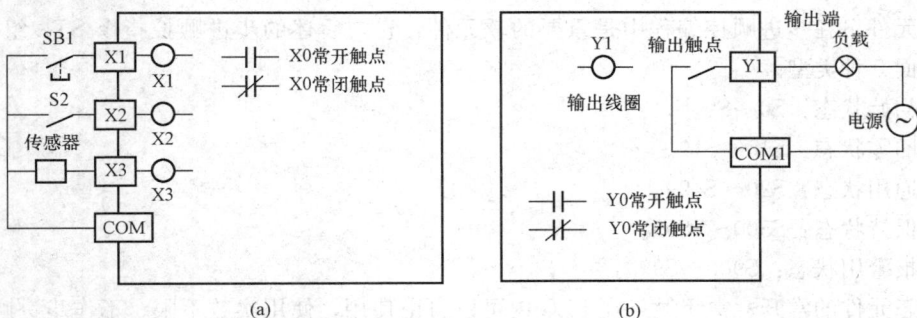

图 1-39 输入、输出继电器
(a) 输入继电器；(b) 输出继电器

输入端子是 PLC 从外部开关接收信号的窗口，可以接收触点开关信号和来自传感器的开关信号。输出端子是 PLC 向外部负载发送信号的窗口。通过输出端子和外部电源驱动负载工作。

三、辅助继电器 M

在 PLC 逻辑运算中，经常需要一些中间继电器作为辅助运算用，这些元件不直接对外输入、输出，经常用作暂存、移动运算等。这类继电器称作辅助继电器。还有一类特殊用途的辅助继电器，如定时时钟、进位/借位标志、启停控制、单步运行等，它们能对编程提供许多方便。PLC内辅助继电器与输出继电器一样，由 PLC 内各软元件驱动，它的常开常闭触点在 PLC 编程时可以无限次的自由使用。但这些触点不能直接驱动外部负载，外部负载必须由输出继电器来驱动。

1. 通用辅助继电器 M0~M499

通用辅助继电器有 500 个，其元件地址号按十进制编号（M0~M499）。

23

2. 断电保持辅助继电器 M500～M1023

不少控制系统要求保持断电瞬间状态，断电保持辅助继电器可以用于此场合，它是由 PLC 内装的锂电池提供电源的。

断电保持辅助继电器共有 524 个，按十进制编号（M500～M1023）。

通过参数设置可以改变通用辅助继电器、断电保持辅助继电器的范围。

3. 断电保持专用辅助继电器 M1024～M7679

这类断电保持专用辅助继电器 M1024～M7679（6656 个），是固定不变的，不可以通过参数设置而改变。

4. 特殊辅助继电器 M8000～M8512

PLC 内有 512 个特殊辅助继电器，这些特殊辅助继电器各自具有特定的功能。通常分为两大类。

（1）只能利用其触点的特殊辅助继电器，线圈由 PLC 驱动，用户使用其触点。

M8000 为运行监控继电器，PLC 运行时 M8000 导通。

M8002 为初始化脉冲，运行开始瞬间接通的特殊辅助继电器。

M8011 为产生 10ms 时钟脉冲特殊辅助继电器。

M8012 为产生 100ms 时钟脉冲特殊辅助继电器。

（2）可驱动线圈的特殊辅助继电器，用户驱动后，PLC 可作特定动作。

M8030 为锂电池电压指示特殊辅助继电器。

M8034 为禁止全部输出特殊辅助继电器。

M8039 为定时扫描特殊辅助继电器。

四、状态元件 S

状态元件 S 在步进顺控编程中是重要的软元件，它与后述的步进顺控指令 STL 组合使用。通常有下面 5 种类型。

（1）初始状态：S0～S9。

（2）回零状态：S10～S19。

（3）通用状态：S20～S499。

（4）保持状态：S500～S899。

（5）报警用状态：S900～S999。

各状态元件的常开、常闭触点在 PLC 内可以自由使用，使用次数不限。不作步进顺控指令时，状态元件可以作辅助继电器使用。

五、定时器

定时器在 PLC 中的作用相当于时间继电器，它有一个设定值寄存器和一个当前值寄存器以及输出触点。这三个量使用同一个地址编号，但使用场合不一样，其所指也不一样。定时器是根据时钟脉冲的累计计时的。时钟脉冲有 1、10、100ms 三种，当所计时钟脉冲达到设定值时，其输出触点动作。

定时器的类型、地址编号和设定值如下。

1. 常规定时器 T0～T245

100ms 定时器 T0～T199 共 200 点，每个设定值范围为 0.1～3276.7s。

10ms 定时器 T200～T245 共 46 点，设定值 0.01～327.67s。

1ms 定时器 T225～T511 共 256 点，设定值 0.001～32.767s

图 1-40 为通用定时器工作原理图。当驱动定时线圈 T2 的输入 X1 接通时，T2 对 100ms 的时

钟脉冲进行计数。当计数值达到设定值 K10 时，定时器输出触点接通，即输出触点在驱动线圈后 1s 时接通。

2. 积算定时器

1ms 积算定时器 T246～T249 共 4 点，设定值 0.001～32.767s。

100ms 积算定时器 T250～T255 共 6 点，设定值 0.1～3276.7s。

图 1-41 所示为积算定时器的工作原理图。当 T251 的线圈驱动输入 X1 接通时，T251 的当前值计数器累计 100ms 的时钟脉冲的个数，当计数中间 X1 断开或停电时，当前值保持。输入 X1 再次接通，计数器继续计数。计数值与设定值 K200 相等，定时时间到，定时器输出触点接通。

当 X2 接通时，计数器复位，输出触点也复位。

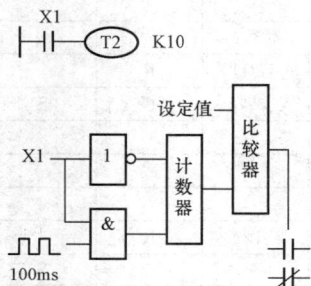

图 1-40　通用定时器工作原理　　　　图 1-41　积算定时器工作原理

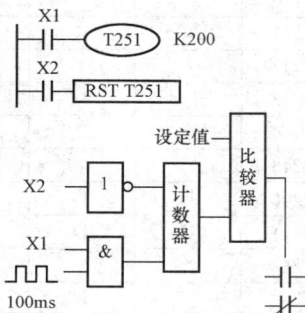

六、计数器

内部信号计数器是对内部元件（如 X、Y、M、S、T 和 C）的信号进行计数的计数器。

（1）16 位计数器。通用 16 位计数器 C0～C99 共 100 点，其设定值为 K1～K32 767。

通用失电保持 16 位计数器 C100～C199 共 100 点，其设定值为 K1～K32 767。即使停电，其当前值和输出点的状态也能保持。

（2）32 位计数器。32 位双向计数器，双向计数器既可以设置为增计数器，又可以设置为减计数器。设点值为 -2 147 483 648～+2 147 483 647。

通用 32 位双向计数器 C200～C219 共 20 点，通用失电保持 32 位双向计数器 C220～C234 共 15 点。

增计数或减计数由特殊辅助继电器 M8200～M8234 设定，计数器与特殊辅助继电器一一对应，如 C210 与 M8210 对应。当特殊辅助继电器接通（ON）时，对应的计数器为减计数器，当特殊辅助继电器断开（OFF）时，对应的计数器为加计数器。

（3）高速计数器。FX₃ᵤ系列 PLC 中共有 21 点高速计数器，地址编号为 C235～C255，这 21 点高速计数器在 PLC 中共享 6 个高速计数输入端 X0～X5。当高速计数器的一个输入端被某个计数器占用时，这个输入端就不能再用于其他高速计数器，也不能作其他的输入。因此，最多只能同时使用 6 个高速计数器。

高速计数器按中断方式运行，独立于扫描周期。所选定的计数器线圈应被连续驱动，以表示这个计数器及其有关输入端应保留，其他高速处理不能再用这个输入端。图 1-42 所示为高速计数器应用原理图。当 X12 接通时，选中高速计数器 C235，高速计数脉冲由 X0 输入

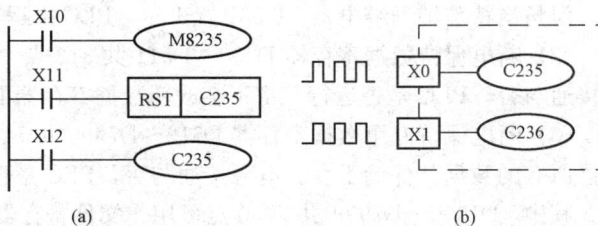

图 1-42　高速计数器应用原理图

（a）高速计数器控制；（b）高速计数器脉冲输入

C235。计数方向标志 M8235 为 ON 时，C235 递减计数，反之递加计数。

高速计数器对应的输入端子，见表 1-4。

表 1-4　　　　　　　　　高速计数器输入端分配关系

输入		X0	X1	X2	X3	X4	X5	X6	X7
1相	C235	U/D							
	C236		U/D						
	C237			U/D					
	C238				U/D				
	C239					U/D			
	C240						U/D		
1相带启动/复位	C241	U/D	R						
	C242			U/D	R				
	C243					U/D	R		
	C244	U/D	R					S	
	C245			U/D	R				S
2相双向	C246	U	D						
	C247	U	D	R					
	C248				U	D	R		
	C249	U	D	R				S	
	C250				U	D	R		S
2相A-B相型	C251	A	B						
	C252	A	B	R					
	C253				A	B	R		
	C254	A	B	R				S	
	C255				A	B	R		S

注　U—加计数输入；D—减计数输入；A—A 相输入；B—B 相输入；S—置位输入；R—复位输入。

七、指针（P/I）

分支指令用指针 P0～P63，共 64 点。指针 P0～P63 作为标号，用来指定条件跳转、子程序调用等分支的跳转目标。

中断用指针 I0□□～I8□□共 15 点。

其中，I00□～I50□用于外部中断，I6□□～I8□□用于定时中断，I010～I060 用于计数中断。

八、数据寄存器

在进行数据处理、模拟量控制、定位控制时，需要许多数据寄存器存储数据和参数。数据寄存器为 16 位，最高位为符号位。可以用两个数据寄存器合并起来存放 32 位数据，最高位仍为符号位。

（1）通用数据寄存器 D0～D199 共 200 点。当 PLC 由运行到停止时，该类数据寄存器数据为零。但是当特殊辅助继电器 M8031 置 1 时，PLC 由运行转向停止时，数据可以保持。

（2）断电保持数据寄存器 D200～D511 共 312 点。只要不改写，原有的数据就保持不变。电源接通与否，PLC 是否运行，都不会改变数据寄存器的内容。

（3）断电保持专用数据寄存器 D512～D7999 共 7488 点。只要不改写，断电保持专用数据寄存器原有的数据就保持不变。电源接通与否，PLC 是否运行，都不会改变数据寄存器的内容。

其中，D1000～D7999 共 7000 点可用作文件寄存器，文件寄存器实际上是一类专用数据寄存器，用于存储大量的数据。例如数据采集、多组控制数据等。

（4）特殊数据寄存器 D8000～D8255 共 256 点。这些数据寄存器供监视 PLC 运行方式用，其内容在电源接通时，写入初始化数据。未定义的特殊数据寄存器，用户不能使用。

📚 **技能训练**

一、训练目标

（1）认识 FX₃ᵤ系列 PLC 的通用辅助继电器与停电保持辅助继电器。

（2）了解 FX₃ᵤ系列 PLC 特殊辅助继电器。

二、训练设备、器材

FX₃ᵤ-32MR 编程器主机、按钮开关、计算机、PLC 编程软件等。

三、训练内容

1. 通用辅助继电器与停电保持辅助继电器的应用

实训步骤：

（1）按图 1-43 电路配置元器件，连接线路。

（2）输入图 1-44 通用辅助继电器应用程序。

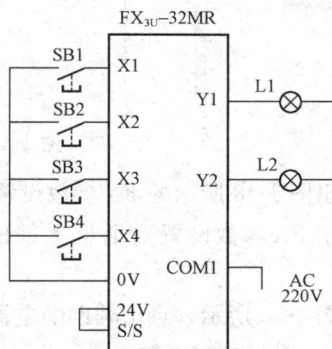

（3）拨动 PLC 的 RUN/STOP 开关，使 PLC 处于 RUN 状态。

（4）按下 SB1，观察和记录 M499、M500 及输出点 Y1、Y2、负载的状态。

（5）按下 SB2，观察和记录 M499、M500 及输出点 Y1、Y2、负载的状态。

（6）当 Y1、Y2 为 ON 时，切断 PLC 电源，再接通 PLC 电源，观察和记录 M499、M500 及 Y1、Y2 的状态。

（7）当 Y1、Y2 为 ON 时，拨动 PLC 的 RUN/STOP 开关，使 PLC 处于 STOP 状态，再使 PLC 处于 RUN 状态，观察和记录 M499、M500 及 Y1、Y2 的状态。

2. 特殊辅助继电器应用

实训步骤：

（1）按图 1-45 电路配置元器件，连接线路。

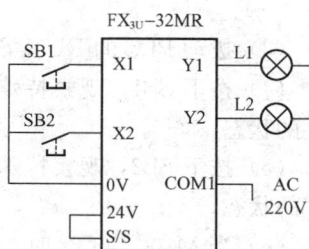

图 1-43　PLC 接线图

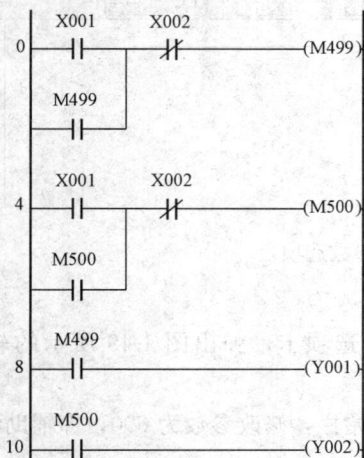

图 1-44　通用辅助继电器应用程序　　　　图 1-45　接线图

27

（2）输入图 1-46 特殊辅助继电器应用程序。

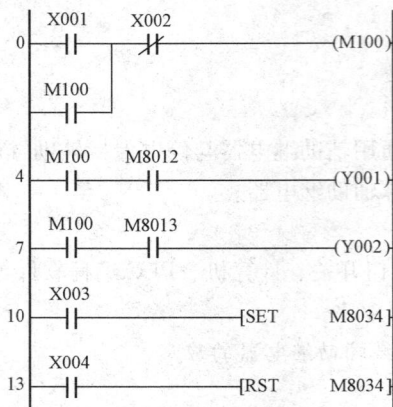

图 1-46　特殊辅助继电器应用程序

（3）拨动 PLC 的 RUN/STOP 开关，使 PLC 处于 RUN 状态。

（4）按下 SB1，观察特殊辅助继电器 M8012、M8013 的状态变化，观察、记录输出点 Y1、Y2 的状态。

（5）按下 SB2，观察特殊辅助继电器 M8012、M8013 的状态变化，观察、记录输出点 Y1、Y2 的状态。

（6）当 M100 为 ON 时，按下 SB3，观察、记录 M8034、输出点 Y1、Y2 的状态。

（7）当 M100 为 ON 时，按下 SB4，观察、记录 M8034、输出点 Y1、Y2 的状态。

技能提高训练

1. PLC 参数设定

（1）如图 1-47 所示，双击工程管理器工程目录区的"参数"下的"PLC 参数"选项。

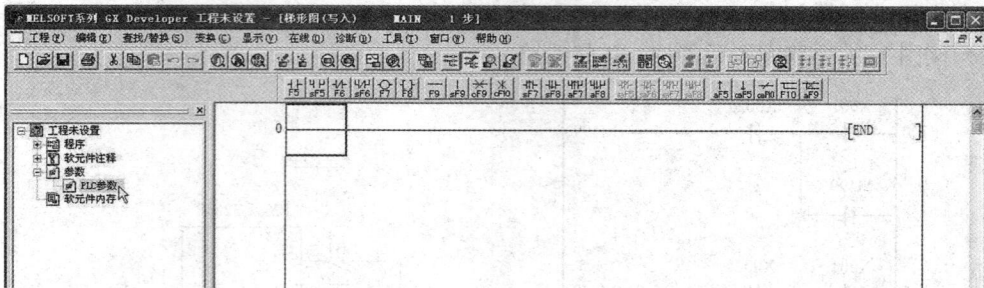

图 1-47　双击 PLC 参数选项

（2）弹出图 1-48 所示的 FX 参数设置对话框。

（3）点击 FX 参数设置对话框上部的"软元件"选项卡，弹出图 1-49 所示的软元件设置画面。

（4）如图 1-50 所示，点击辅助继电器设置锁存起始栏，修改参数为 600，即辅助继电器的锁存范围修改为 M600～M1023。

（5）点击 FX 参数设置对话框下部的"结束设置"按钮，完成 PLC 辅助继电器锁存范围参数的设定。

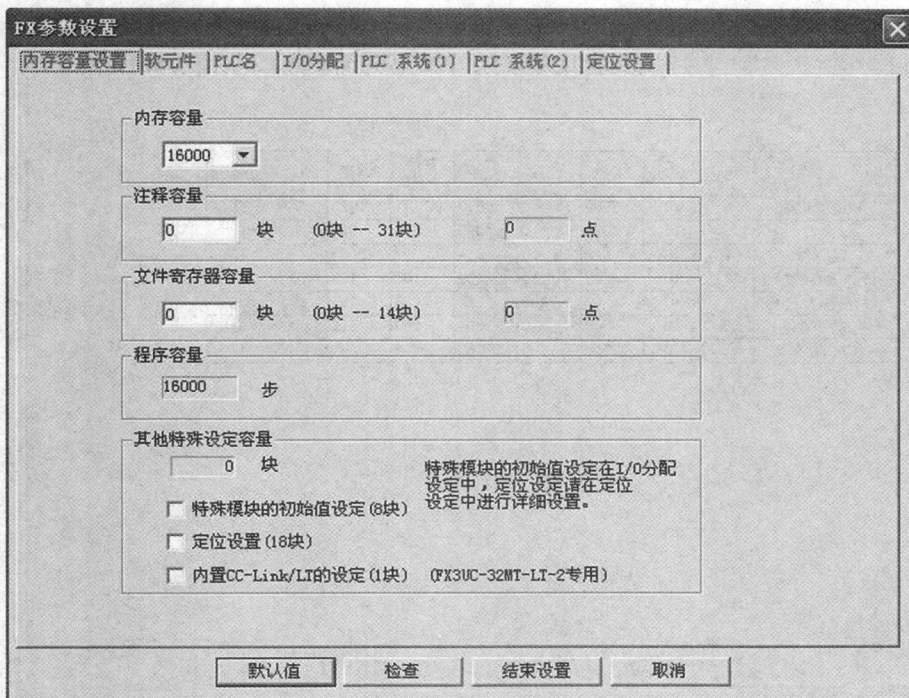

图 1-48 FX 参数设置对话框

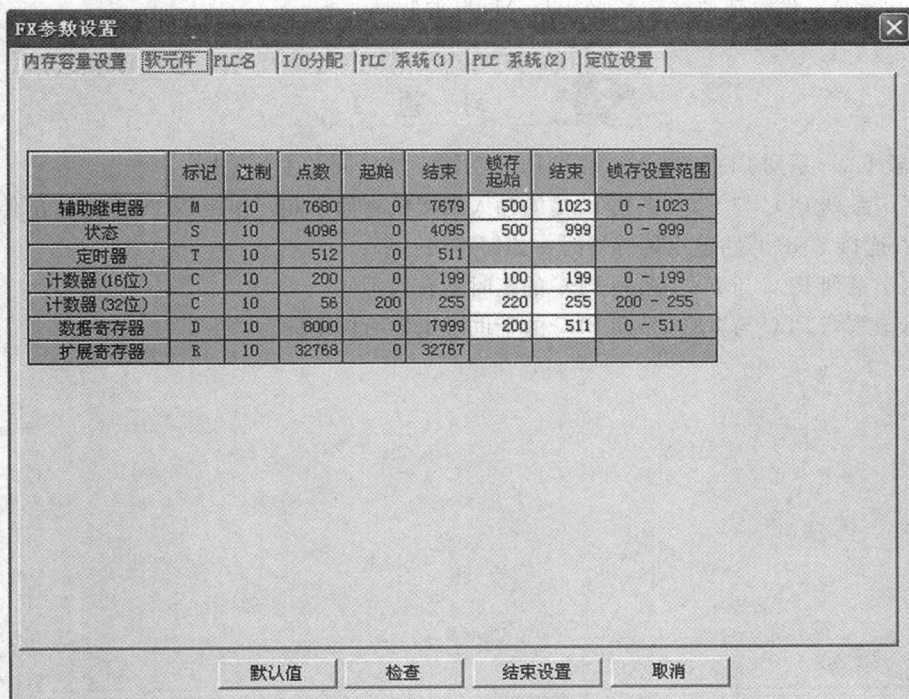

	标记	进制	点数	起始	结束	锁存起始	结束	锁存设置范围
辅助继电器	M	10	7680	0	7679	500	1023	0 - 1023
状态	S	10	4096	0	4095	500	999	0 - 999
定时器	T	10	512	0	511			
计数器(16位)	C	10	200	0	199	100	199	0 - 199
计数器(32位)	C	10	56	200	255	220	255	200 - 255
数据寄存器	D	10	8000	0	7999	200	511	0 - 511
扩展寄存器	R	10	32768	0	32767			

图 1-49 软元件设置画面

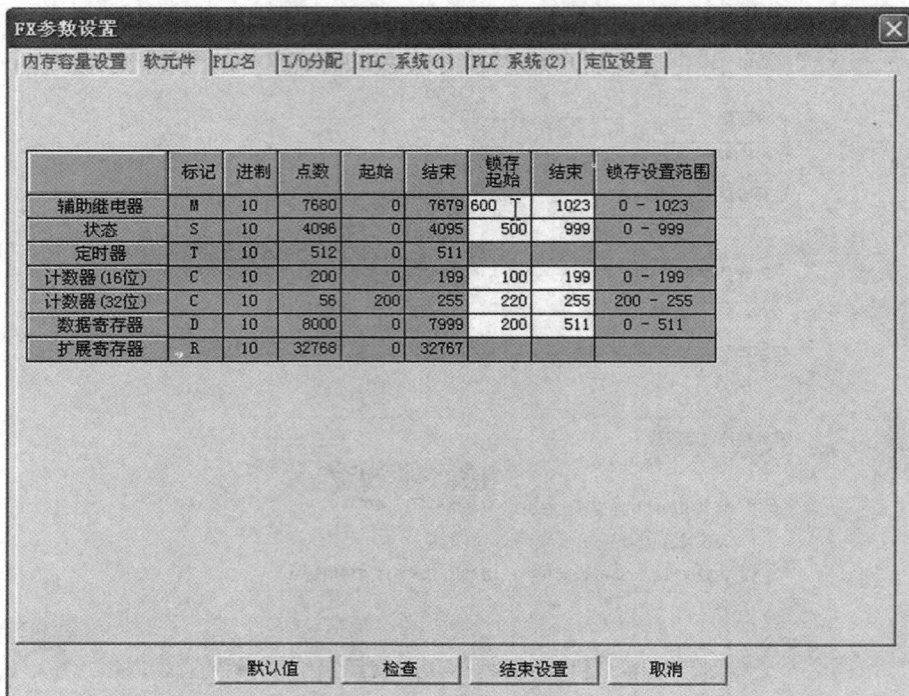

FX参数设置

内存容量设置 | 软元件 | PLC名 | I/O分配 | PLC 系统(1) | PLC 系统(2) | 定位设置 |

	标记	进制	点数	起始	结束	锁存起始	结束	锁存设置范围
辅助继电器	M	10	7680	0	7679	600	1023	0 - 1023
状态	S	10	4096	0	4095	500	999	0 - 999
定时器	T	10	512	0	511			
计数器(16位)	C	10	200	0	199	100	199	0 - 199
计数器(32位)	C	10	56	200	255	220	255	200 - 255
数据寄存器	D	10	8000	0	7999	200	511	0 - 511
扩展寄存器	R	10	32768	0	32767			

默认值 | 检查 | 结束设置 | 取消

图 1-50 锁存范围修改

（6）点击"在线"菜单下的"PLC 写入命令"，将参数写入 PLC，完成 PLC 参数的设定。

2. 设计程序，检验辅助继电器 M599、M600 的特性

习 题 1

1. 比较 FX_{3U} 系列 PLC 与 FX_{2N} 系列 PLC 功能上的异同及主要差别。

2. FX_{3U} 系列 PLC 与 FX_{2N} 系列 PLC 的输入端接线有何不同？连接 NPN 开路输出传感器时，如何连接？连接 PNP 开路输出传感器时，如何连接？

3. FX_{3U} 系列 PLC 与 FX_{2N} 系列 PLC 的定时器有何不同？

4. FX_{3U} 系列 PLC 与 FX_{2N} 系列 PLC 的辅助继电器有何不同？

项目二　学会使用 GPPW 编程软件

学习目标

(1) 学会启动、退出 GPPW 编程软件。

(2) 学会创建、打开、保存、删除和关闭工程。

(3) 学会输入、编辑梯形图程序。

(4) 学会输入、编辑指令表程序。

(5) 学会下载、上传 PLC 程序。

(6) 学会远程控制、监视 PLC 运行。

任务 3　学会使用 GPPW 编程软件

基础知识

一、GPPW 编程软件的主要功能

(1) 在 GPPW 中，可通过梯形图、列表指令语言及 SFC（顺序功能图）进行编程，创建顺控指令程序，建立注释数据及设置寄存器数据。

(2) 创建 FX/A/QnA/Q 系列顺控指令程序以及将其存储为文件，用打印机打印。

(3) 该程序可在串行系统中与 PLC 进行通信，进行远程维护，包括监控和程序/参数上传和下载，进行文件传送，操作监控以及各种测试。

二、系统配置

1. 计算机

要求机型：IBMPC/AT（兼容）。CPU：486 以上。显示器：分辨率为 800×600 点，16 色或更高。内存：8MB 或更高（推荐 16MB 以上）。

2. 编程和通信软件

采用 FX 系列 PLC 的编程软件 GPPW。

3. 接口电缆

采用 FX-232AWC 型 RS-232C/RS-422 变换器（便携式）或 FX-232AW 型 RS-232C/RS-422 变换器（内置式），以及其他指定的变换器。

采用 FX-422CAB 型 RS-422 缆线或 FX-422CAB 缆线，以及其他指定的缆线。

三、GPPW 编程软件的操作环境

可运行在 Windows 9x/Windows 2000 或更高的操作系统。

四、GPPW 编程软件的使用

1. GPPW 编程软件的启动与退出

要想启动 GPPW，可用鼠标双击桌面上的图标 ，或者依次点击："程序"→"MEL-SOFT 应用程序"→"GX Developer"。

图 2-1 为打开的 GPPW 工程管理器窗口。

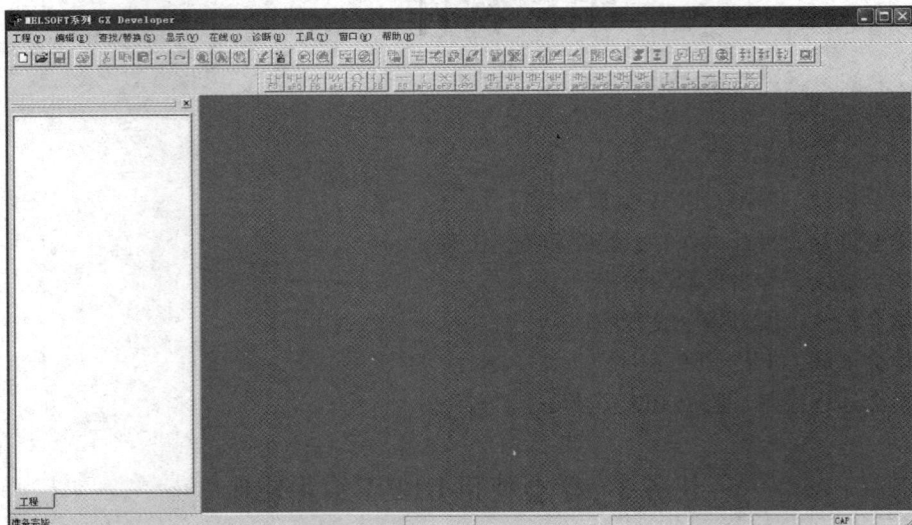

图 2-1　GPPW 工程管理器窗口

鼠标点击"工程"菜单下的"GX Developer 关闭（X）"命令，即可退出 GPPW 编程系统，如图 2-2 所示。

2. 文件管理

（1）创建新工程。创建一个新工程的操作方法是：通过选择"工程"→"创建新工程"菜单

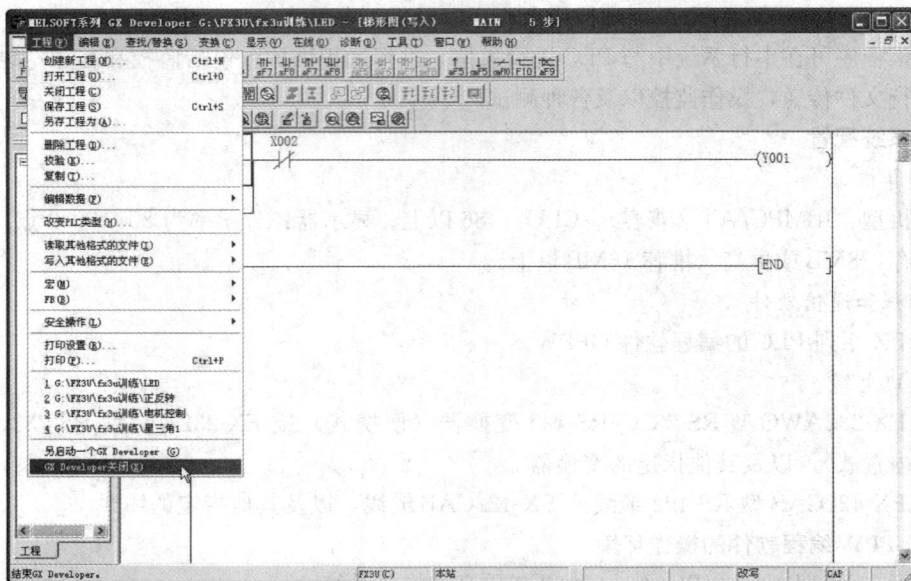

图 2-2　退出 GPPW

项，或者按 Ctrl+N 键操作，或者点击"□"图标，出现建立新工程对话框，如图 2-3 所示。在弹出的"创建新工程"对话框 PLC 系列、PLC 类型设置中，选择工程用的 PLC 系列、PLC 类型，如 PLC 系列选择 FXCPU，PLC 类型选择 FX3U（C）。然后点击"确定"按钮，或者按键盘回车键"Enter"即可。点击"取消"则不创建新工程。

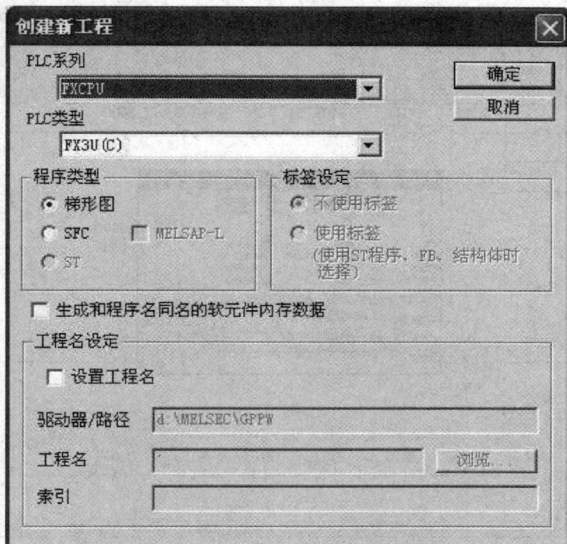

图 2-3 创建新工程对话框

创建新工程对话框的下部可以设置项目名称。

操作方法：选中"设置工程名"复选框，然后在规定的位置，设置驱动器路径（存放工程文件的子文件夹），设置项目名称，设置项目标题。

（2）打开工程。操作方法是：选择"工程"→"打开工程"菜单或按 Ctrl+O 键，或者点击"□"图标，出现打开工程对话框，如图 2-4 所示。

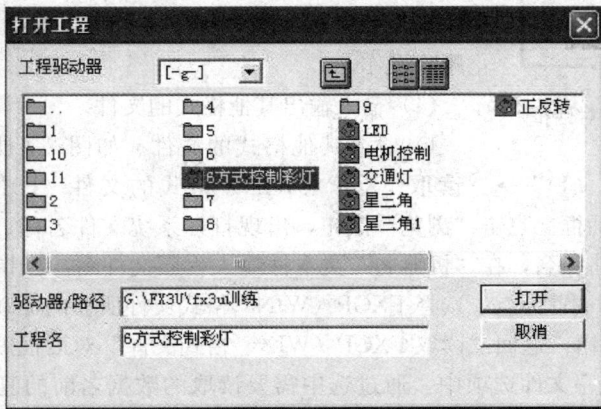

图 2-4 打开工程对话框

在打开工程对话框，选择工程项目所在的驱动器、工程存放的文件夹、工程名称，选中工程名称后，单击"确认"即可。

（3）工程的保存、关闭和删除。

33

1）保存当前工程。点击"工程"→"保存"或 Ctrl＋S 或者点击""图标即可。

如果是第一次保存，屏幕显示使用"另存工程为"对话框，如图 2-5 所示。选择工程存放的驱动器、文件夹，填写工程名称、标题，再点击保存按钮。在使用新名称保存工程对话框中点击"是"，保存工程。点击"否"，返回编辑窗口。

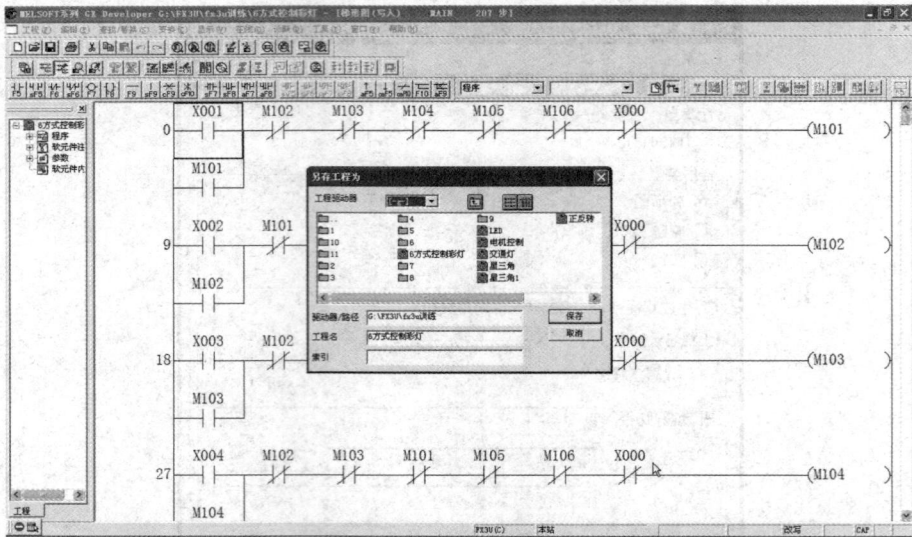

图 2-5　保存工程

2）关闭当前工程。点击"工程"菜单下的"GX Developer 关闭（X）"子菜单命令，弹出图 2-6 所示的"是否退出工程"对话框，在对话框中点击"是"，退出工程。点击"否"，返回编辑窗口。

图 2-6　是否退出工程对话框

3）删除工程。点击"工程"→"删除工程"，弹出"删除工程"对话框。点击将要删除的文件名，回车；或者点击"删除"；或者双击将要删除的文件名，弹出删除确认对话框，点击"是"，确认删除工程，点击"否"，返回上一对话框，点击"取消"，停止删除操作。

（4）输入输出其他格式的文件。

1）输入其他格式的文件。如图 2-7 所示，点击"工程"→"读取其他格式的文件（I）"→"读取 FXGP（WIN）格式的文件（F）"，出现"读取 FXGP（WIN）格式文件"对话框。点击"浏览"按钮，出现打开系统文件名称、设备标号对话框，在"系统名"文本框输入路径名，在"机器名"文本框输入程序文件名。当指定的程序文件处于根目录时，请将系统名文本置为空，选择 FXGP（WIN）格式文件所在的驱动器、路径、程序文件名后，点击"确定"按钮，返回"读取 FXGP（WIN）格式文件"对话框。在对话框下部读取源数据选择页面，选择程序文件选项中，通过选中需要读取的数据名前的复选框来显示相应的数据。在程序（MAIN）前的复选框中点击，出现红色对勾后，再点击"执行"按钮，读取 FXGP（WIN）格式文件，读取完毕，点击"确定"按钮，确认完成。再点击"执行结束"按钮，梯形图显示在主窗口中。

2）输出其他格式的文件。更改 PLC 类型，例如更改为 FX_{2N} 系列的 PLC。

如图 2-8 所示，点击"工程"→"写入其他格式的文件（E）"→"写入 FXGP（WIN）格式的

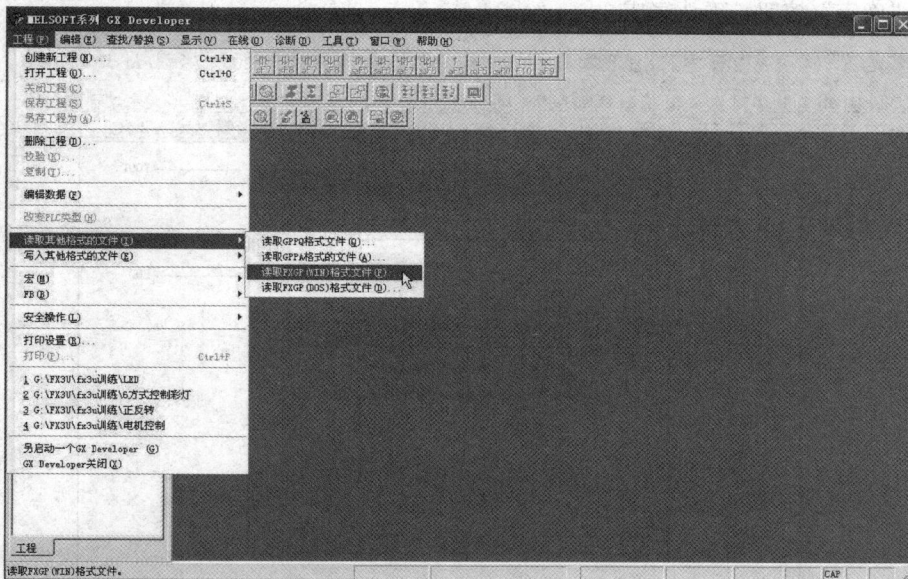

图 2-7 输入其他格式文件

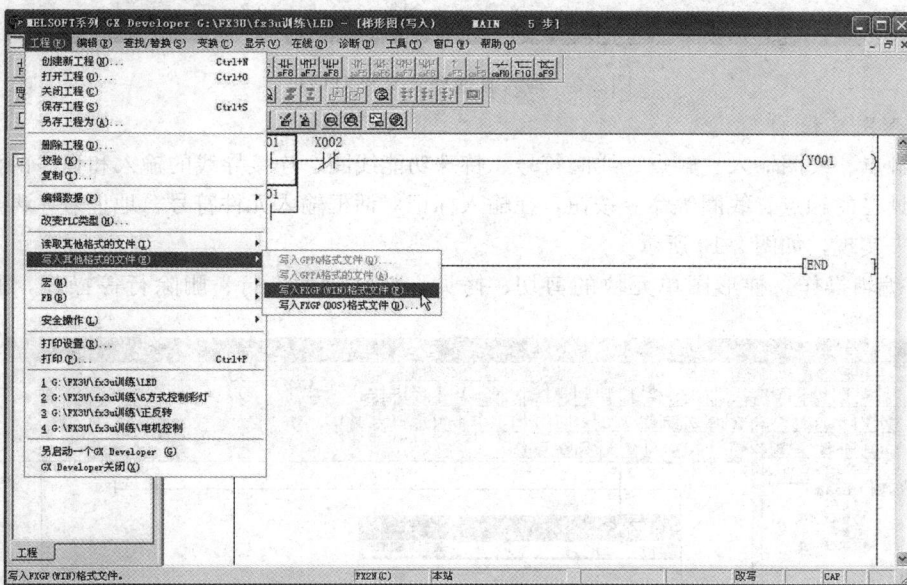

图 2-8 执行写入其他格式文件命令

文件（F）"。

　　出现"写入 FXGP（WIN）格式文件"对话框，点击"浏览"按钮，出现"打开系统名、机器名"对话框，选择"D：\ GPPW"文件夹双击，再按"确认"按钮，返回"写入 FXGP（WIN）格式文件"对话框。如图 2-9 所示，在系统名文本框输入路径名，在机器名文本框输入程序文件名。在对话框下部输出源数据选择页面，选择程序文件选项中，通过选中需要输出的数据名前的复选框来显示输出相应的数据。在程序文件目录下的 PLC 参数＋程序（MAIN）等复选框中点击，出现红色对勾后，再点击"开始"按钮，输出 FXGP（WIN）格式文件数据，输出完毕，点击"确定"按钮，确认完成。

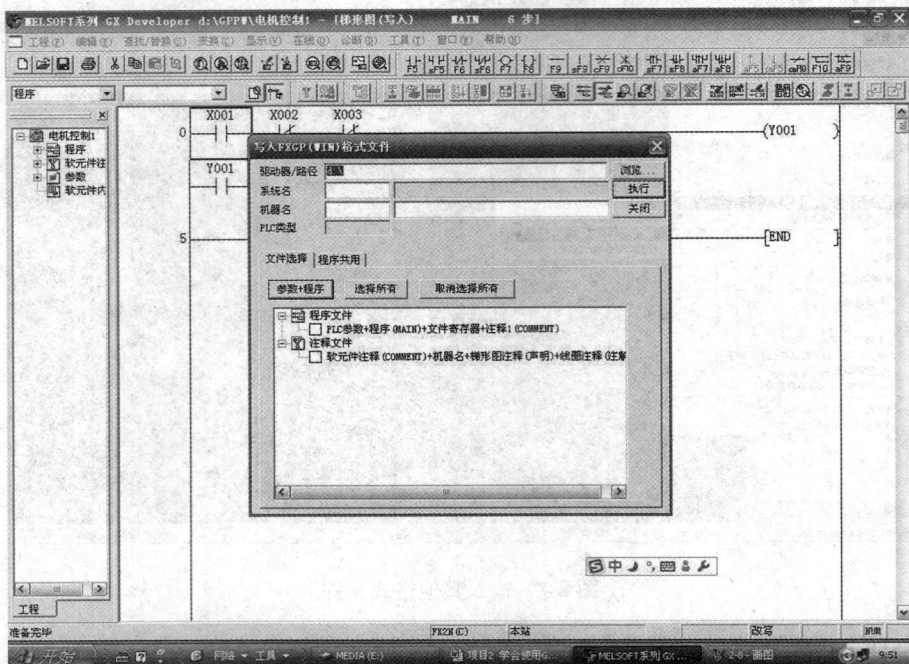

图 2-9　写入其他格式文件对话框

3. 梯形图编程

（1）触点、线圈输入。触点、线圈符号、特殊功能线圈、连接导线的输入和程序的清除，通过点击工具栏的触点、线圈等命令按钮，在输入标记对话框输入元件符号、地址号，再点击"确认"按钮来实现，如图 2-10 所示。

（2）编辑操作。梯形图单元块的剪切、拷贝、粘贴、插入行、删除行等操作，通过执行

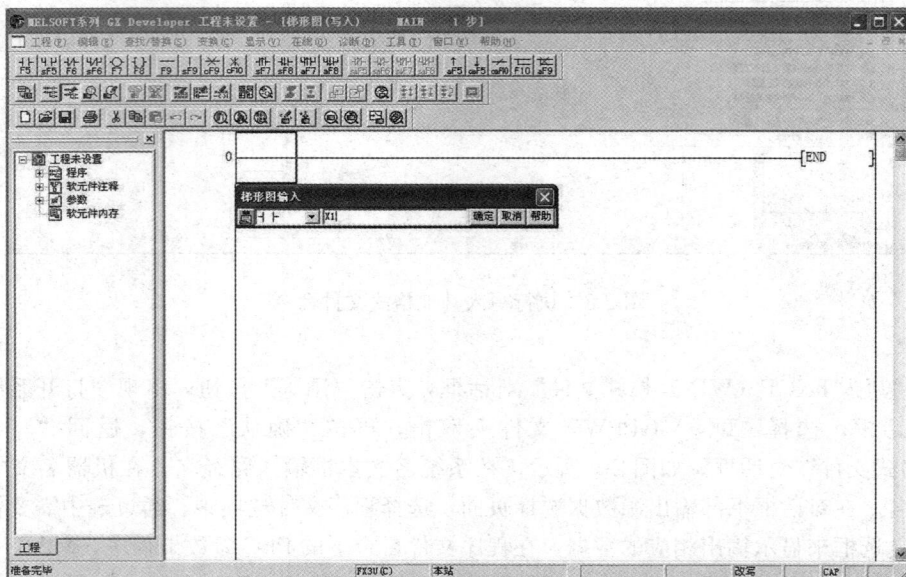

图 2-10　触点、线圈输入

"编辑"菜单栏实现，如图 2-11 所示。

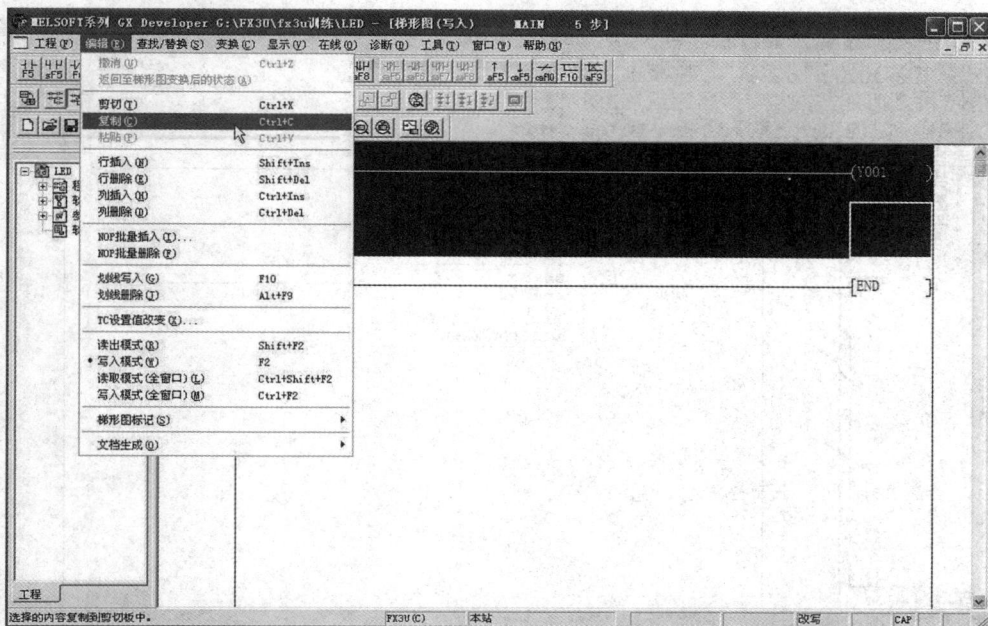

图 2-11　编辑操作

（3）梯形图的变换。将创建的梯形图变换后存入计算机中，操作方法是：执行"变换"菜单→"变换"子菜单命令或按 F4 键。

在梯形图中键入的指令或输入的程序只有经过变换并置入指令表后才有效。在变换过程中显示梯形图变换信息，如果在不完成变换的情况下关闭梯形图窗口，程序提示"梯形图未变换，是否要删除未变换的梯形图显示"，点击"是"，新创建的梯形图被删除，点击"否"，回到梯形图编辑窗口。

（4）查找。点击"查找/替换"菜单，再选择要查找设备、指令、步号、字符串、触点或线圈，从相应的对话框中，选择对象和查找方向（从头至尾、从光标所在处至结尾、从光标所在处至开头），进行相关元件触点、线圈和指令的查找，元件类型和编号的改变，元件的替换，可以通过执行"查找"菜单栏实现。

4. 指令表编程

执行"查看"→"列表显示"可实现指令表状态下的编程。通过"查看"→"列表显示"或"梯形图显示"，可实现列表显示程序与梯形图程序之间的变换。

5. 程序检查

如图 2-12 所示，点击"工具"→"程序检查"选项，选择相应的检查内容，然后单击"确认"，可实现对程序的检查。

6. 程序传送

（1）传送功能。

读入：将 PLC 中的程序传送到计算机中。

写出：将计算机中的程序发送到 PLC 中。

校验：将在计算机与 PLC 中的程序加以比较校验。

操作方法：执行"在线"→"读入 PLC"、"写出 PLC"、"校验 PLC"菜单命令分别完成"读

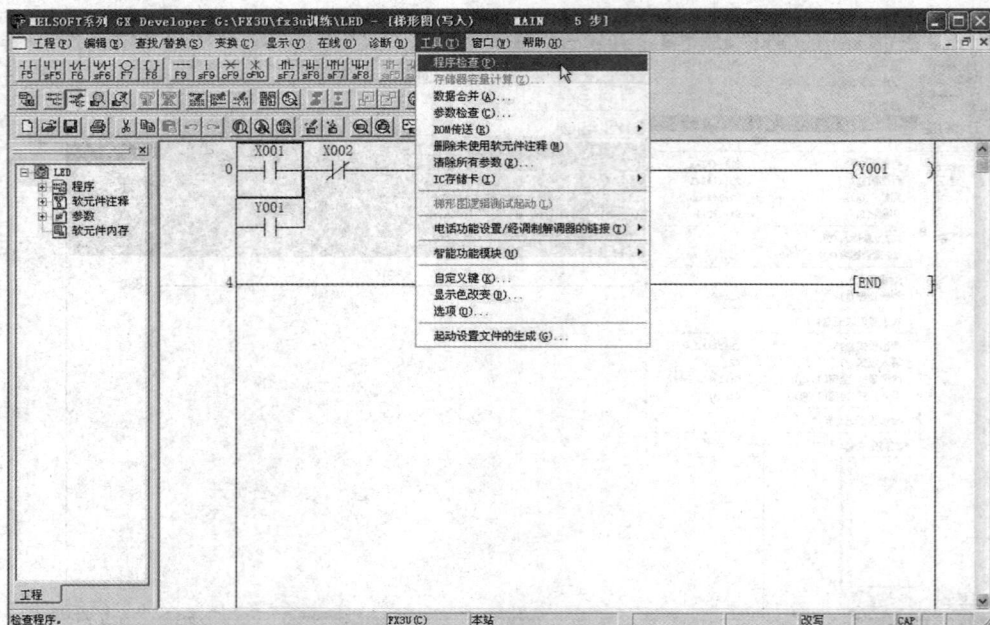

图 2-12　程序检查

入"、"写出"、"校验"操作。

当选择"写入 PLC"时，应在"写入 PLC"对话框的文件选择标签内，程序选项选择主程序（MAIN），再点击程序标签，在范围设定选项中，选择全部范围或步范围指定，再按"确认"按钮。

如果范围设定选项选择步范围指定，在开始、结束文本框填入开始、结束的步序号，再按"确认"按钮，指定步序号范围的程序就能写入 PLC 了。

（2）传送程序应注意的问题。

1）计算机的 RS-232C 端口及 PLC 之间必须用指定的缆线及变换器连接。

2）执行完"读入 PLC"后，计算机中的程序将被丢失，原有的程序将被读入的程序所替代，PLC 模式改变成被设定的模式。

3）在"写出 PLC"时，PLC 应停止运行，程序必须在 RAM 或 EEPROM 内存保护关断的情况下写出，然后进行校验。

7. 程序监控

（1）梯形图监控。梯形图监控，如图 2-13 所示，依次点击"在线"→"监视"→"监视开始（全画面）"即可。

如图 2-14 所示，开始监视后，触点为蓝色表示触点闭合。线圈括号为蓝色，表示线圈得电。定时器、计数器设定值显示在其上部，当前值显示在下部。

停止监视，可以依次点击"在线"→"监视"→"监视停止（全画面）"即可。

（2）元件测控。

1）强制元件 ON/OFF。点击"在线"→"调试"→"设备调试"，打开设备调试对话框。在位设备的设备输入框，输入位元件的符号和地址号，然后点击强制 ON 或强制 OFF 命令按钮，分别强制该元件为 ON 或 OFF。

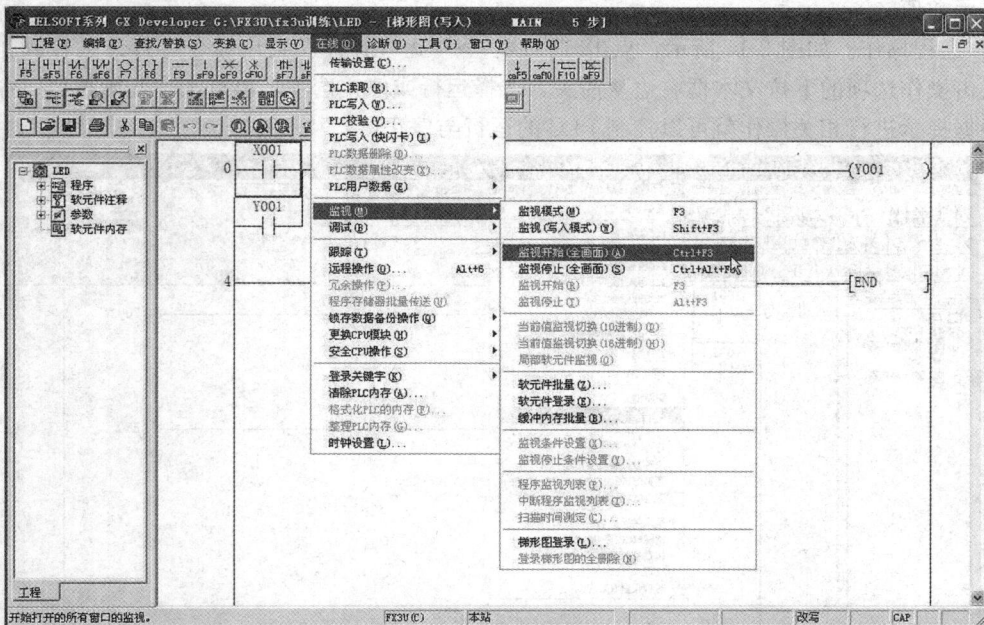

图 2-13　执行监控命令

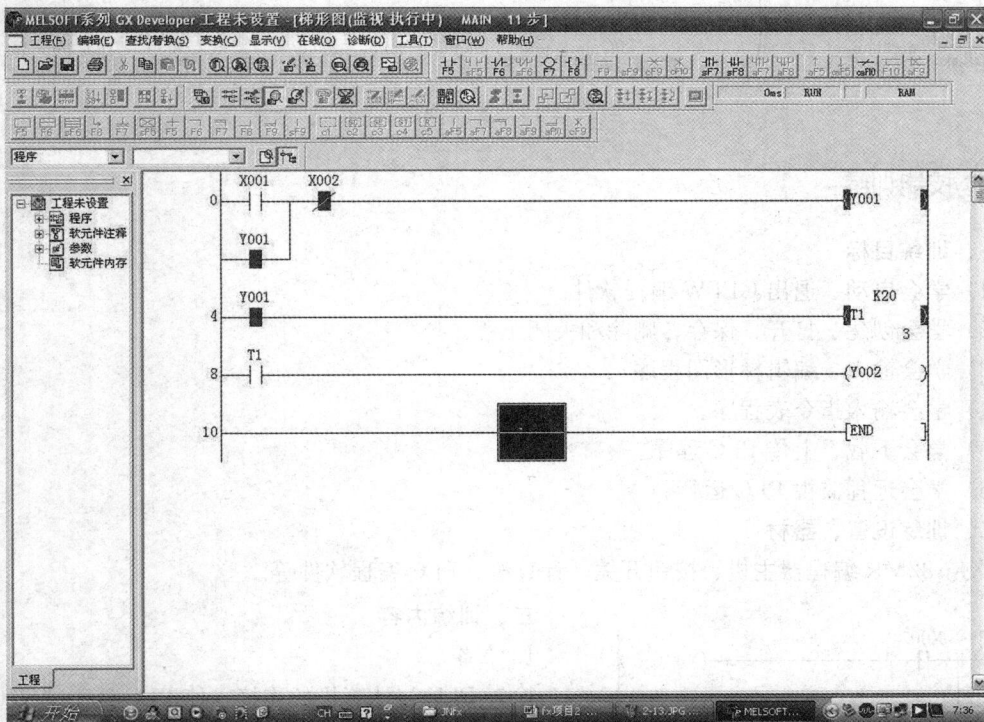

图 2-14　梯形图监控

2）改变当前值监视。点击"在线"→"监视"→"当前值监视切换（十进制）"菜单命令，字元件当前值以十进制显示数值。

点击"在线"→"监视"→"当前值监视切换（十六进制）"菜单命令，字元件当前值以十六进制显示数值。

3）远程操作。如图 2-15 所示，点击"在线"→"远程操作"菜单命令，打开远程操作对话框，点击操作选项的下拉文本框右边▼箭头，选择运行或停止选项，再点击"开始执行"命令按钮，根据提示进行相关操作就可以控制 PLC 的运行与停止。

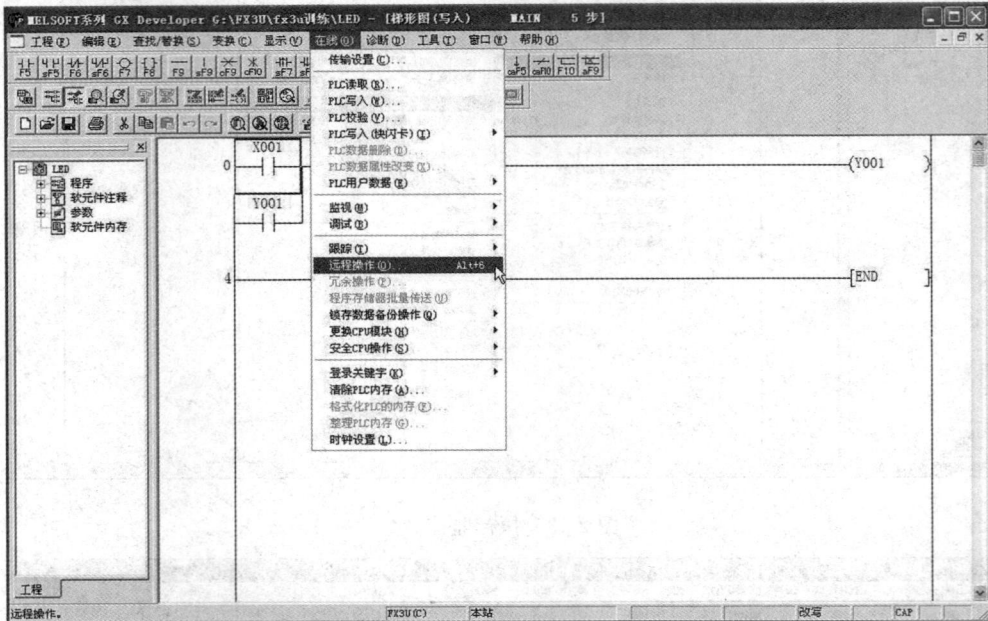

图 2-15　远程操作

技能训练

一、训练目标

（1）学会启动、退出 GPPW 编程软件。

（2）学会创建、打开、保存、删除和关闭工程。

（3）学会输入、编辑梯形图程序。

（4）学会输入指令表程序。

（5）学会下载、上传 PLC 程序。

（6）学会远程监视 PLC 运行。

二、训练设备、器材

FX₃U-32MR 编程器主机、按钮开关、计算机、PLC 编程软件等。

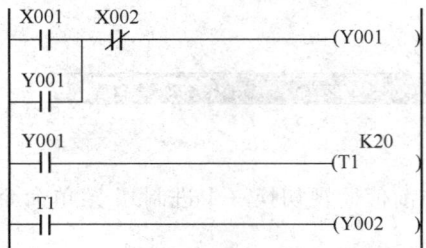

图 2-16　梯形图

三、训练内容

1. 准备

检查 PLC 与计算机的连接，使 PLC 处于"STOP"状态，接通电源。

2. 编程操作

（1）启动编程软件 GPPW，建立一个新工程。

（2）梯形图编程。将图 2-16 所示的梯形图输入计算机，通过编辑操作进行检查和修改。

操作步骤如下：

1）如图 2-17 所示，点击"编辑"菜单下的"写入模式"子菜单命令。

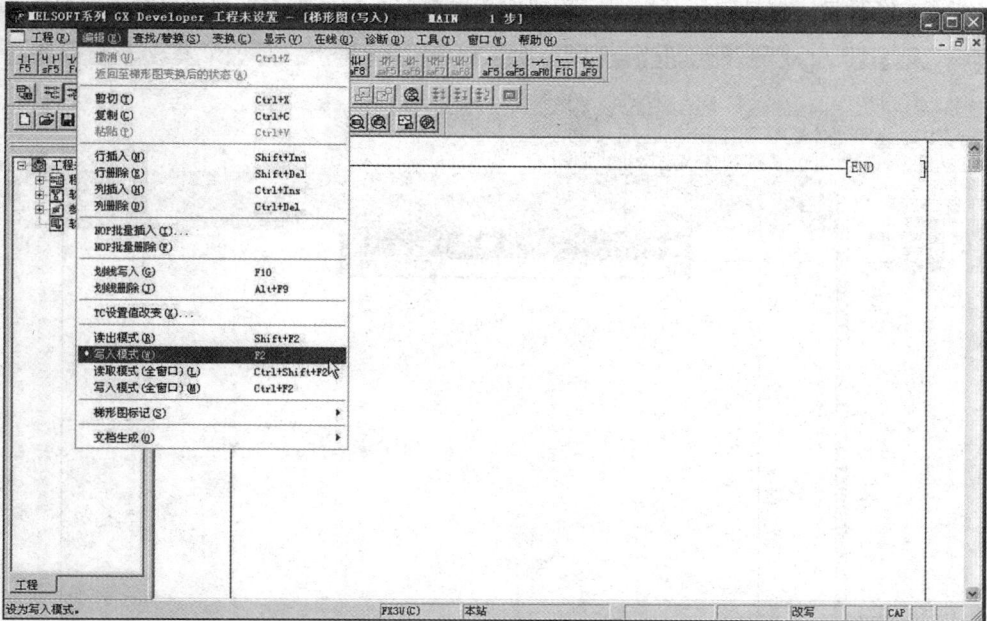

图 2-17　写入模式

2）如图 2-18 所示，在光标选中框处直接开始输入指令，或双击鼠标，在弹出的"梯形图输入"对话框的文本输入框中输入"LD X1"指令（LD 与 X1 间需空格）。或点击"　"图标，在有梯形图标记"┤├"的文本框中输入"X1"，并点击"确定"按钮或按键盘回车键"Enter"，

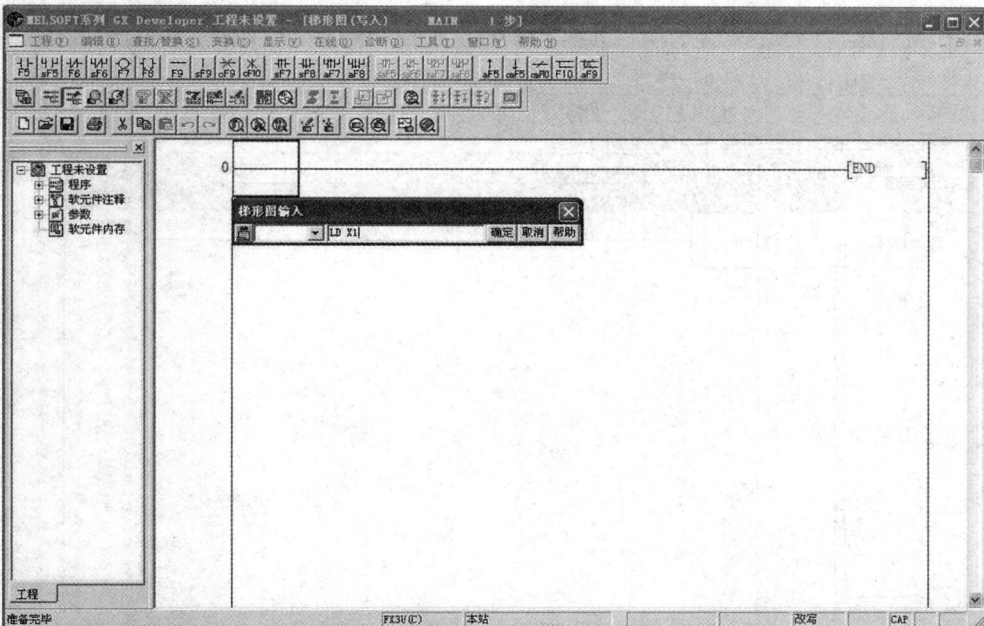

图 2-18　输入"LD X1"指令

完成常开触点的输入。

3）如图 2-19 所示，输入"ANI X2"指令，或根据不同指令选择相应的工具，在弹出的对话框中输入软元件符号、地址，按"确定"按钮或按键盘回车键"Enter"，完成常闭触点的输入。

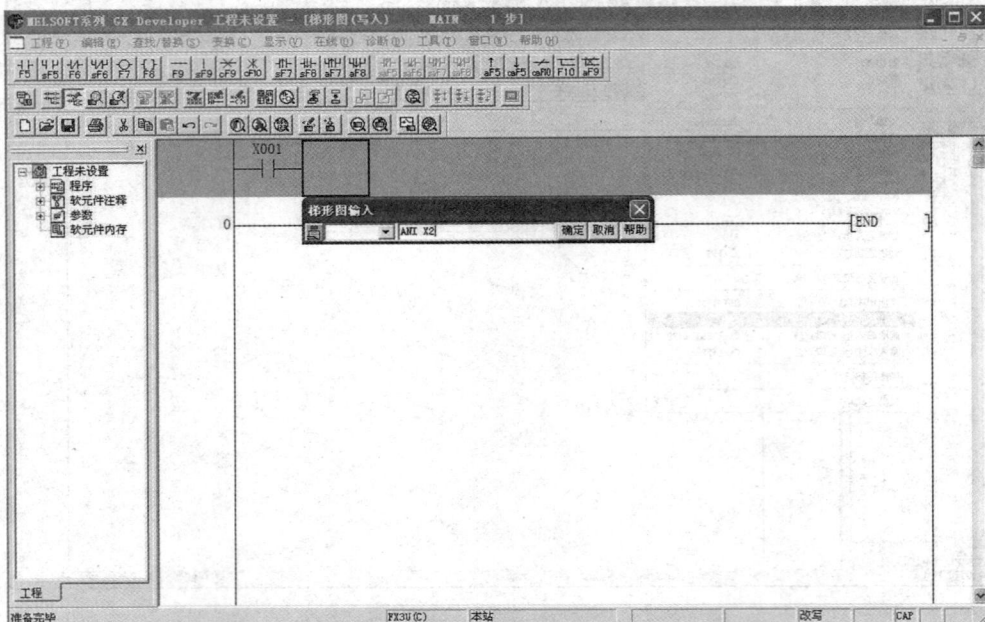

图 2-19　输入"ANI X2"指令

4）用上述类似方法输入"OUT Y1"指令，完成一行梯形图的输入后编程界面如图 2-20 所示。

5）输出线圈指令输完后，光标自动跳到下一行开始处，在光标框处直接输入"OR Y1"，或

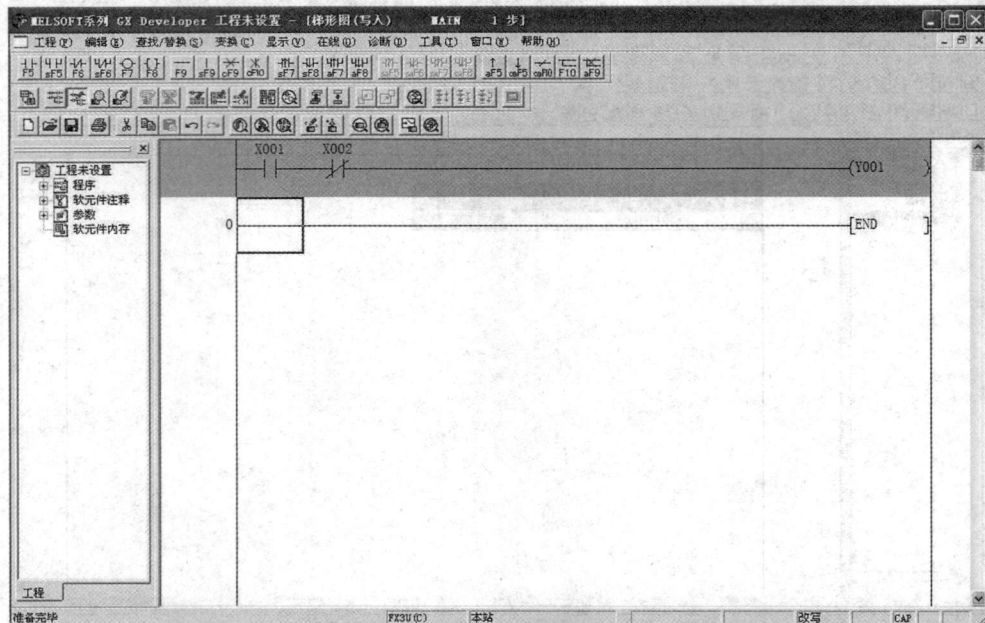

图 2-20　输入"OUT Y1"指令后

点击相应的并联常开触点图标，在弹出的并联常开触点对话框的软元件符号、地址栏输入"Y1"，点击"确认"按钮，或按键盘回车键"Enter"，完成"OR Y1"指令输入。

　　6）光标下移一行至做母线端，输入"LD Y1"，按键盘回车键"Enter"。

　　7）如图 2-21，输入定时器驱动指令"OUT T1 K60"，按键盘回车键"Enter"。

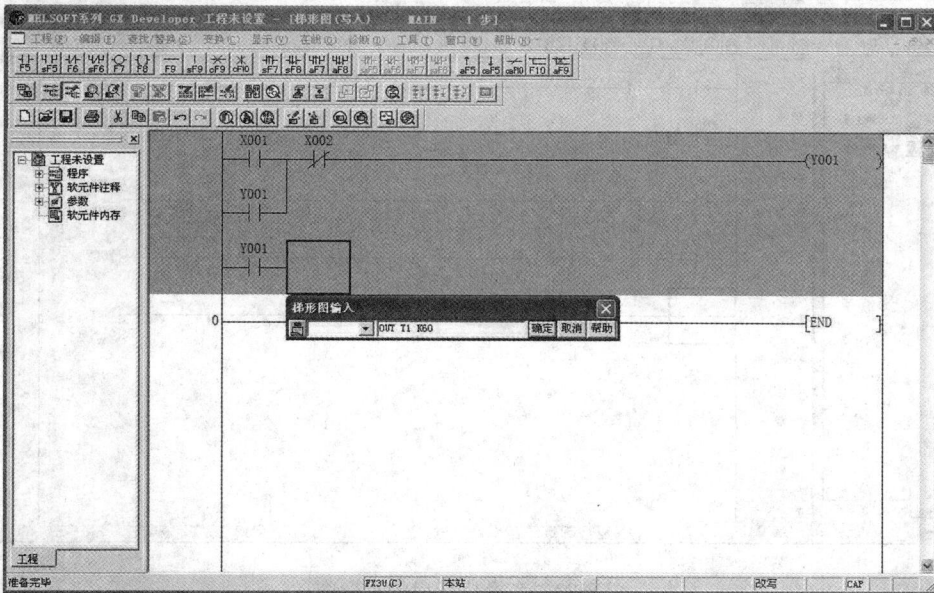

图 2-21　输入"OUT T1 K60"定时器指令

　　8）光标自动跳到下一行开始处，输入"LD T1"，按键盘回车键"Enter"。

　　9）输入线圈驱动指令"OUT Y2"，按键盘回车键"Enter"。

　　10）如图 2-22，在菜单栏选择执行"变换（C）"→"变换（C）F4"指令，或按功能键 F4，

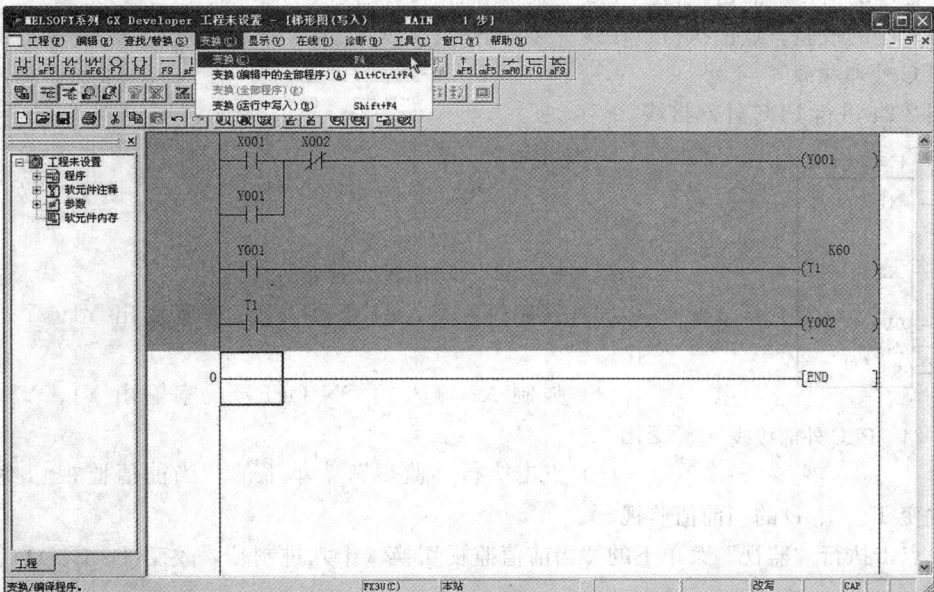

图 2-22　执行变换命令

43

使梯形图输入的程序有效。

11）变换完成的梯形图如图 2-23 所示，至此，完成了程序的创建。

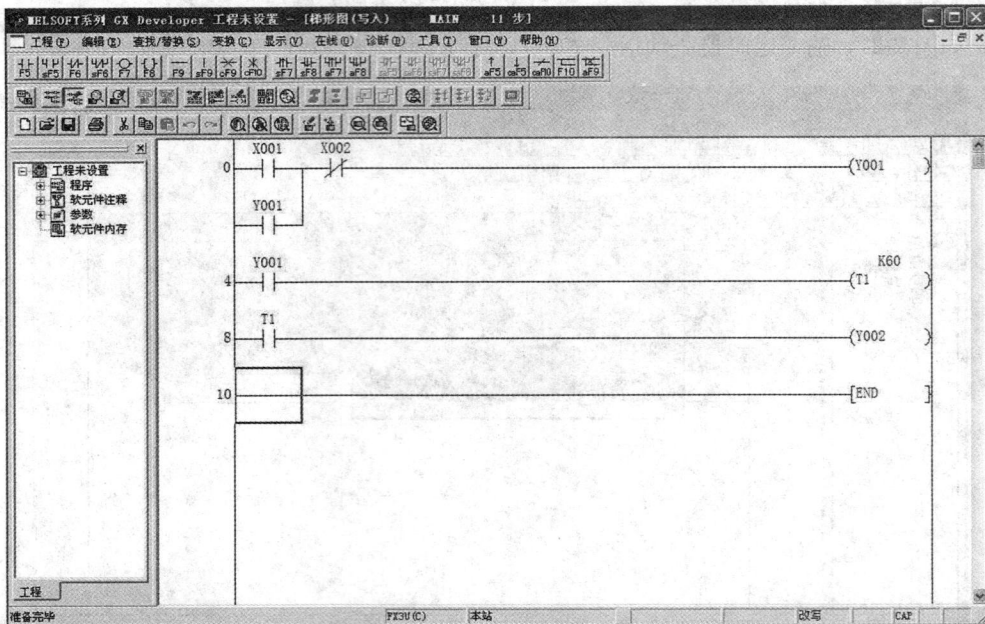

图 2-23　变换执行后的梯形图

（3）指令表编程。在指令表编程界面下重新输入图 2-16 所示的程序。

3. 保存工程

4. 程序传送

（1）程序的下载。点击执行"在线"菜单下的"PLC 写入"命令。

（2）程序的上传。点击执行"在线"菜单下的"PLC 读取"命令。

（3）程序的校验。点击执行"在线"菜单下的"PLC 校验"命令。

5. PLC 外部接线

按图 2-24 进行 PLC 外部接线。

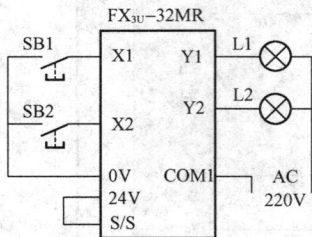

图 2-24　PLC 外部接线

6. 程序运行、监控

（1）拨动 PLC 上的 RUN/STOP 开关，使 PLC 处于运行状态。

（2）按"F3"功能键，开始程序监控。

（3）强制 X1 输入的 ON/OFF，观察输出 Y1、Y2 的状态变化。

（4）强制 X2 输入的 ON/OFF，观察输出 Y1、Y2 的状态变化。

（5）点击执行"监视"菜单下的"当前值监视切换（十进制）"，改变 T、C、D 的当前值监视。

（6）点击执行"监视"菜单下的"当前值监视切换（十六进制）"，改变 T、C、D 的当前值监视。

（7）远程控制 PLC 运行、停止。

习 题 2

1. 如何在梯形图界面，利用输入指令的方式完成梯形图的输入？
2. 如何使用功能键完成梯形图的输入？
3. 梯形图输入完成后的变换的作用是什么？
4. 如何实现 FX$_{3U}$ 系列 PLC 的远程运行控制？

项目三　用 PLC 控制三相交流异步电动机

学习目标

（1）学会分析电气控制线路的电气控制逻辑关系。

（2）学会用逻辑函数表示电气控制逻辑关系。

（3）能根据电气控制逻辑函数画出梯形图程序。

（4）学会用三菱 FX$_{3U}$ 系列 PLC 的基本指令。

（5）学会用 PLC 控制三相交流异步电动机的运行。

（6）学会在不同品牌 PLC 间移植 PLC 程序。

任务 4　用 PLC 控制三相交流异步电动机单向连续运行的启动与停止

基础知识

一、任务分析

1. 控制要求

（1）按下启动按钮，三相交流异步电动机单向连续运行。

（2）按下停止按钮，三相交流异步电动机停止。

（3）具有短路保护和过载保护等必要保护措施。

2. 接触器控制三相异步电动机启停电气原理图

三相交流异步电动机单向连续运行的启动与停止的接触器控制电气原理如图 3-1 所示，图 3-1 中主要元器件的名称、代号和功能见表 3-1。

表 3-1　　　　　　　　　　　　　主要元器件的名称、代号和功能

名　　称	元件代号	功　　能
启动按钮	SB1	启动控制
停止按钮	SB2	停止控制
交流接触器	KM1	控制三相异步电动机
热继电器	FR1	过载保护

3. PLC 输入输出接线图

PLC 输入输出接线如图 3-2 所示。

4. 设计 PLC 控制程序

根据三相异步电动机单向连续运行的启动与停止控制要求，设计的 PLC 控制程序如图 3-3 所示。

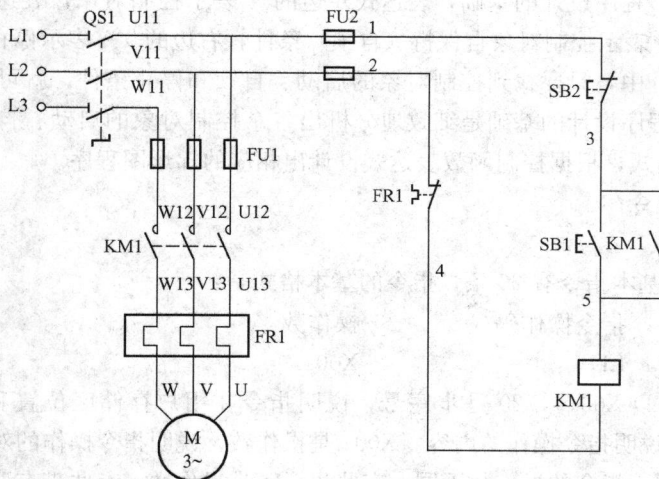

图 3-1　电动机启停电气线路原理图

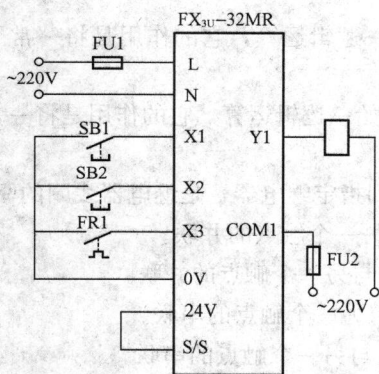

图 3-2　PLC 输入输出接线图　　　　图 3-3　PLC 控制程序

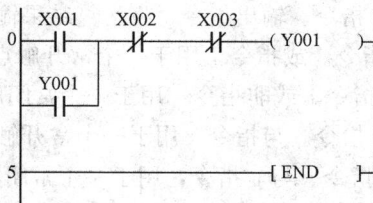

5. 编程技巧提示

（1）接触器电气控制线路、逻辑控制函数、梯形图彼此存在一一对应关系。三相异步电动机单向连续运行的启动与停止的控制函数是

$$KM1 = (SB1 + KM1) \cdot \overline{SB2} \cdot \overline{FR1}$$

从梯形图可以看出，控制函数中启动按钮 SB1 与接触器常开触点 KM1 是或逻辑关系，在梯形图中表现为两常开触点并联关系，停止按钮 SB2 与启动按钮 SB1 与接触器常开触点 KM1 组合部分是 SB2 取反逻辑与逻辑关系，在梯形图中变现为常闭触点串联形式。

可以得到如下结论：接触器电气控制线路、逻辑控制函数、梯形图彼此存在一一对应关系，即由接触器电气控制线路可以写出相应的逻辑控制函数，反之亦然。由逻辑控制函数可以设计出相应的 PLC 控制程序，反之亦然。由接触器电气控制线路也可以设计出相应的 PLC 控制程序（注意 PLC 的所有输入开关信号需采用常开输入形式，采用常闭输入的点相关的程序部分要取反），反之亦然。

（2）PLC 程序控制设计基础。一般的启停控制函数是

$$Y = (QA + Y) \cdot \overline{TA}$$

该表达式是 PLC 程序设计的基础，表达式左边的 Y 表示控制对象，表达式右边的 QA 表示启动条件，右边的 Y 表示控制对象自保持（自锁）条件，右边的 TA 表示停止条件。

在 PLC 程序设计中，只要找到控制对象的启动、自锁和停止条件，就可以设计出相应的控制程序。即 PLC 的程序设计的基础是细致地分析出各个控制对象的启动、自锁和停止条件，然后写出控制函数表达式，根据控制函数表达式设计出相应的梯形图程序。

二、PLC 基本指令

1. 基本指令格式

FX₃ᵤ 系列 PLC 基本指令有 20 条，指令的基本格式是：

步序号	指令操作码	操作数
20	LD	X001

对于指令（20 LD X001），20 是步序号，说明指令在用户存储区位置和程序执行的顺序。LD 是指令操作码，说明指令操作的内容。X001 是操作数，说明指令操作的对象。

根据操作的不同，指令的操作数不同。有些指令不带操作数，有些带有两个或两个以上的操作数。

2. 基本指令

（1）LD 指令。逻辑取指令，以常开触点开始一逻辑运算，它的作用是将一常开触点接到母线上。另外，在分支电路接点处也可使用。

（2）LDI 指令。逻辑取反指令，以常闭触点开始一逻辑运算，它的作用是将一常闭触点接到母线上。另外，在分支电路接点处也可使用。

（3）OUT 指令。输出指令，将运算结果输出到指定继电器，是继电器线圈的驱动指令。

（4）OR 指令。或指令，用于一个常开触点与另一个触点的并联。

（5）ORI 指令。或非指令，用于一个常闭触点与另一个触点的并联。

（6）AND 指令。与指令，用于一个常开触点与另一个触点的串联。

（7）ANI 指令。与非指令，用于一个常闭触点与另一个触点的串联。

注意：

● LD、LDI、OR、ORI、AND、ANI 指令的操作数是 X、Y、T、C、M。

● OUT 指令用于驱动线圈的操作数是 Y、M。用于驱动定时器 T、计数器 C 时，还需要第二个操作数用于设定参数。参数可以是常数或数据寄存器 D。

技能训练

一、训练目标

（1）能够正确设计控制三相交流异步电动机单向连续运行的启动与停止控制的 PLC 程序。

（2）能正确输入和传输 PLC 控制程序。

（3）能够独立完成三相交流异步电动机单向连续运行的启动与停止控制线路的安装。

（4）按规定进行通电调试，出现故障时，应能根据设计要求进行检修，并使系统正常工作。

二、训练步骤与内容

1. 输入 PLC 程序

（1）启动 PLC 编程软件，进入 PLC 编程界面。

（2）点击"工程"菜单下的"创建新工程"命令，弹出创建新工程对话框。

（3）如图 3-4 所示，在创建新工程对话框选择 PLC 系列为"FXCPU"，PLC 类型为"FX₃ᵤ

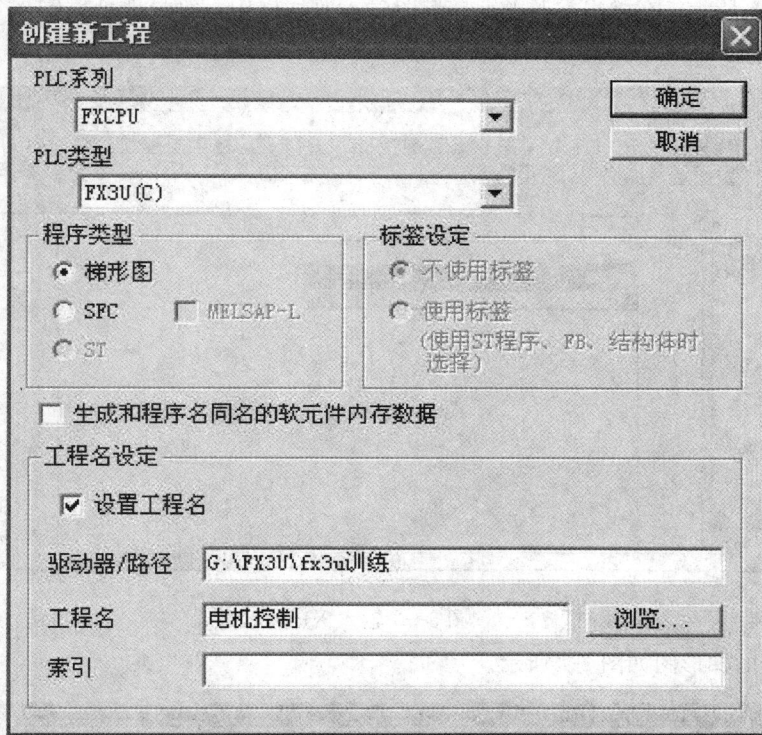

图 3-4 创建新工程

(C)",程序类型为"梯形图"。

(4) 如图 3-4 所示,在创建新工程对话框中设置工程名,路径选择:"G:FX$_{3U}$ \ fx$_{3u}$训练",工程名为"电机控制",按"确定"按钮,弹出"新建工程吗?"对话框,选择"是",进入梯形图编程界面。

(5) 如图 3-5 所示,点击快捷工具栏的常开触点命令按钮,弹出常开触点梯形图输入对话框。

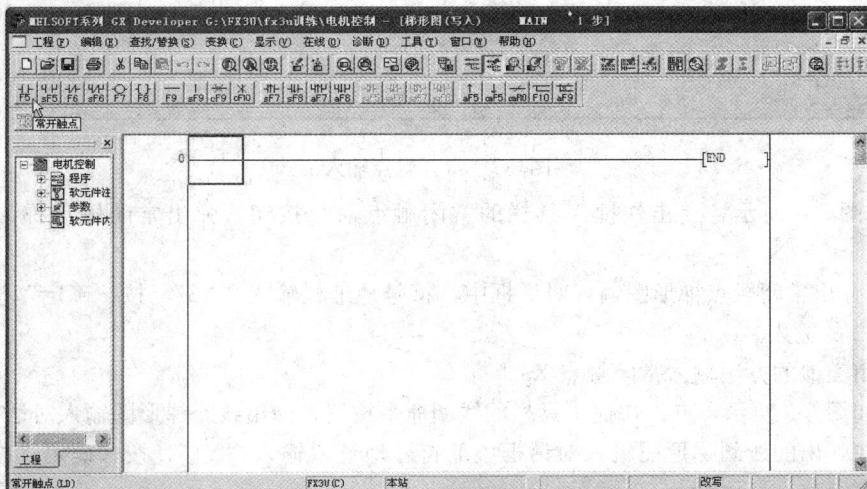

图 3-5 常开触点输入命令按钮

（6）如图 3-6 所示，在弹出常开触点梯形图输入对话框中，符号地址栏输入"X1"，按"确定"按钮，完成常开触点 X1 的输入。

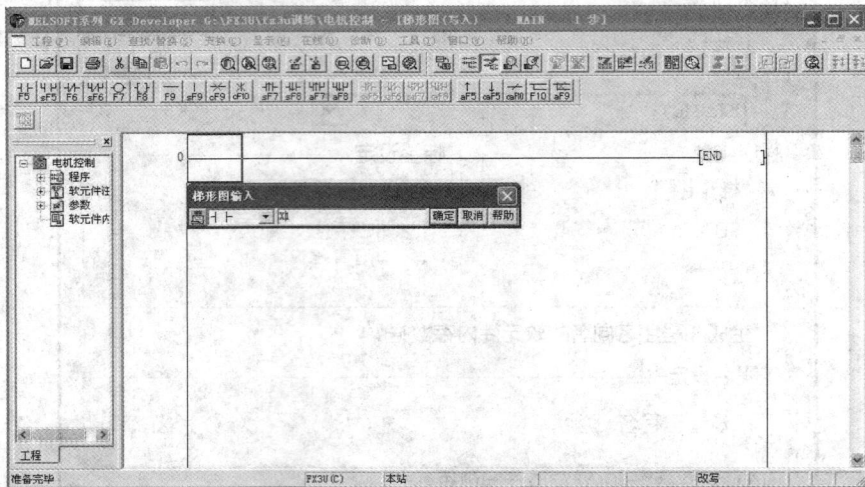

图 3-6　输入 X1

（7）完成后的梯形图如图 3-7 所示。

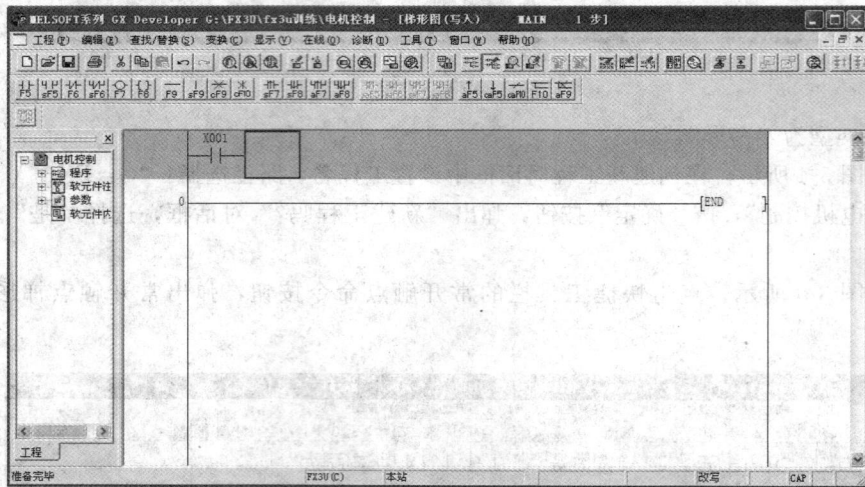

图 3-7　常开触点输入

（8）如图 3-8 所示，点击快捷工具栏的常闭触点命令按钮，弹出常闭触点梯形图输入对话框。

（9）在弹出常闭触点梯形图输入对话框中，符号地址栏输入"X2"，按"确定"按钮，完成常闭触点 X2 的输入。

（10）用类似的方法输入常闭触点 X3。

（11）如图 3-9 所示，点击快捷工具栏的线圈命令按钮，弹出线圈梯形图输入对话框。

（12）在弹出的线圈梯形图输入对话框中的符号地址栏输入"Y1"，按"确定"按钮，完成线圈 Y1 的输入。

（13）完成线圈 Y1 的输入光标自动移动到下一行。

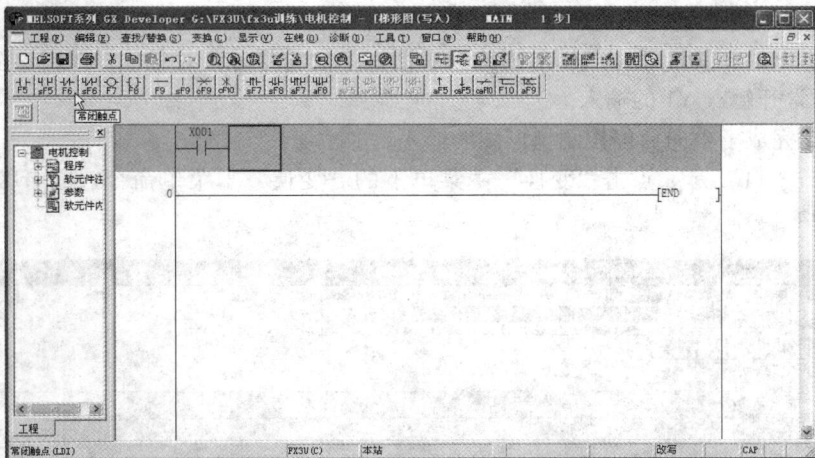

图 3-8　常闭触点命令按钮

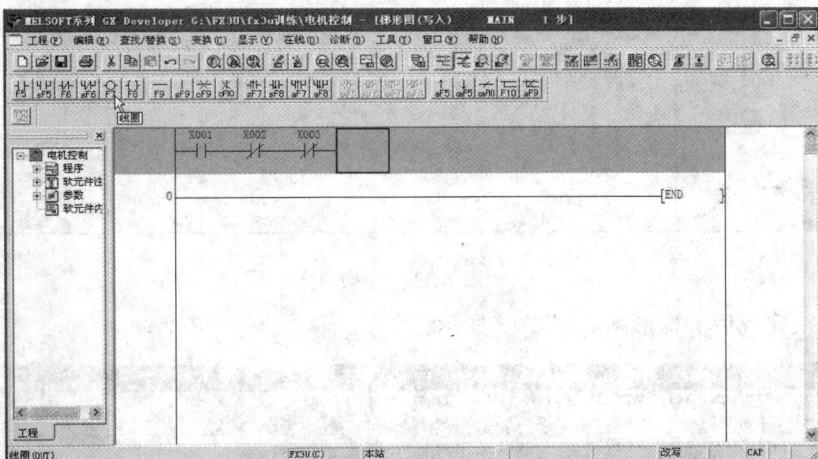

图 3-9　线圈输入命令按钮

（14）如图 3-10 所示，点击快捷工具栏的并联常开触点命令按钮，弹出并联常开触点梯形图

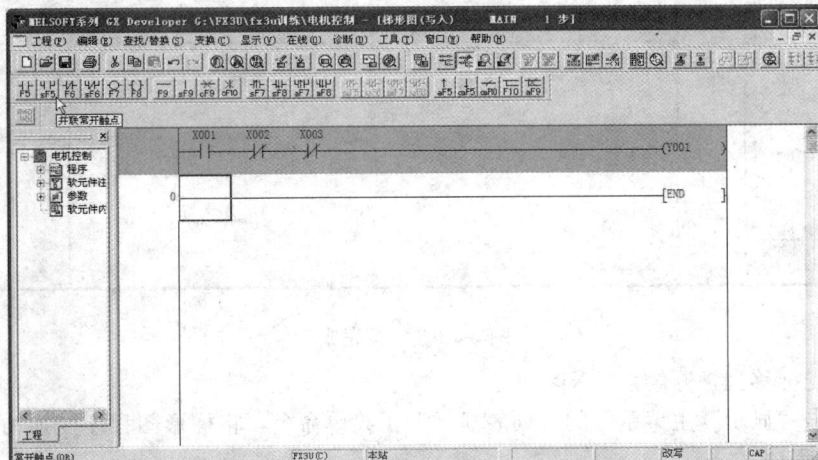

图 3-10　并联常开触点输入命令

51

输入对话框。

（15）在弹出的并联常开触点梯形图输入对话框中的符号地址栏输入"Y1"，按"确定"按钮，完成并联常开触点 Y1 的输入。

（16）至此完成了单向启停控制梯形图的输入。

（17）如图 3-11 所示，点击"变换"主菜单下的"变换"子菜单命令，或者按 F4 功能键，进行梯形图的变换。

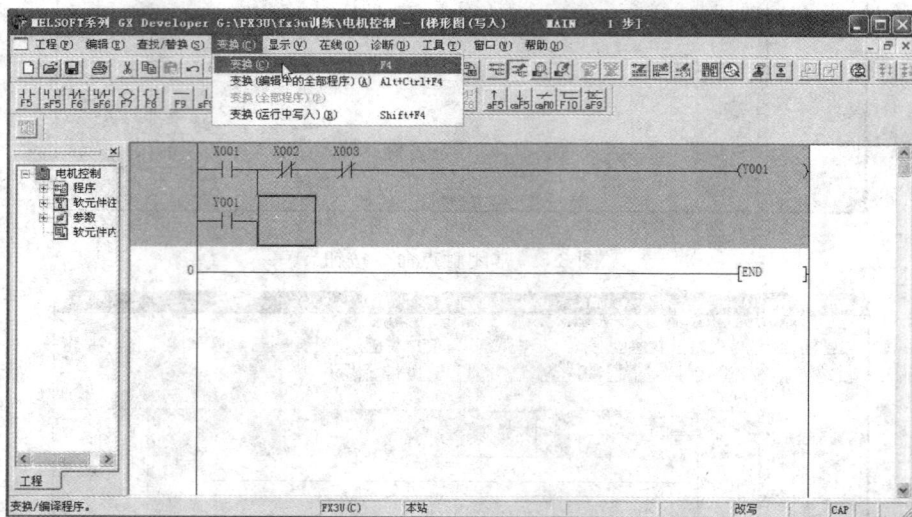

图 3-11　变换

（18）变换完成后的梯形图如图 3-12 所示。

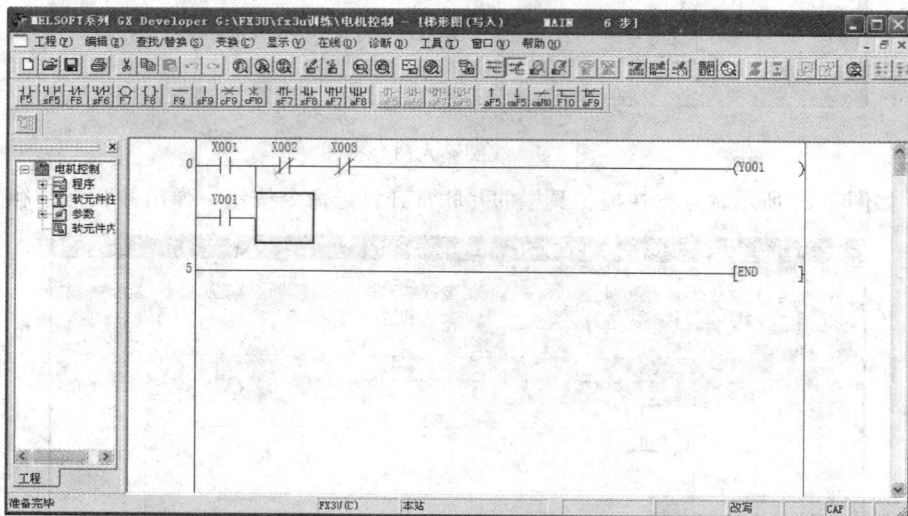

图 3-12　变换完成

（19）将光标移到常开触点"X1"上。

（20）点击"显示"主菜单下的"列表显示"子菜单命令，将梯形图程序变换为图 3-13 所示指令语句形式程序。

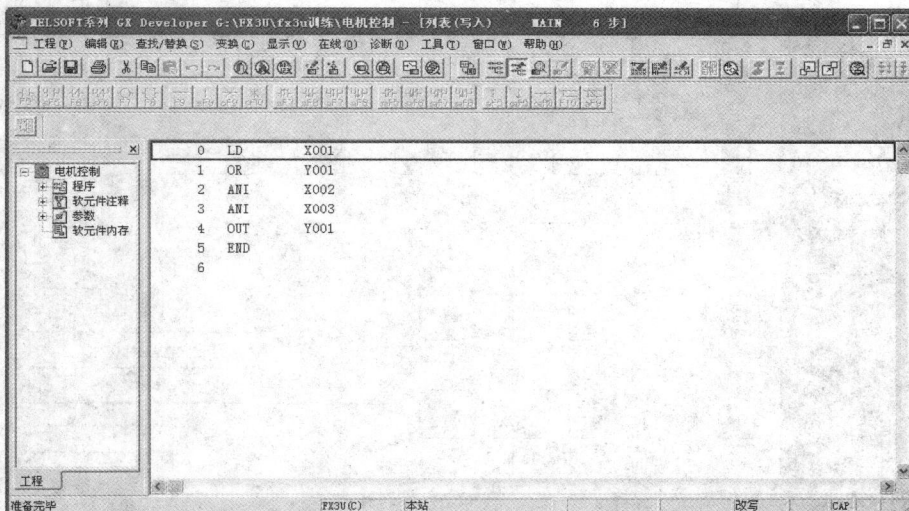

图 3-13　列表显示

2. 系统安装与调试

（1）主电路按图 3-1 所示主电路接线。

（2）PLC 按图 3-2 所示的 PLC 接线图接线。

（3）PLC 通信串口设置。

1）FX 系列 PLC 通信电缆分别与计算机 COM1 口、PLC 串口连接。

2）如图 3-14 所示，点击"在线"菜单下的"传输设置"命令。

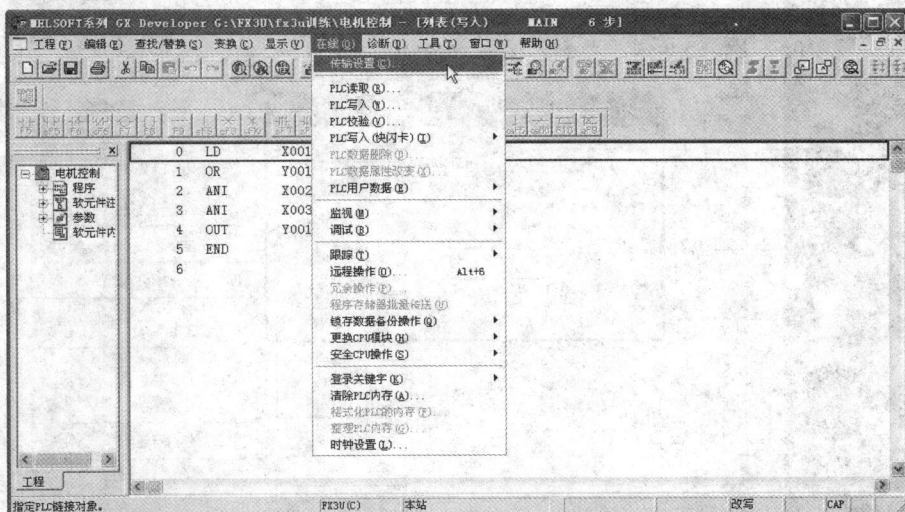

图 3-14　传输设置命令

3）弹出图 3-15 所示的传输设置对话框。

4）在传输设置对话框中双击"串行"设置图标，弹出图 3-16 的串口详细设置对话框。

5）在串口详细设置对话框，可以设置通信端口、传送速度，设置完成后，按"确认"按钮，完成串口详细设置。

6）点击传输设置对话框中右下角的"通信测试"按钮，可以测试 PLC 是否与计算机连接

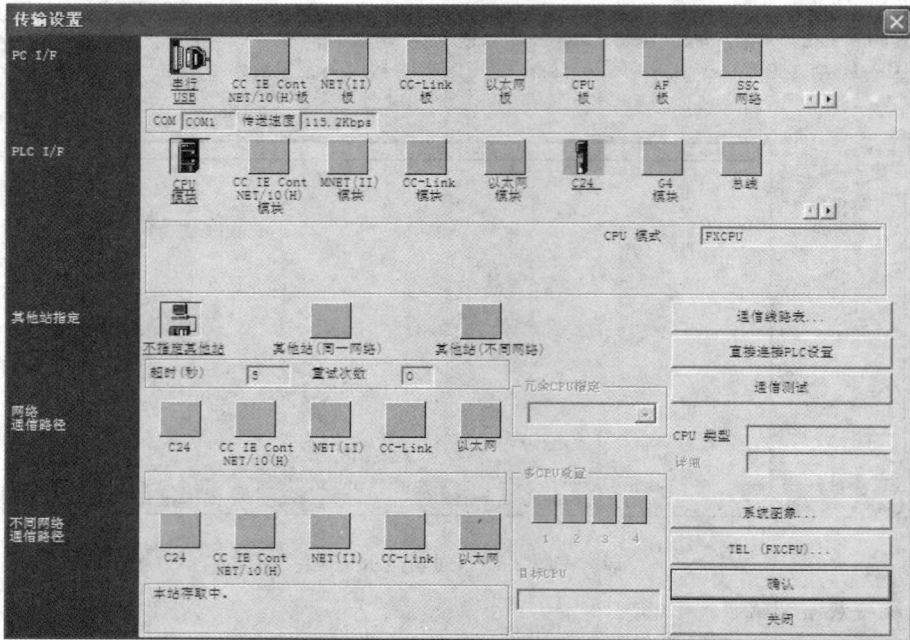

图 3-15　传输设置对话框

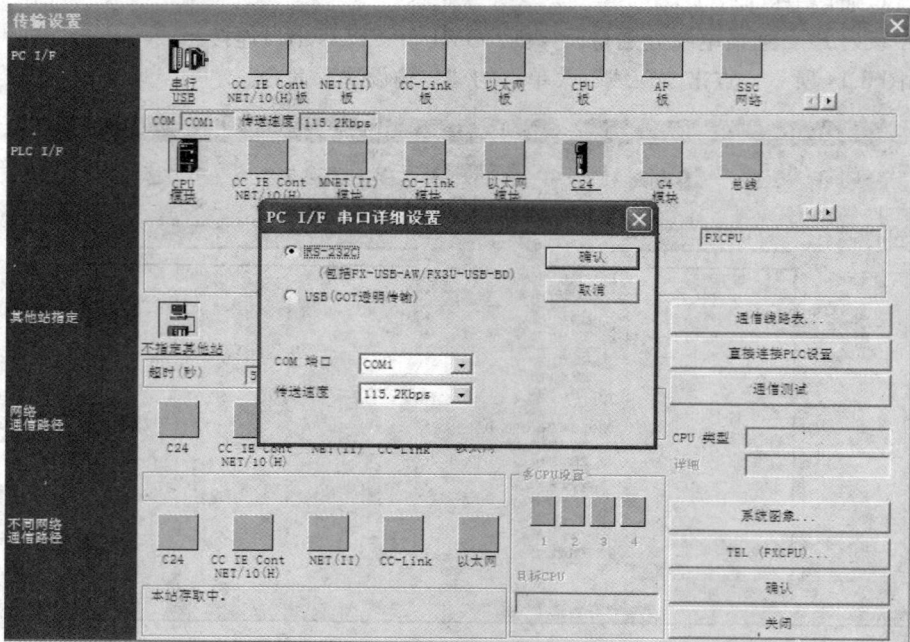

图 3-16　串口详细设置

成功。

　　7）点击传输设置对话框中右下角的"确认"按钮，完成 PLC 通信串口设置。

　　（4）将 PLC 程序下载到 PLC。

　　1）如图 3-17 所示，点击"在线"菜单下的"PLC 写入"命令。

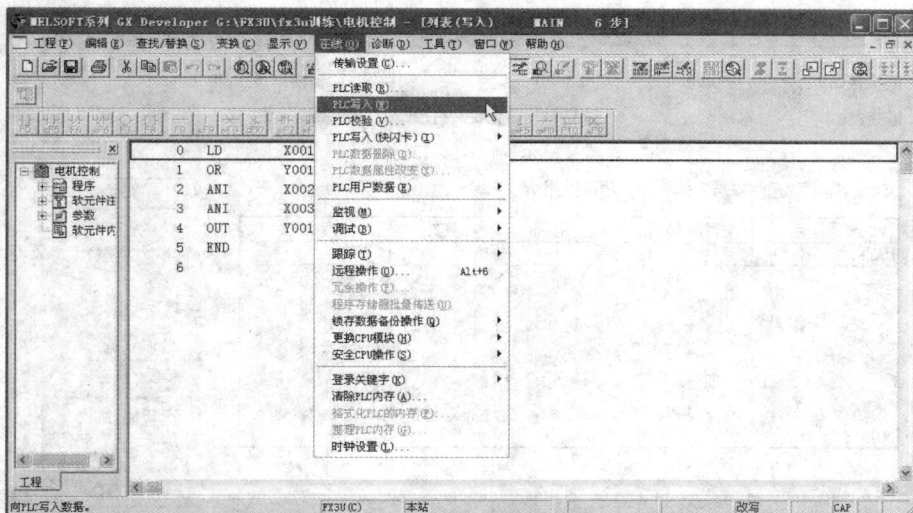

图 3-17 执行 PLC 写入命令

2) 弹出图 3-18 所示的程序写入对话框。

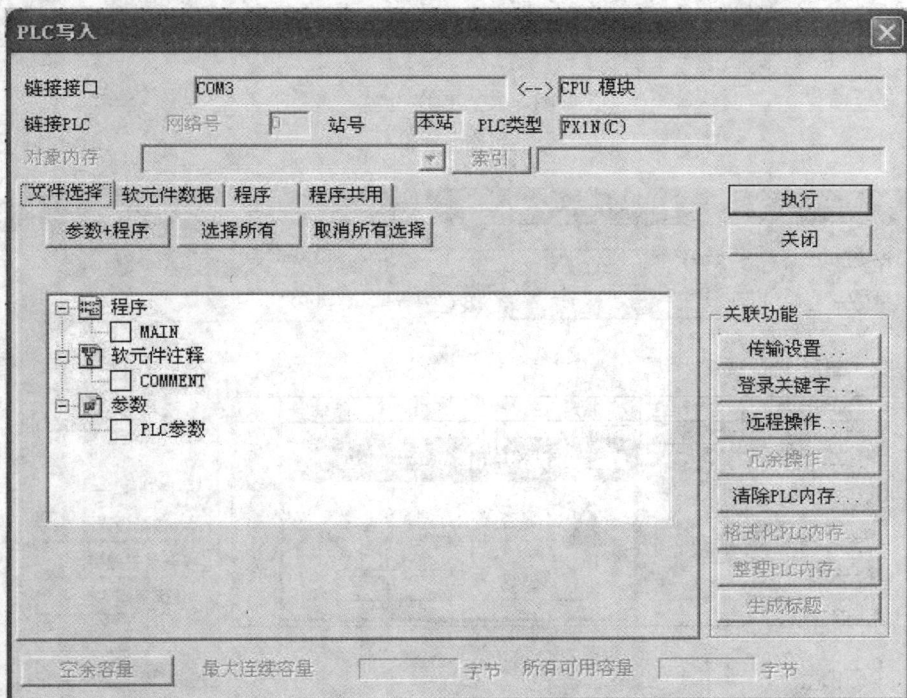

图 3-18 PLC 写入对话框

3) 点击对话框"文件选择"页"程序"选项下的 MAIN 前的复选框,再点击页面选择的"程序"页,弹出图 3-19 所示的程序设置对话框。

4) 在程序设置对话框中,点击"指定范围"栏下的下拉列表框箭头,选择"步范围",再指定开始步、结束步序号。

5) 点击图 3-19 中的"执行"按钮,弹出图 3-20 所示的"是否执行 PLC 写入"对话框。

55

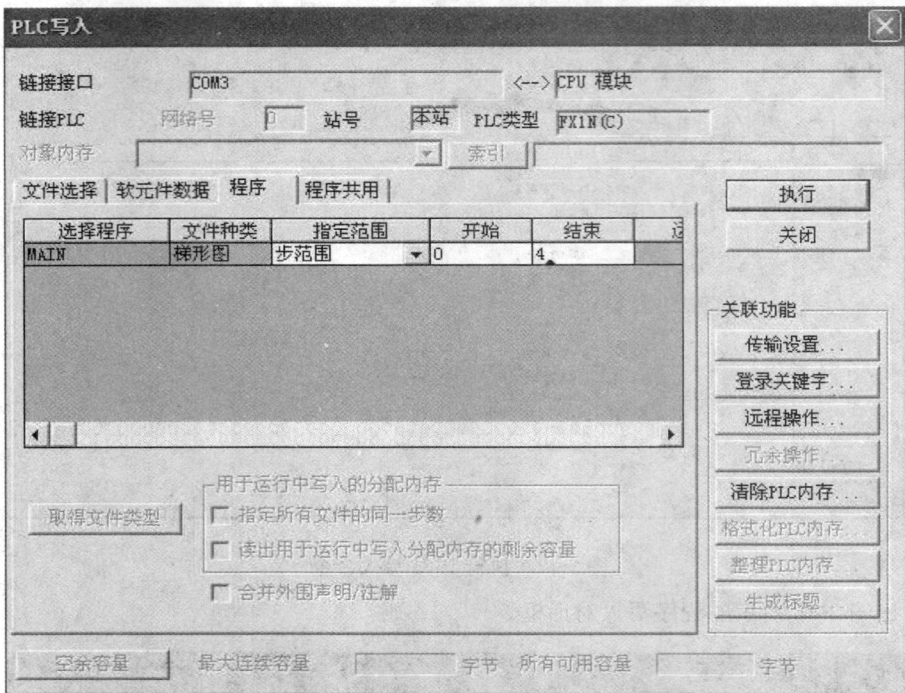

图 3-19　程序设置

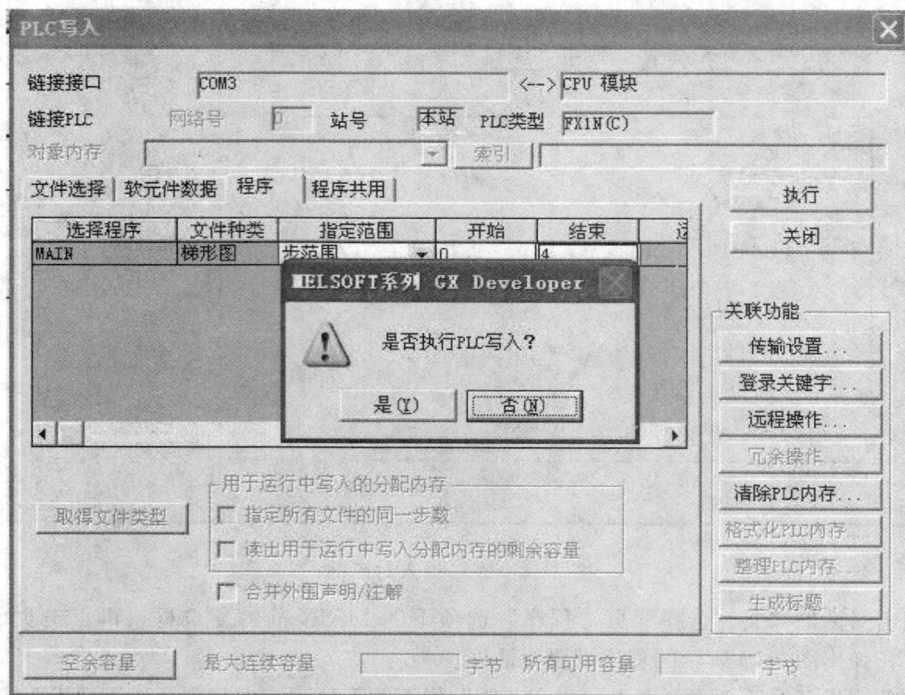

图 3-20　是否执行 PLC 写入

6) 点击"是"按钮，如图 3-21 所示，开始 PLC 程序写入。

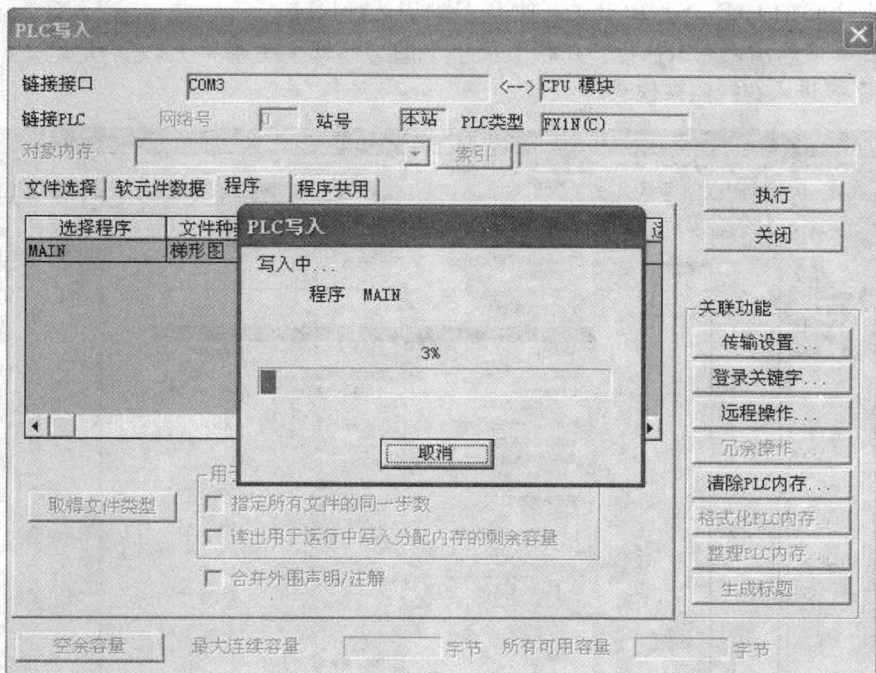

图 3-21 PLC 程序写入

7) 写入完成，弹出图 3-22 所示的 PLC 写入完成对话框，点击"确定"按钮，返回 PLC 写入对话框，点击"关闭"按钮，退出 PLC 写入状态，返回梯形图界面。

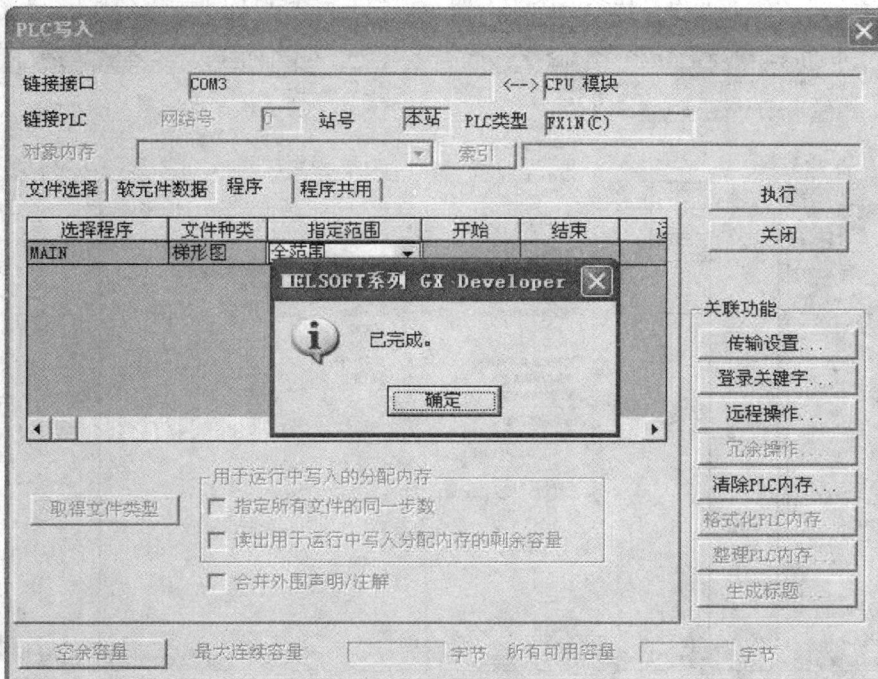

图 3-22 返回写入对话框

（5）调试程序。

1）拨动 PLC 的 RUN/STOP 开关，使 PLC 处于运行状态。

2）如图 3-23 所示，点击执行"在线"菜单下的"监视"子菜单下的二级子菜单"监视模式"命令，系统进入在线监视模式。

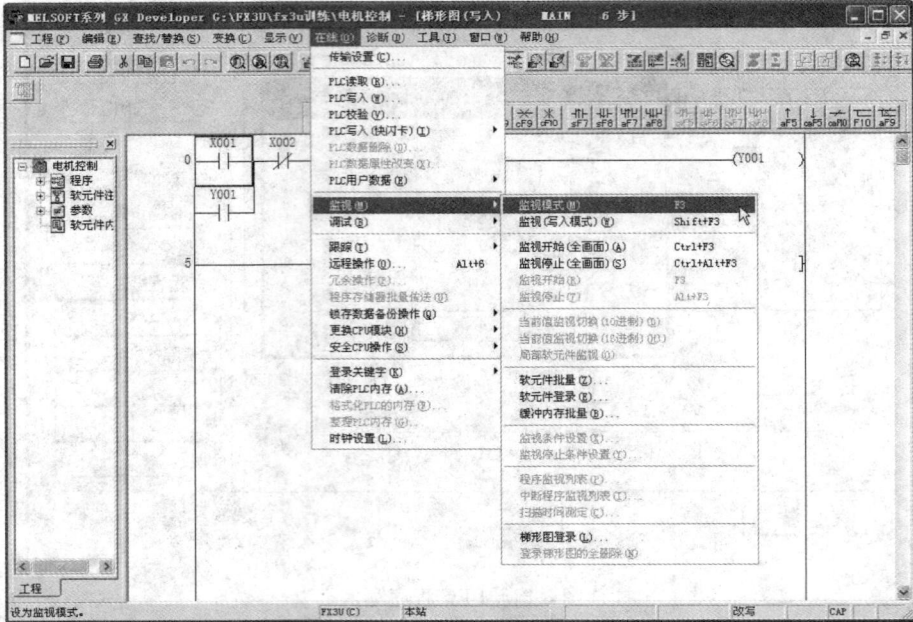

图 3-23　进入在线监视模式

3）如图 3-24 所示，点击"在线"菜单下的"调试"子菜单下的二级子菜单"软元件测试"命令。

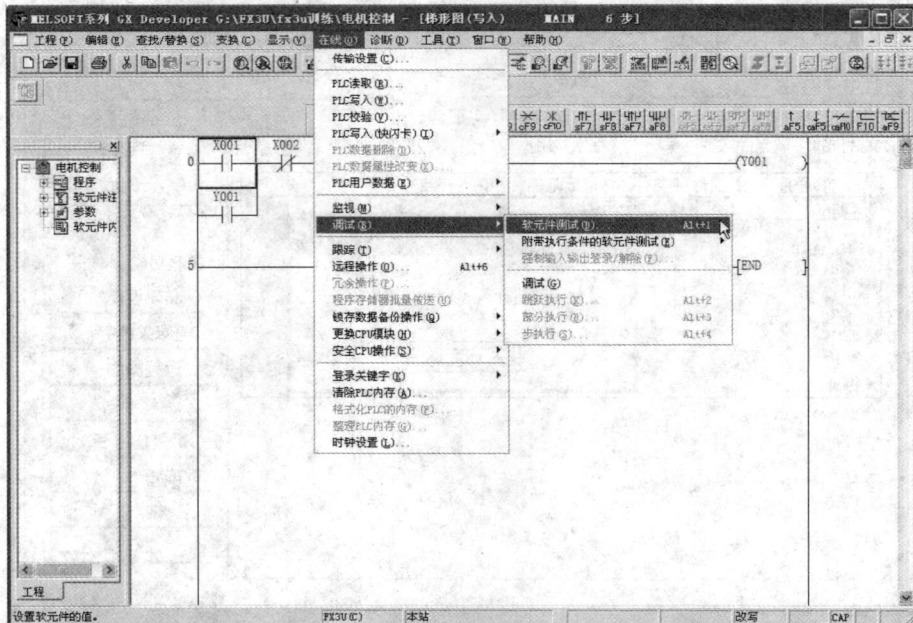

图 3-24　软元件测试命令

4）弹出图 3-25 所示的软元件测试对话框。

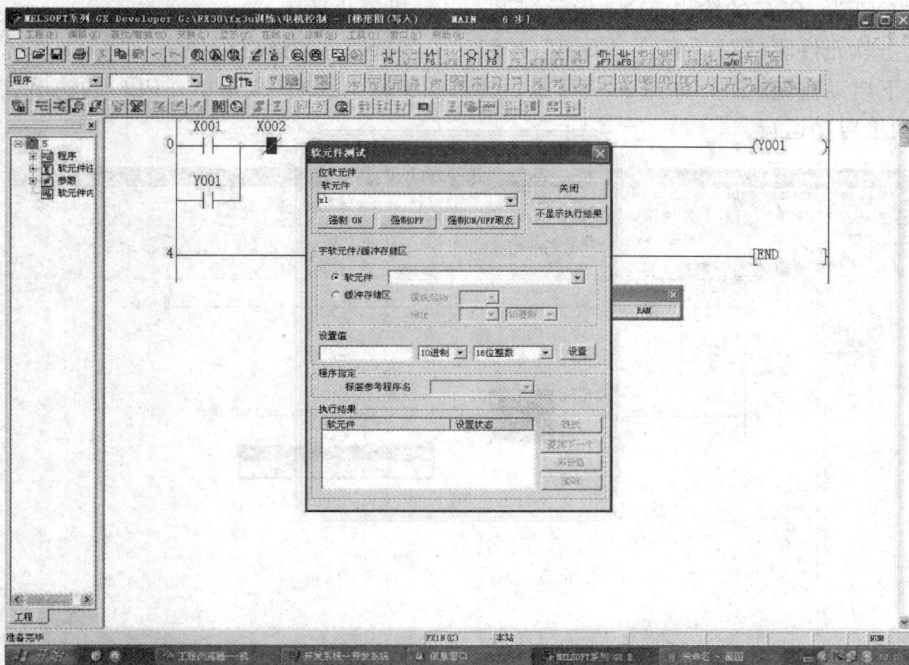

图 3-25　软元件测试对话框

5）在图 3-25 所示的软元件测试对话框的位软元件栏中输入"X1"。点击"强制 ON"按钮，如图 3-26 所示，PLC 输出线圈"Y1"为"ON"，PLC 的输出点 Y1 指示灯亮，电动机启动运行。

6）点击"强制 OFF"按钮。

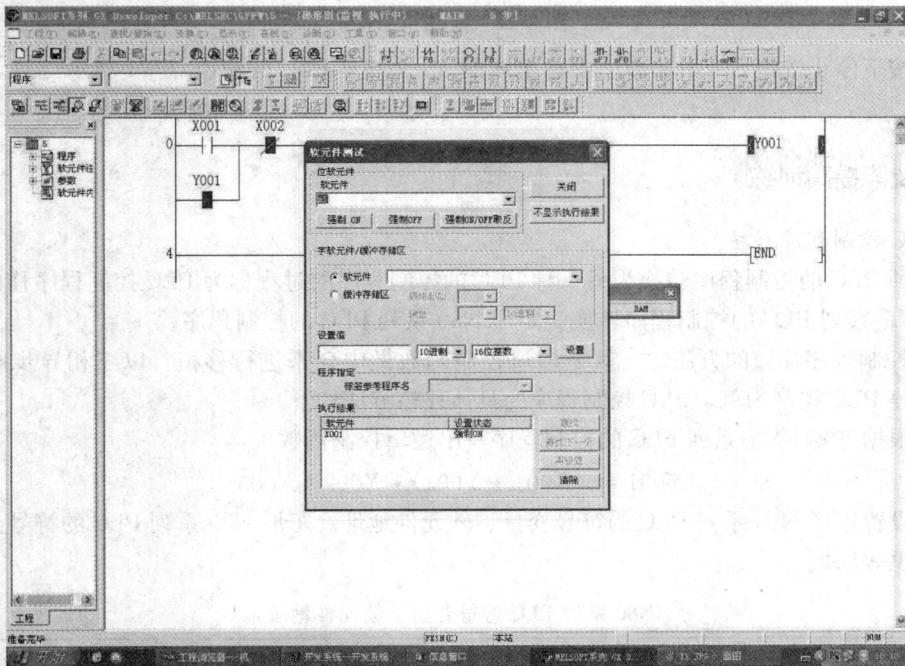

图 3-26　强制 X1

7）在软元件测试对话框的位软元件栏中输入"x2"，点击"强制 ON"按钮，PLC 输出线圈"Y1"为"OFF"，PLC 的输出点 Y1 指示灯灭，电动机停止运转。

8）点击软元件测试对话框的"关闭"按钮，关闭软元件测试对话框。

9）按下启动按钮 SB1，如图 3-27 所示，梯形图中输出线圈 Y1 得电，PLC 的输出点 Y1 指示灯亮，电动机启动运行。

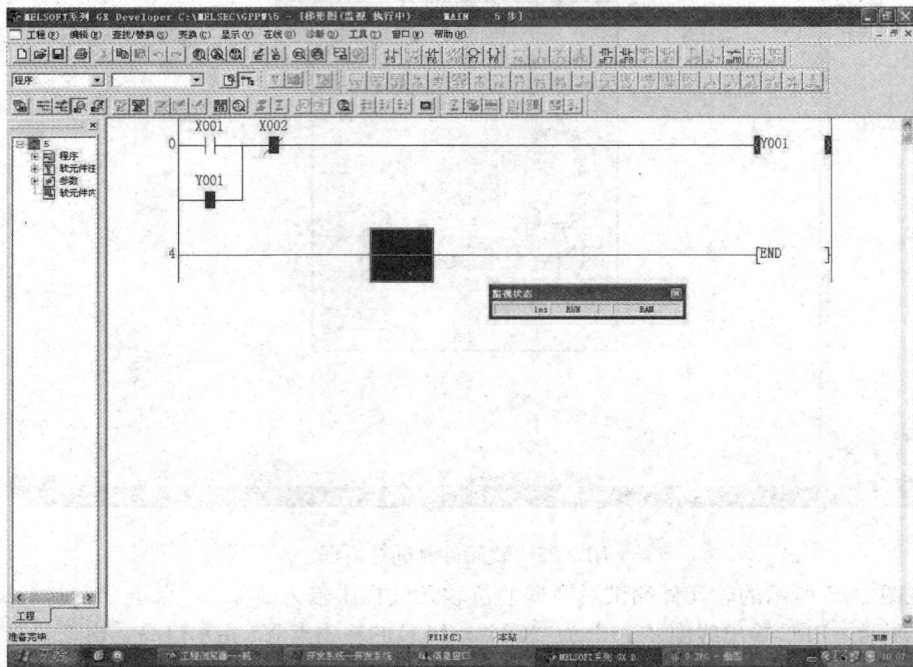

图 3-27　电动机启动

10）按下停止按钮 SB2，梯形图中输出线圈 Y1 失电，PLC 的输出点 Y1 指示灯灭，电动机停止运转。

技能提高训练

1. PLC 控制程序移植

将一种 PLC 的控制程序转换为另一种 PLC 的控制程序的过程称为 PLC 控制程序移植。例如将三菱 FX$_{3U}$ 系列 PLC 的控制程序转换为矩形 N80 系列 PLC 的控制程序。

PLC 控制程序移植的方法之一就是通过控制函数做中介来进行移植。以三相异步电动机单向连续启停 PLC 控制为例，PLC 控制程序的具体移植方法如下。

（1）根据三菱 FX$_{3U}$ 系列 PLC 的控制程序写出逻辑控制函数

$$Y001 = (X001 + Y001) \cdot \overline{X002} \cdot \overline{X003}$$

（2）设置矩形 N80 系列 PLC 的符号变量、软元件地址。矩形 N80 系列 PLC 的符号变量、软元件地址见表 3-2。

表 3-2　　　　　　　　　　　　**N80 系列 PLC 符号变量、软元件地址**

元件名称	元件代号	符号变量	软元件地址
启动按钮	SB1	X1	10001

续表

元件名称	元件代号	符号变量	软元件地址
停止按钮	SB2	X2	10002
热继电器	FR1	X3	10003
接触器	KM1	Y1	00001

（3）根据三菱 PLC 的控制程序的逻辑控制函数，用符号变量写出矩形 N80 系列 PLC 的控制函数

$$Y1 = (X1 + Y1) \cdot \overline{X2} \cdot \overline{X3}$$

（4）根据矩形 N80 系列 PLC 的控制函数设计矩形 N80 系列 PLC 的控制梯形图程序。

根据矩形 N80 系列 PLC 的控制函数设计矩形 N80 系列 PLC 的控制梯形图程序如图 3-28 所示。

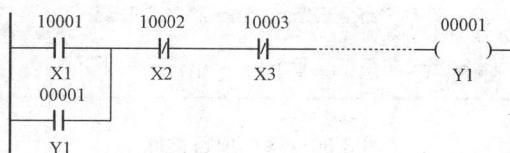

图 3-28 N80 系列 PLC 控制程序

2. 用矩形 N80 系列 PLC 实现三相异步电动机单向连续启停

（1）在矩形 N80 系列 PLC 编程软件 VLadder 6.0 中输入图 3-28 所示梯形图控制程序。

1）启动 PLC 编程软件 VLadder 6.0，进入 PLC 编程界面。

2）点击"新建"快捷按钮，新建一个项目，选择 N80 系列 M16DR 型 PLC，点击"确定"按钮，进入矩形 PLC 编程环境。

3）点击"文件"菜单下的"另存为"命令，弹出图 3-29 所示的"另存为"对话框。

4）选择存储项目文件目录，如图 3-30 所示命名程序（如 B3-1），点击"保存"按钮，保存项目文件。

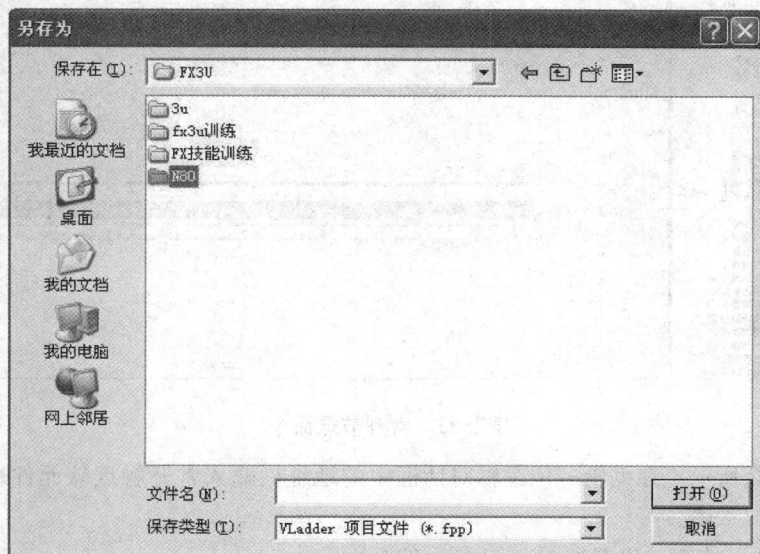

图 3-29 "另存为"对话框

61

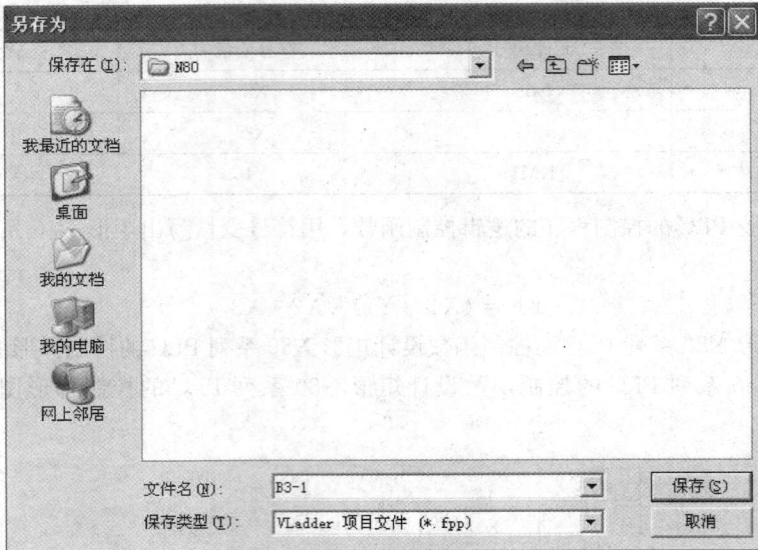

图 3-30 保存项目文件

5）如图 3-31 所示，点击"编辑"菜单下的"常开节点"命令，移动光标到左母线处点击，出现编辑一位逻辑对话框。

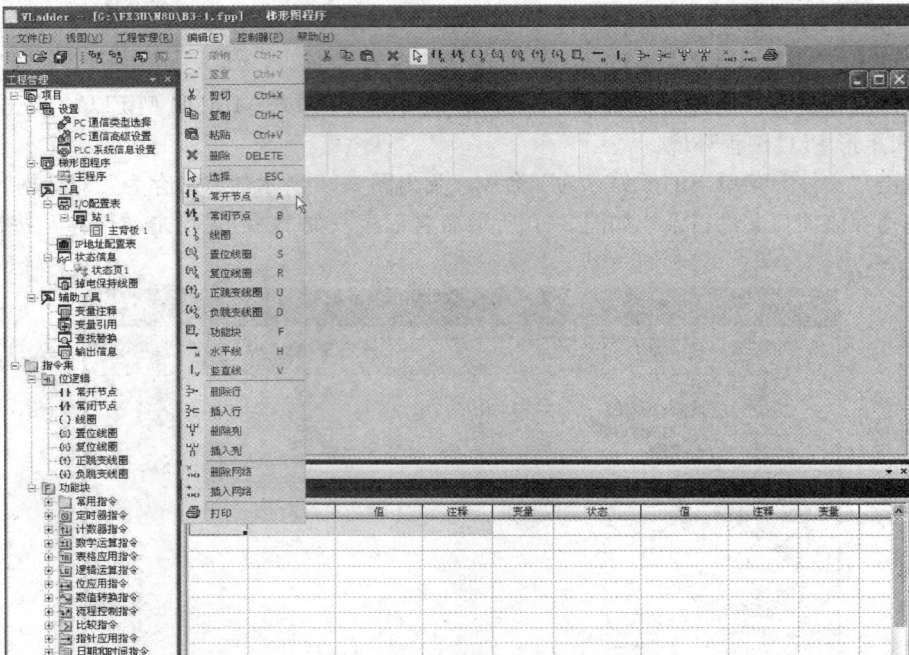

图 3-31 常开节点命令

6）如图 3-32 所示，在编辑一位逻辑对话框中的地址栏输入常开触点软元件地址 10001，在右边注释栏输入"X1"。

7）按"确认"按钮，出现如图 3-33 所示的画面。

8）点击"编辑"菜单下的"常闭节点"命令，移动鼠标到到常开触点 10001 右边处点击，

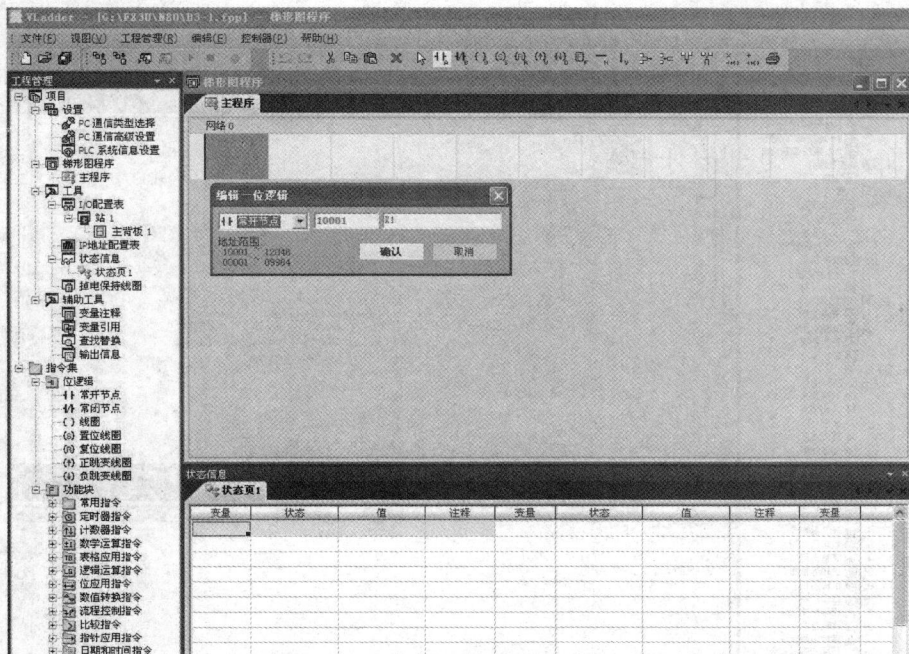

图 3-32 输入地址、注释

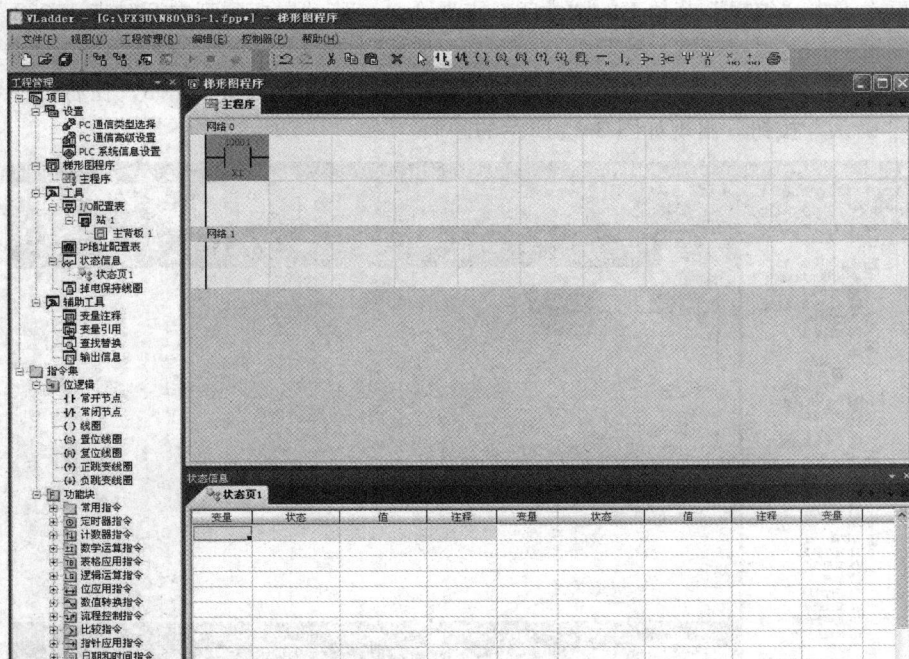

图 3-33 输入常开触点

出现编辑一位逻辑对话框。

9）在编辑一位逻辑对话框中的地址栏输入常闭触点软元件地址 10002，在右边注释栏输入"X2"，按"确认"按钮，出现如图 3-34 所示的画面。

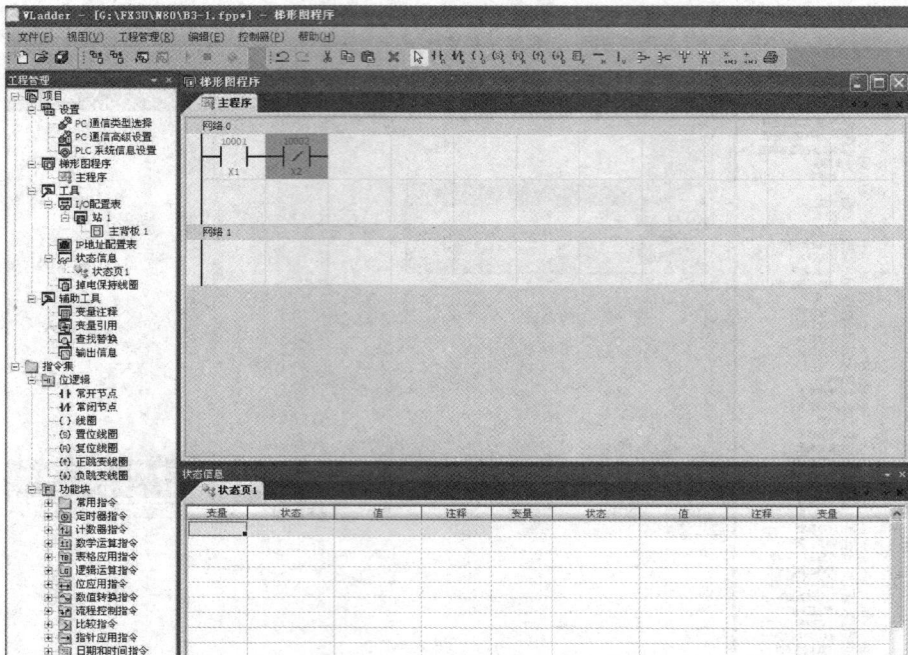

图 3-34　输入常闭触点

10) 再次点击"编辑"菜单下的"常闭节点"命令，移动鼠标到到常开触点 10002 右边处点击，出现编辑一位逻辑对话框。

11) 在编辑一位逻辑对话框中的地址栏输入常闭触点软元件地址 10003，在右边注释栏输入"X3"，按"确认"按钮，出现如图 3-35 所示的画面。

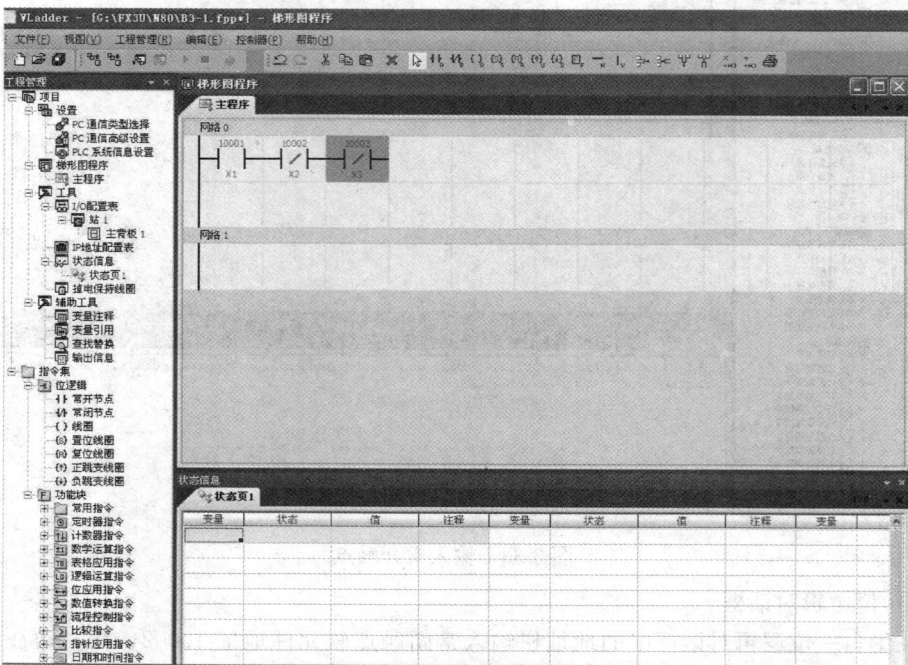

图 3-35　输入常闭触点 X3

12）点击"编辑"菜单下的"线圈"命令，移动鼠标到到常闭触点 10003 右边处点击，出现编辑一位逻辑对话框。

13）在编辑一位逻辑线圈的对话框的中的地址栏输入线圈软元件地址 00001，在右边注释栏输入"Y1"，按"确认"按钮，出现如图 3-36 所示的画面。

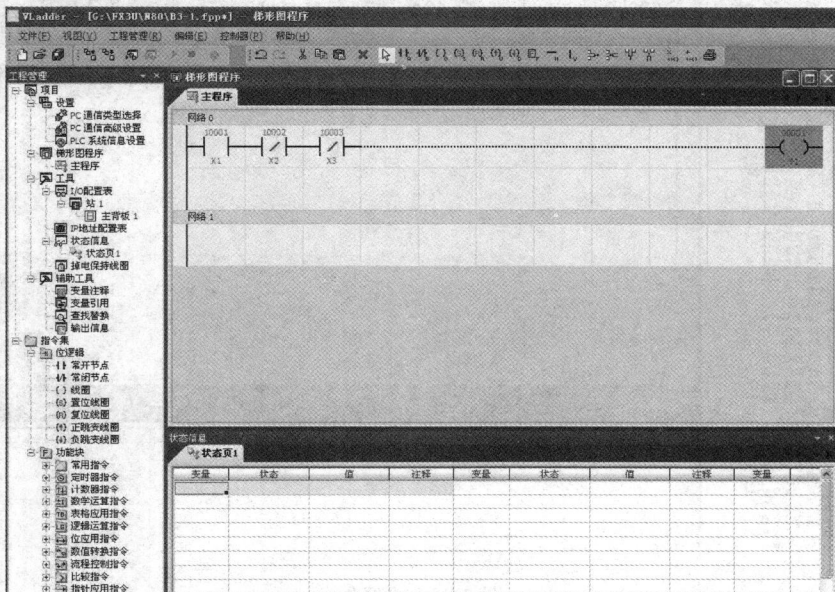

图 3-36　驱动输出线圈

14）点击"编辑"菜单下的"常开节点"命令，移动鼠标到到常开触点 10001 下面光标处点击，出现编辑一位逻辑对话框。

15）在编辑一位逻辑对话框中的地址栏输入常开触点软元件地址 00001，按"确认"按钮，出现如图 3-37 所示的画面。

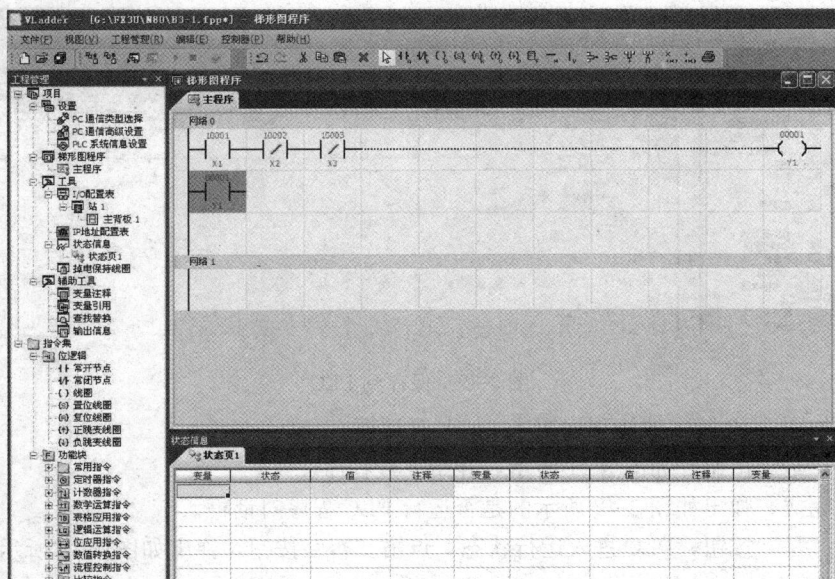

图 3-37　输入自锁触点 Y1

16）点击"编辑"菜单下的"竖直线"命令，移动鼠标到到常开触点 10001 处点击，出现如图 3-38 所示的画好竖线的画面。

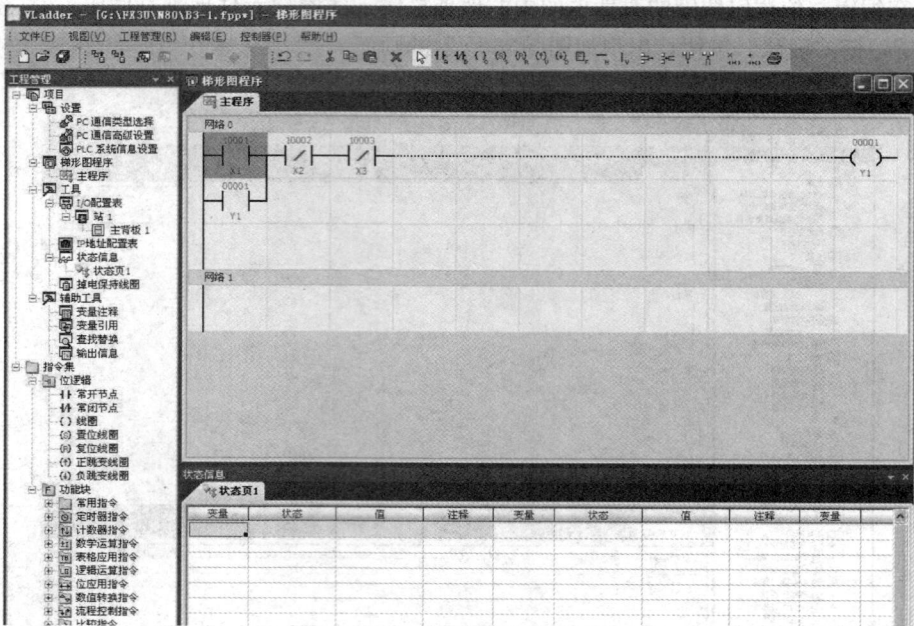

图 3-38　画竖线

17）至此完成三相交流异步电动机单向连续运行的启动与停止的梯形图输入。

（2）将 PLC 控制程序下载到矩形 N80 系列 PLC。

1）N80 系列 PLC 通信电缆分别与计算机 COM1 口、PLC 串口连接。

2）如图 3-39 所示，点击执行"控制器"菜单下的"保存到 PLC"命令或点击保存到 PLC 快捷命令按钮。

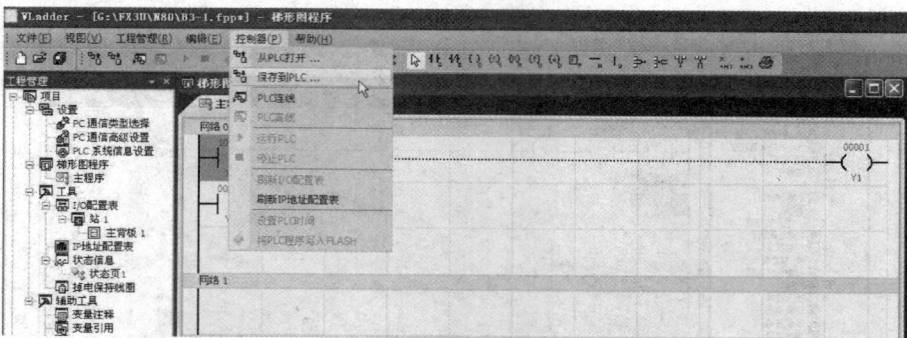

图 3-39　保存到 PLC

3）弹出如图 3-40 所示的将程序写入 Flash 对话框。

4）点击"是"按钮，如图 3-41 所示，开始下载程序。

5）下载完成，弹出如图 3-42 所示的是否运行 PLC 程序对话框。

6）点击"是"按钮，PLC 进入运行状态。点击"否"按钮，弹出如图 3-43 所示的是否进入在线模式的对话框。

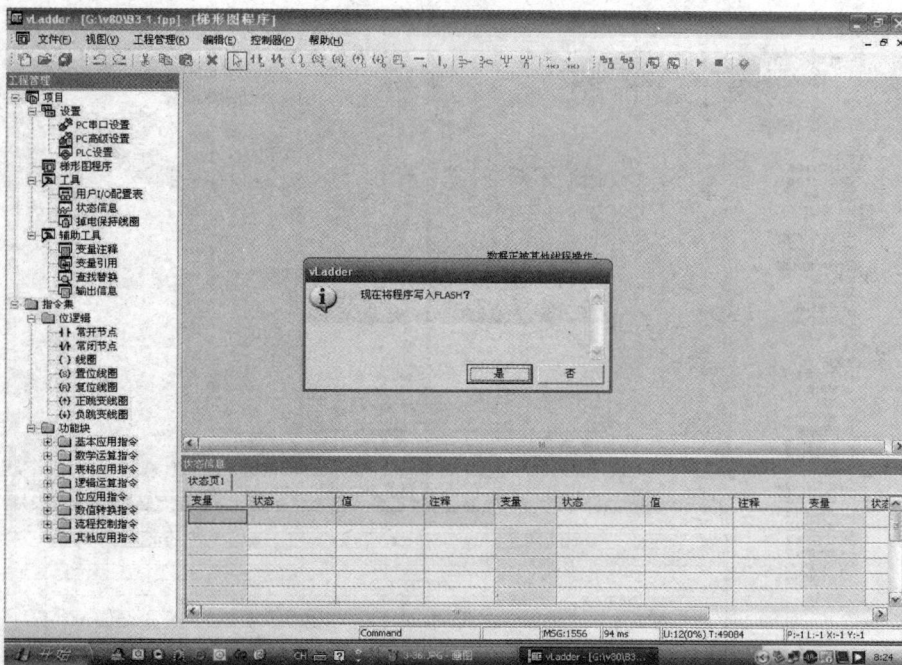

图 3-40　程序写入 Flash

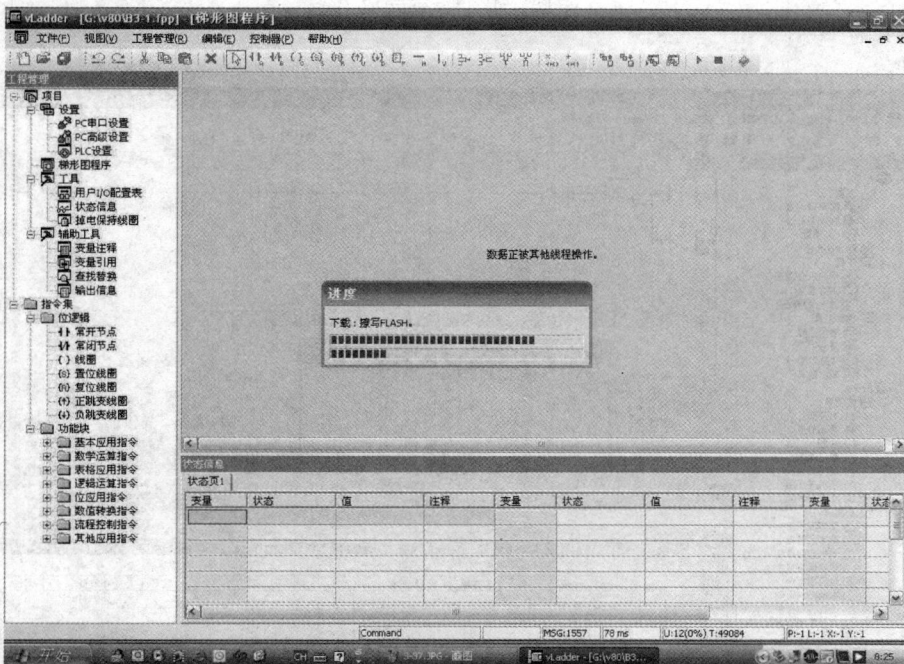

图 3-41　开始下载

7）点击"是"按钮，PLC 进入在线监控运行状态。点击"否"按钮，返回 PLC 程序编辑界面。

（3）按图 3-1 所示连接主电路。

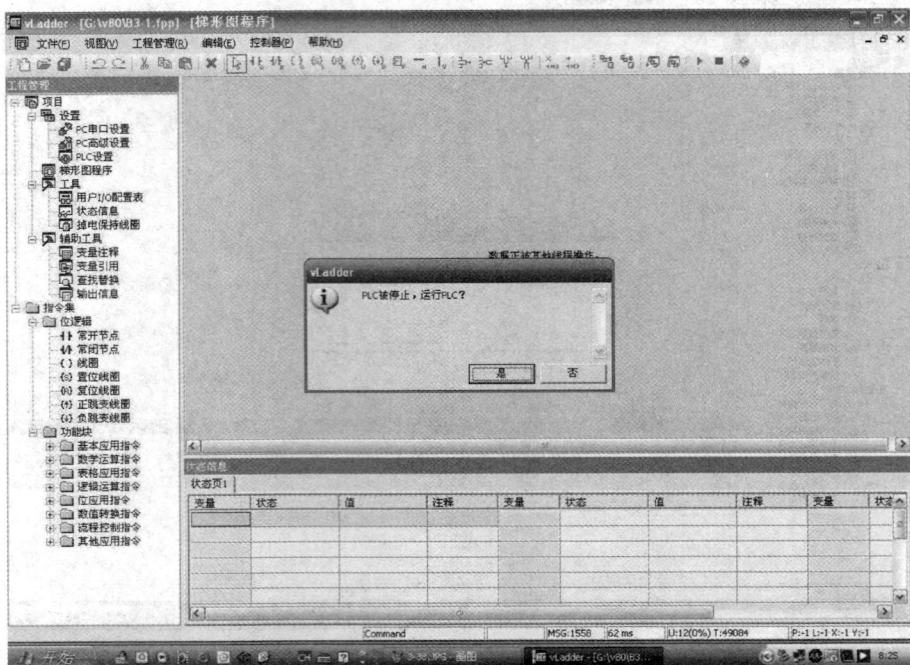

图 3-42　下载完成

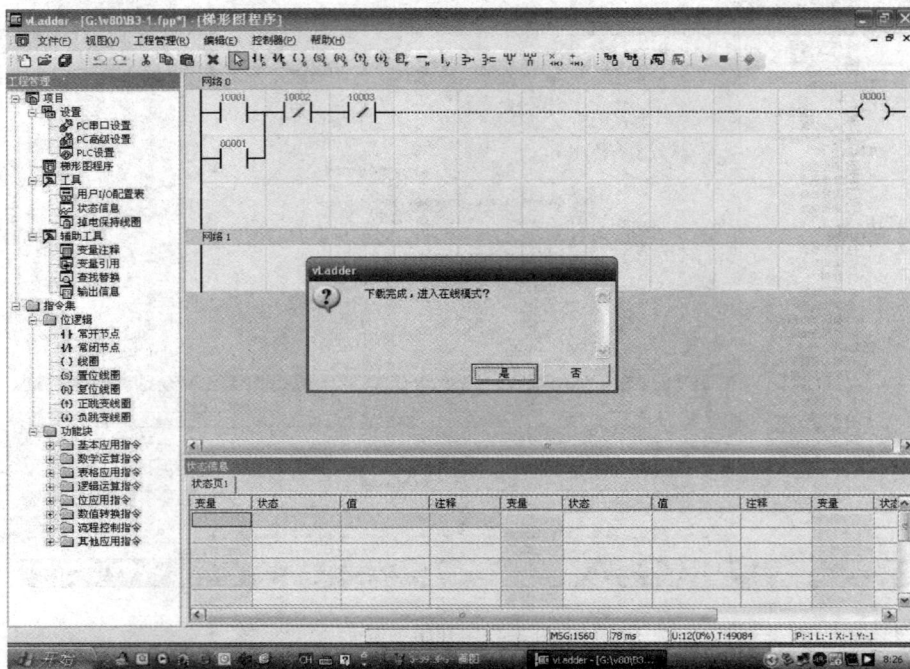

图 3-43　在线模式

（4）按图 3-44 所示的 PLC 接线图接线。

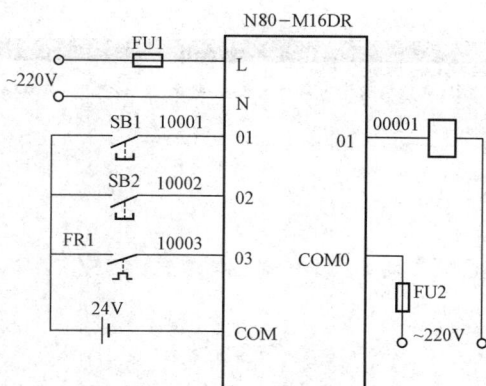

图 3-44　N80 系列 PLC 接线图

（5）拨动矩形 N80 系列 PLC 的 RUN/STOP 开关，使 PLC 处于运行状态。

（6）调试运行。

1）如图 3-45 所示，点击"控制器"菜单下的"PLC 连线"命令或点击 PLC 连线快捷按钮。

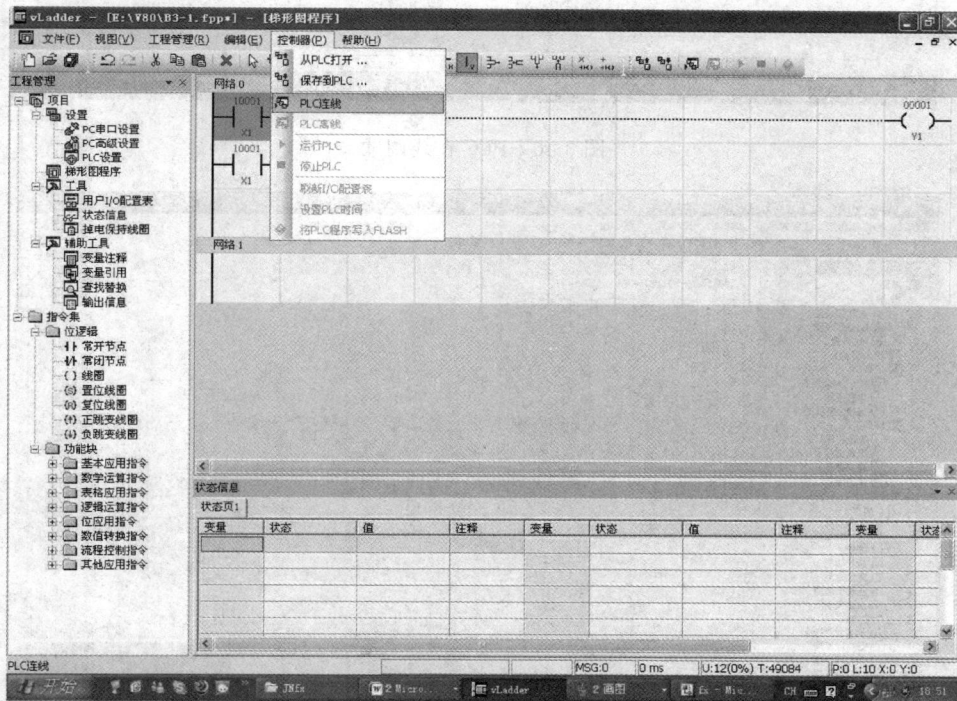

图 3-45　PLC 连线

2）PLC 进入如图 3-46 的在线调试模式。

3）按下启动按钮 SB1，如图 3-47 所示，梯形图中输出线圈 00001 得电，PLC 的输出点 00001 指示灯亮，电动机启动运行。

4）按下停止按钮 SB2，如图 3-48 所示，梯形图中输出线圈 00001 失电，PLC 的输出点 00001 指示灯灭，电动机停止运转。

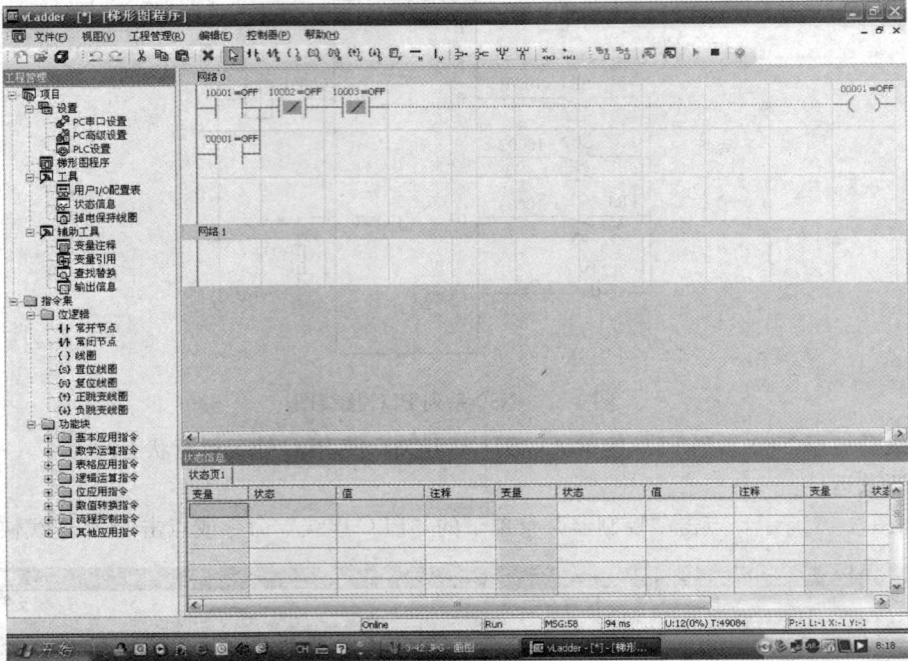

图 3-46　PLC 在线调试

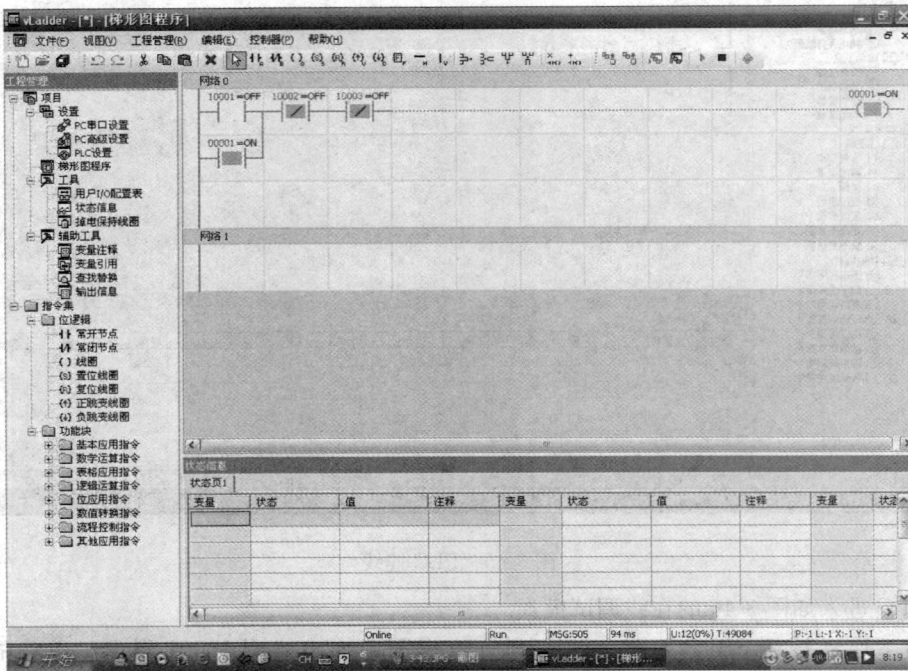

图 3-47　启动运行

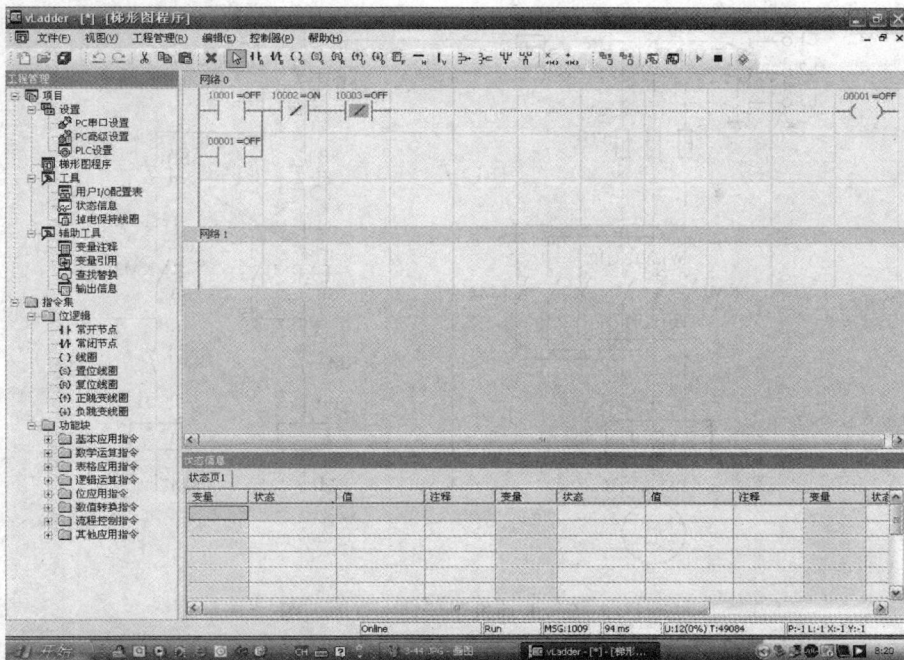

图 3-48　停止运转

任务 5　三相交流异步电动机正反转控制

基础知识

在实际生产中，很多情况下都要求电动机既能正转又能反转，其方法是改变任意两条电源线的相序，从而改变电动机的转向。

本课题任务是学习用可编程序控制器实现电动机的正反转。

一、任务分析

1. 控制要求

（1）能够用按钮控制电动机的正反转、启动和停止。

（2）具有短路保护和电动机过载保护等必要的保护措施。

2. 继电器控制电气原理图

继电器控制电动机正反转控制电气原理图如图 3-49 所示。

图 3-49 中各元器件的名称、代号和作用见表 3-3。

表 3-3　　　　　　　　　　　　元器件的名称、代号和作用

名称	代号	作用	名称	代号	作用
停止按钮	SB0	停止控制	交流接触器	KM1	正转控制
正转启动按钮	SB1	正转启动控制	交流接触器	KM2	反转控制
反转启动按钮	SB2	反转启动控制	热继电器	FR1	过载保护

71

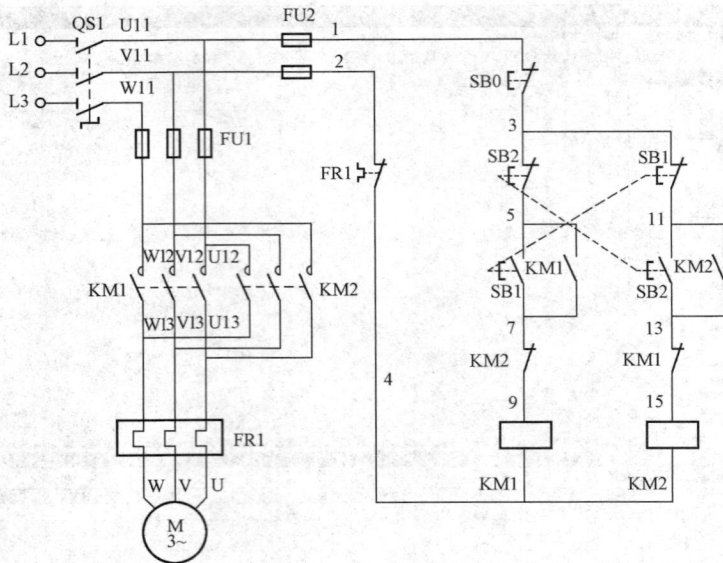

图 3-49　电动机正反转电气原理图

3. 逻辑控制函数分析

分析电动机正反转控制继电器控制电气原理图得知：

控制 KM1 启动的按钮：SB1

控制 KM1 停止的按钮或开关：SB0、FR、KM2

自锁控制触点：KM1

对于 KM1 来说

$QA = SB1$

$TA = SB0 + FR1 + KM2$

根据继电器启停控制函数 $Y = (QA + Y) \cdot \overline{TA}$ 可以写出 KM1 的控制函数

$$KM1 = (QA + KM1) \cdot \overline{TA} = (SB1 + KM1) \cdot \overline{(SB0 + FR1 + KM2)}$$

$$= (SB1 + KM1) \cdot \overline{SB0} \cdot \overline{FR1} \cdot \overline{KM2}$$

控制 KM2 启动的按钮：SB2

控制 KM1 停止的按钮或开关：SB0、FR1、KM1

自锁控制触点：KM2

对于 KM2 来说

$QA = SB2$

$TA = SB0 + FR1 + KM1$

根据继电器启停控制函数 $Y = (QA + Y) \cdot \overline{TA}$ 可以写出 KM2 的控制函数

$$KM2 = (QA + KM2) \cdot \overline{TA} = (SB2 + KM2) \cdot \overline{(SB0 + FR1 + KM1)}$$

$$= (SB2 + KM2) \cdot \overline{SB0} \cdot \overline{FR1} \cdot \overline{KM1}$$

在电动机正转过程中，必须禁止反转启动。在电动机反转过程中，必须禁止正转启动。这种相互禁止操作的控制称为互锁控制。在电动机正反转继电器控制线路中，分别利用了 KM2、KM1 的常闭触点实现对电动机正转、反转的互锁控制。即用反转接触器 KM2 的常闭触点互锁控制正转接触器 KM1，用正转接触器 KM1 的常闭触点互锁控制反转接触器 KM2。

二、程序设计

1. PLC 输入输出接线图

PLC 输入输出接线如图 3-50 所示。

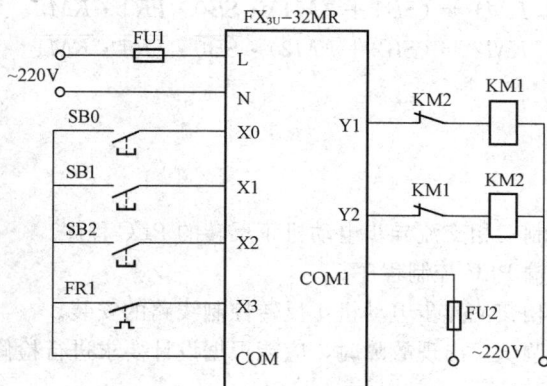

图 3-50　PLC 输入输出接线

2. 设计 PLC 控制程序

PLC 的 I/O 输入、输出分配见表 3-4。

表 3-4　　　　　　　　　　　　　　　PLC 的 I/O 分配

输　　入		输　　出	
SB0	X0	KM1	Y1
SB1	X1	KM2	Y2
SB2	X2		
FR1	X3		

PLC 控制梯形图如图 3-51 所示。

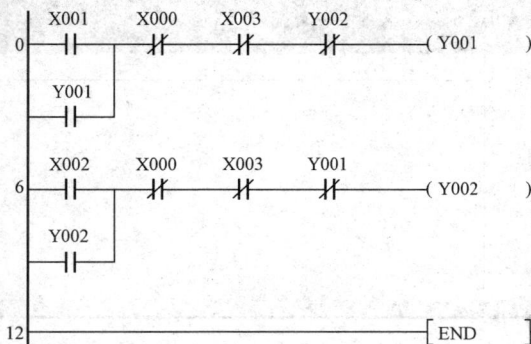

图 3-51　PLC 控制梯形图

3. 编程技巧

在继电器控制线路中，停止按钮、热继电器分别串联在控制线路的前段和后段电路中，严格按照控制线路图转换的控制函数是

$$KM1 = \overline{SB0} \cdot (SB1 + KM1) \cdot \overline{KM2} \cdot \overline{FR1}$$

$$KM2 = \overline{SB0} \cdot (SB2 + KM2) \cdot \overline{KM1} \cdot \overline{FR1}$$

在 PLC 编程中，为了优化梯形图程序，通常把并联支路多的电路块移到梯形图的左边，把串联触点多的支路移到梯形图的上部。对于逻辑与运算，交换变量不影响结果。优化后的控制函数是

$$KM1 = (SB1 + KM1) \cdot \overline{SB0} \cdot \overline{FR1} \cdot \overline{KM2}$$
$$KM2 = (SB2 + KM2) \cdot \overline{SB0} \cdot \overline{FR1} \cdot \overline{KM1}$$

技能训练

一、训练目标

（1）能够正确设计控制三相交流异步电动机正反转的 PLC 程序。

（2）能正确输入和传输 PLC 控制程序。

（3）能够独立完成三相交流异步电动机正反转控制线路的安装。

（4）按规定进行通电调试，出现故障时，应能根据设计要求进行检修，并使系统正常工作。

二、训练步骤与内容

1. 输入 PLC 程序

（1）启动 PLC 编程软件，进入 PLC 编程界面。

（2）点击执行"工程"菜单下的"创建新工程"命令，弹出创建新工程对话框。

（3）在创建新工程对话框选择 PLC 系列为"FXCPU"，PLC 类型为"FX₃U（C）"，程序类型为"梯形图逻辑"。

（4）直接用键盘输入指令语句"LD X1"，按回车按钮，加载一常开触点 X1 到母线，出现图 3-52 所示的梯形图。

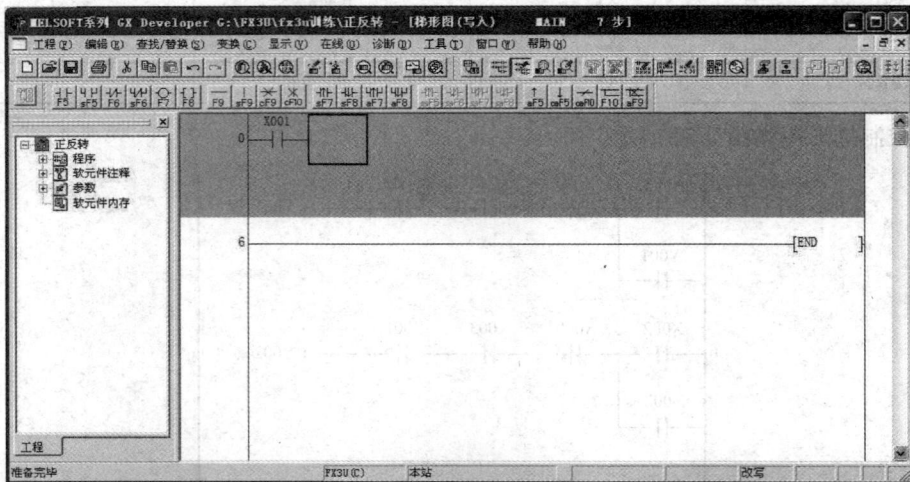

图 3-52　直接输入"LD X1"指令后的梯形图

（5）用键盘输入指令语句"ANI X0"，按回车按钮，串联一常闭触点 X0。

（6）用键盘输入指令语句"ANI X3"，按回车按钮，串联一常闭触点 X3。

（7）用键盘输入指令语句"ANI Y2"，按回车按钮，串联一常闭触点 Y2。

（8）用键盘输入指令语句"OUT Y1"，按回车按钮，驱动输出线圈 Y1，出现图 3-53 的梯形图，光标自动跳到第二行。

（9）用键盘输入指令语句"OR Y1"，按回车按钮，如图 3-54 所示，并联一常开触点 Y1。

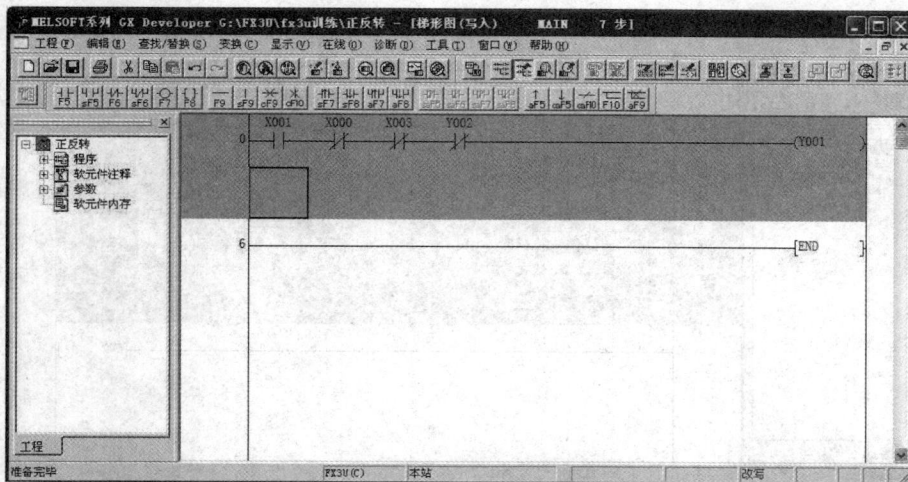

图 3-53 驱动输出线圈

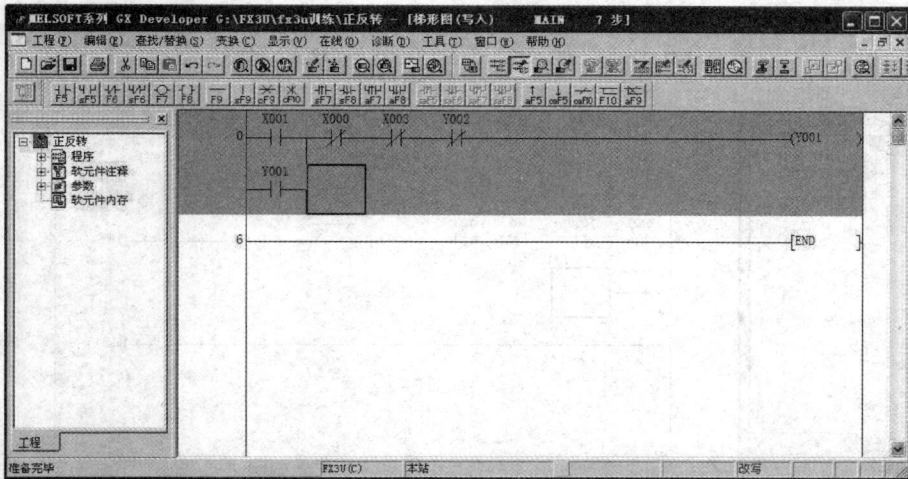

图 3-54 并联常开触点 Y1

(10) 移动光标到常闭触点 Y1 的下面。

(11) 用键盘输入指令语句"LD X2",按回车按钮,加载一常开触点 X2 到母线。

(12) 用键盘输入指令语句"ANI X0",按回车按钮,串联一常闭触点 X0。

(13) 用键盘输入指令语句"ANI X3",按回车按钮,串联一常闭触点 X3。

(14) 用键盘输入指令语句"ANI Y1",按回车按钮,串联一常闭触点 Y1。

(15) 用键盘输入指令语句"OUT Y2",按回车按钮,驱动输出线圈 Y2。

(16) 驱动输出线圈后,光标自动跳到下一行。

(17) 用键盘输入指令语句"OR Y2",按回车按钮,如图 3-55 所示,并联一常开触点 Y2。

(18) 按功能键"F4",进行梯形图的编译变换,变换完成的梯形图如图 3-56 所示。

2. 系统安装与调试

(1) 主电路按图 3-49 所示的主电路接线。

(2) PLC 按图 3-50 所示接线。

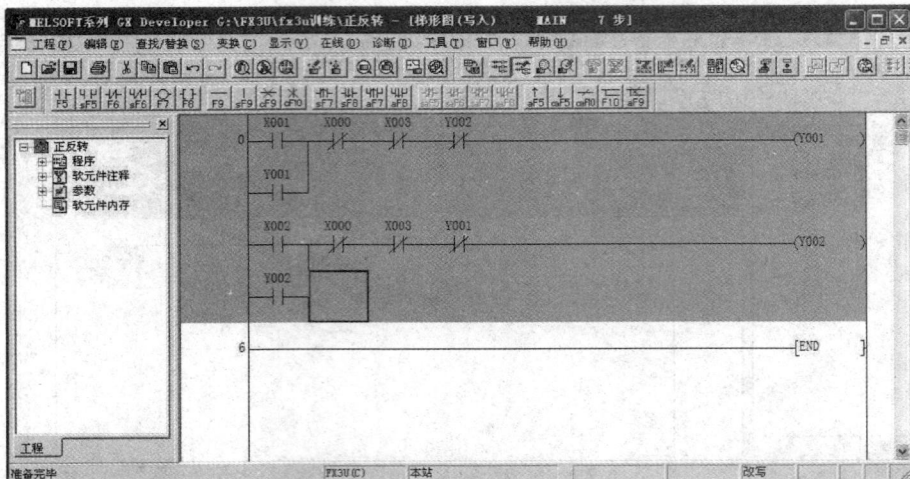

图 3-55　并联常开触点 Y2

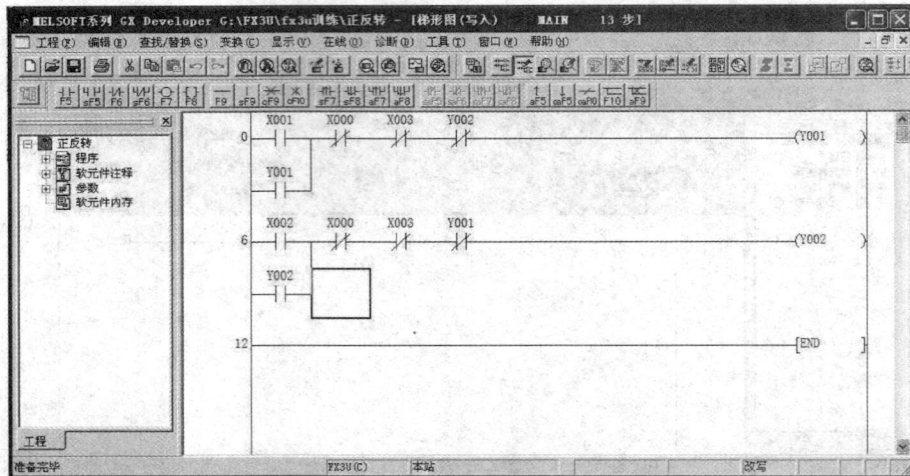

图 3-56　变换完成的梯形图

（3）将 PLC 程序下载到 PLC。

（4）使 PLC 处于运行状态。

（5）按下正转启动按钮 SB1，观察 PLC 的输出点 Y1，观察电动机的正转运行。

（6）按下反转启动按钮 SB2，观察 PLC 的输出点 Y2，观察电动机的运行，体会互锁的作用。

（7）按下停止按钮 SB0，观察 PLC 的输出点 Y1，观察电动机是否停止。

（8）按下反转启动按钮 SB2，观察 PLC 的输出点 Y2，观察电动机的反转运行。

（9）按下正转启动按钮 SB1，观察 PLC 的输出点 Y2，观察电动机的正转运行。

（10）按下停止按钮 SB0，观察 PLC 的输出点 Y2，观察电动机是否停止。

习　题　3

1. 自动往复接触器控制电路如图 3-57 所示，根据电气控制电路写出控制函数，应用 FX₃U 系列 PLC 实现其控制功能。

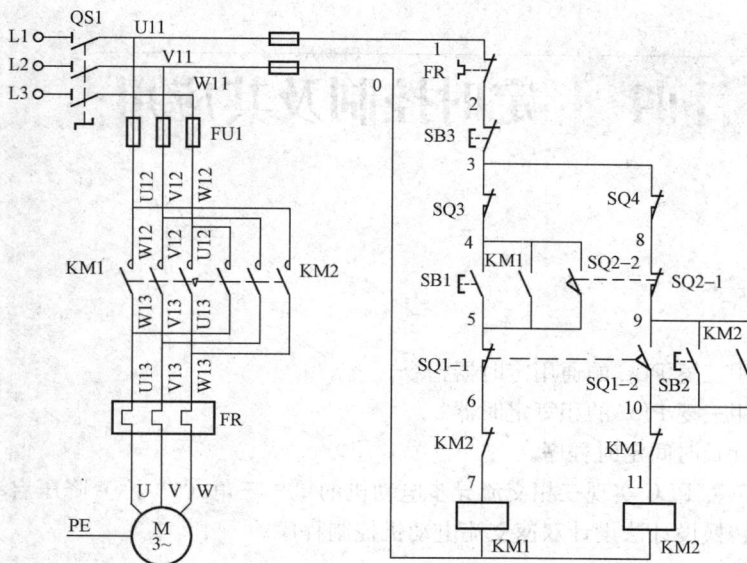

图 3-57　自动往复控制

2. 应用矩形 N80 系列 PLC 实现自动往复控制功能。

3. 运料小车运动的示意图如图 3-58 所示，应用 FX$_{3U}$ 系列 PLC 实现小车控制。控制要求如下：

（1）小车的前进、后退均能点动控制。

（2）小车自动往返控制。

图 3-58　小车控制

项目四　定时控制及其应用

学习目标

（1）学会使用三菱 PLC 的通用定时器指令。

（2）学会使用三菱 PLC 的积算定时器。

（3）学会设计长时间定时程序。

（4）学会用三菱 PLC 实现三相交流异步电动机的星—三角（Y—△）降压启动控制。

（5）学会用转换设计法设计双速交流电动机控制程序。

任务 6　按时间顺序控制三相交流异步电动机

基础知识

一、任务分析

1. 按时间顺序控制三相交流异步电动机的控制要求

（1）按下启动按钮，三相交流异步电动机 1 启动运行。

（2）三相交流异步电动机 1 启动运行 6s 后，三相交流异步电动机 2 启动运行。

（3）按下停止按钮，三相交流异步电动机 1、三相交流异步电动机 2 停止运行。

2. 电气控制原理

按时间顺序控制三相交流异步电动机电气原理图如图 4-1 所示。

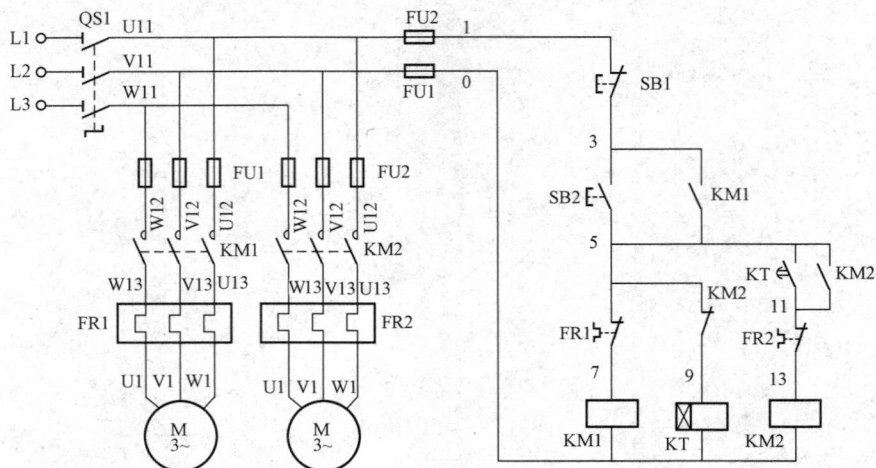

图 4-1　顺序控制电气原理图

图 4-1 中各元器件的名称、代号、作用见表 4-1。

表 4-1　　　　　　　　　　　　元器件的名称、代号、作用

名　称	代　号	作　用
停止按钮	SB1	停止控制
启动按钮	SB2	启动控制
时间继电器	KT	定时控制
交流接触器 1	KM1	电动机 1 控制
交流接触器 2	KM2	电动机 2 控制
热继电器 1	FR1	过载保护
热继电器 2	FR2	过载保护

3. 逻辑控制函数分析

分析按时间顺序控制三相交流异步电动机控制电气原理图得知：

控制 KM1 启动的按钮：SB2

控制 KM1 停止的按钮或开关：SB1、FR1

自锁控制触点：KM1

对于 KM1 来说

$QA = SB2$

$TA = SB1 + FR1$

根据继电器启停控制函数 $Y = (QA + Y) \cdot \overline{TA}$ 可以写出 KM1 的控制函数

$KM1 = (QA + KM1) \cdot \overline{TA} = (SB2 + KM1) \cdot \overline{(SB1 + FR1)}$

$\qquad = (SB2 + KM1) \cdot \overline{SB1} \cdot \overline{FR1}$

控制 KM2 启动的按钮：KT

控制 KM2 停止的按钮或开关：SB1、FR2

顺序联锁控制触点：KM1

自锁控制触点：KM2

对于 KM2 来说

$QA = KT$

$TA = SB1 + FR2$

根据继电器启停控制函数 $Y = (QA + Y) \cdot \overline{TA}$ 可以写出 KM2 的控制函数

$KM2 = KM1 \cdot (KT + KM2) \cdot \overline{TA} = KM1 \cdot (KT + KM2) \cdot \overline{(SB1 + FR2)}$

$\qquad = KM1 \cdot (KT + KM2) \cdot \overline{SB1} \cdot \overline{FR2}$

定时器线圈控制函数是

$KT = KM1 \cdot \overline{KM2}$

4. FX$_{3U}$ 系列 PLC 的定时器

定时器在 PLC 中的作用相当于时间继电器，它有一个设定值寄存器和一个当前值寄存器以及输出触点。这三个量使用同一个地址编号，但使用场合不一样，其所指也不一样。定时器是根据时钟脉冲的累计计时的。时钟脉冲有 1、10、100ms 三种，当所计时钟脉冲达到设定值时，其输出触点动作。

定时器的类型、地址编号和设定值如下。

（1）常规定时器 T0～T245。

100ms 定时器 T0～T199 共 200 点，其中子程序调用定时器 T192～T199 共 8 点，每个设定值范围为 0.1～3276.7s。

10ms 定时器 T200～T245 共 46 点，设定值 0.01～327.67s。

1ms 定时器 T256～T511 共 256 点，设定值 0.001～32.767s。

图 4-2 为通用定时器工作原理图。当驱动定时线圈 T0 的输入 X1 接通时，T0 对 100ms 的时钟脉冲进行计数。当计数值达到设定值 K10 时，定时器输出触点接通，即输出触点在驱动线圈后 1s 时接通。

（2）积算定时器。

1ms 积算定时器 T246～T249 共 4 点，设定值 0.001～32.767s。

100ms 积算定时器 T250～T255 共 6 点，设定值 0.1～3276.7s。

图 4-3 所示为积算定时器的工作原理图。当 T251 的线圈驱动输入 X1 接通时，T251 的当前值计数器累计 100ms 的时钟脉冲的个数，当计数中间 X1 断开或停电时，当前值保持。输入 X1 再次接通，计数器继续计数。计数值与设定值 K200 相等，定时时间到，定时器输出触点接通。

当 X2 接通时，计数器复位，输出触点也复位。

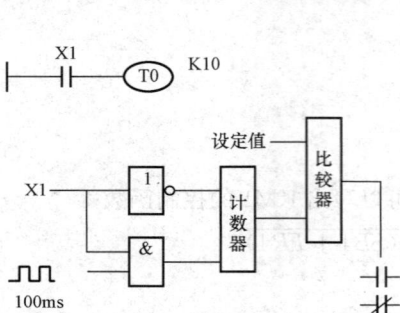

图 4-2　通用定时器工作原理　　　图 4-3　积算定时器工作原理

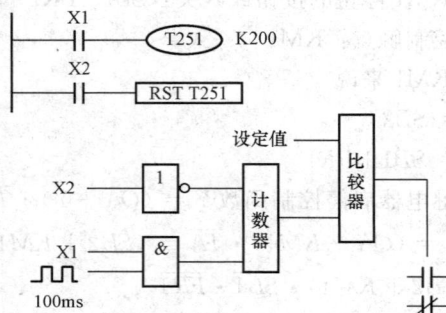

（3）定时器的驱动指令。定时器的驱动采用输出 OUT 指令，基本形式是 OUT　Tm　Kn，Tm 指定被驱动的定时器的地址编号，Kn 表示定时参数。对于 100ms 的定时器，定时时间是为 $0.1 \times n$。

二、PLC 控制程序设计

1. PLC 输入输出接线图

PLC 输入输出接线如图 4-4 所示。

2. 设计 PLC 控制程序

PLC 的 I/O 输入、输出分配见表 4-2。

表 4-2　　　　　　　　　　　　　PLC 的 I/O 分配

输　入		输　出	
SB1	X1	KM1	Y1
SB2	X2	KM2	Y2
FR1	X3	KT	T1
FR2	X4		

根据控制函数设计的 PLC 控制梯形图如图 4-5 所示。

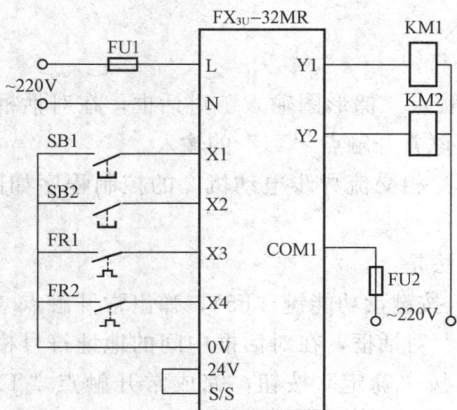

图 4-4 PLC 输入输出接线

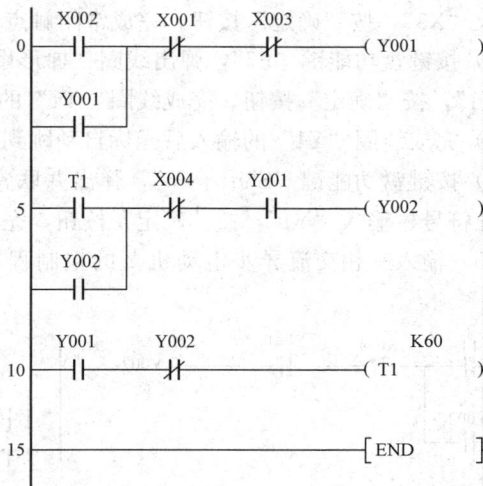

图 4-5 PLC 控制梯形图

技能训练

一、训练目标

（1）能够正确设计按时间顺序控制三相交流异步电动机的控制的 PLC 程序。

（2）能正确输入和传输 PLC 控制程序。

（3）能够独立完成按时间顺序控制三相交流异步电动机的控制线路的安装。

（4）按规定进行通电调试，出现故障时，应能根据设计要求进行检修，并使系统正常工作。

二、训练步骤与内容

1. 设计、输入 PLC 程序

（1）输入、输出 I/O 分配。PLC 的 I/O 输入、输出分配见表 4-2。

（2）根据 PLC 输入、输出写出控制函数

$$Y1 = (X2 + Y1) \cdot \overline{X1} \cdot \overline{X3}$$
$$Y2 = (T1 + Y2) \cdot \overline{X4} \cdot Y1$$
$$T1 = Y1 \cdot \overline{Y2}$$

（3）根据控制函数画出 PLC 梯形图。

（4）输入三相交流异步电动机 1 的控制程序。

三相交流异步电动机 1 的控制程序如图 4-6 所示。

方法是：

1）创建新工程，并命名为"电机 2"。

2）按键盘功能键"F5"，弹出常开触点"梯形图输入"对话框，在对话框中间的地址符号栏输入"X2"，按"确定"按钮，完成常开触点"X2"的输入。

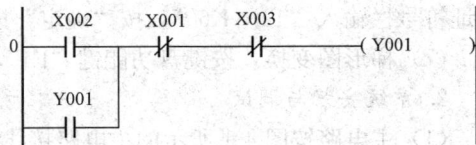

图 4-6 电动机 1 的控制程序

3）按键盘功能键"F6"，弹出常闭触点"梯形图输入"对话框，在对话框中间的地址符号栏输入"X1"，按"确定"按钮，完成常闭触点"X1"的输入。

4）按键盘功能键"F6"，弹出常闭触点"梯形图输入"对话框，在对话框中间的地址符号

81

栏输入 "X3"，按 "确定" 按钮，完成常闭触点 "X3" 的输入。

5）按键盘功能键 "F7"，弹出线圈 "梯形图输入" 对话框，在对话框中间的地址符号栏输入 "Y1"，按 "确定" 按钮，完成线圈 "Y1" 的输入。

6）完成线圈 "Y1" 的输入后光标自动跳到下一行。

7）按键盘功能键 "Shift＋F5"，弹出并联常开触点 "梯形图输入" 对话框，在对话框中间的地址符号栏输入 "Y1"，按 "确定" 按钮，完成并联常开触点 "Y1" 的输入。

（5）输入三相交流异步电动机 2 的控制程序。三相交流异步电动机 2 的控制程序如图 4-7 所示。

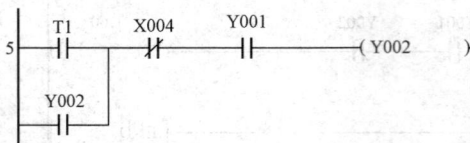

图 4-7　电动机 2 的控制程序

方法是：

1）按键盘功能键 "F5"，弹出常开触点 "梯形图输入" 对话框，在对话框中间的地址符号栏输入 "T1"，按 "确定" 按钮，完成常开触点 "T1" 的输入。

2）按键盘功能键 "F6"，弹出常闭触点 "梯形图输入" 对话框，在对话框中间的地址符号栏输入 "X4"，按 "确定" 按钮，完成常闭触点 "X4" 的输入。

3）按键盘功能键 "F5"，弹出常开触点 "梯形图输入" 对话框，在对话框中间的地址符号栏输入 "Y1"，按 "确定" 按钮，完成常开触点 "Y1" 的输入。

4）按键盘功能键 "F7"，弹出线圈 "梯形图输入" 对话框，在对话框中间的地址符号栏输入 "Y2"，按 "确定" 按钮，完成线圈 "Y2" 的输入。

5）完成线圈 "Y2" 的输入后光标自动跳到下一行。

6）按键盘功能键 "Shift＋F5"，弹出并联常开触点 "梯形图输入" 对话框，在对话框中间的地址符号栏输入 "Y2"，按 "确定" 按钮，完成并联常开触点 "Y2" 的输入。

（6）输入定时器控制程序。定时器 T1 的控制程序如图 4-8 所示。

方法是：

1）按键盘功能键 "F5"，弹出常开触点 "梯形图输入" 对话框，在对话框中间的地址符号栏输入 "Y1"，按 "确定" 按钮，完成常开触点 "Y1" 的输入。

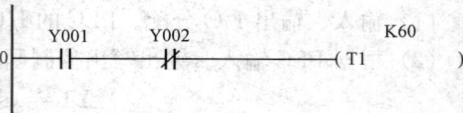

图 4-8　定时器 T1 的控制程序

2）按键盘功能键 "F6"，弹出常闭触点 "梯形图输入" 对话框，在对话框中间的地址符号栏输入 "Y2"，按 "确定" 按钮，完成常闭触点 "Y2" 的输入。

3）按键盘功能键 "F7"，弹出线圈 "梯形图输入" 对话框，如图 4-9 所示，在对话框中间的地址符号栏输入 "T1　K60"，按 "确定" 按钮，完成定时器的驱动和参数设置。

（7）梯形图变换。按键盘功能键 "F4"，对编辑好的梯形图进行编译变换。

2. 系统安装与调试

（1）主电路按图 4-1 所示的主电路接线。

（2）PLC 按图 4-4 所示接线。

（3）将 PLC 程序下载到 PLC。

（4）使 PLC 处于运行状态。

（5）按下启动按钮 SB2，观察 PLC 的输出点 Y1，观察电动机 1 的运行。

（6）等待 6s，观察 PLC 的输出点 Y2，观察电动机 2 的运行，体会定时器的作用。

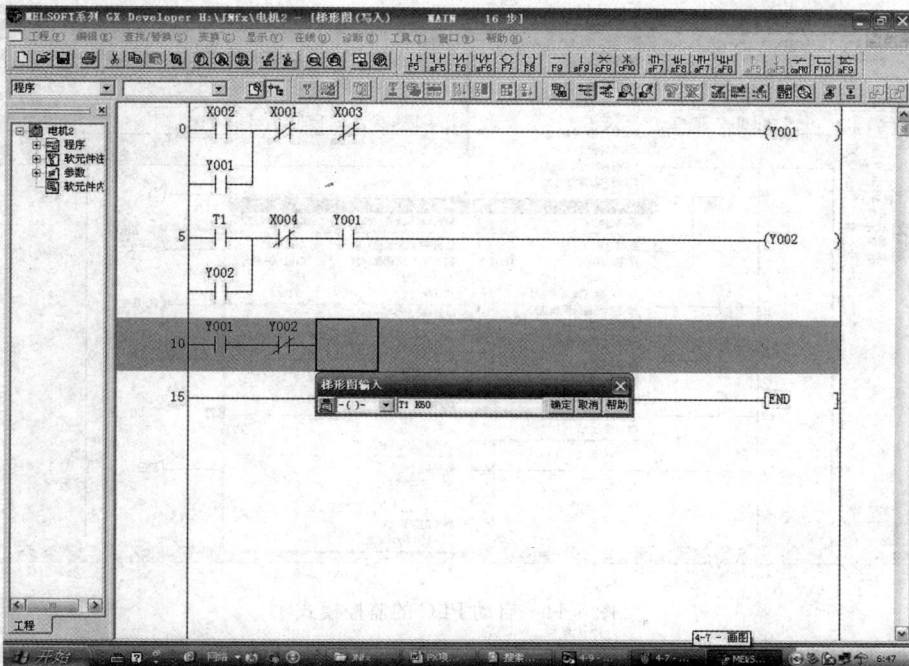

图 4-9　定时器指令

（7）按下停止按钮 SB1，观察 PLC 的输出点 Y1、Y2，观察电动机 1、电动机 2 是否停止运行。

巩固与提高

1. 观察累计计时定时器的工作状态变化规律

（1）输入图 4-10 所示的梯形图，下载程序到 PLC。

（2）使 PLC 处于运行模式。

（3）如图 4-11 所示，点击"在线"菜单下的子菜单"监视"菜单下的二级菜单"监视模式"命令，启动 PLC 的监控模式。

（4）点动连接在 X1 输入端按钮 SB1，观察梯形图上计时值 T1、T250 当前值的变化，观察输出线圈 Y1、Y2 的变化。

（5）按下 SB1 按钮累积时间超过 6s 时，观察累计计时定时器 T250 当前值的变化，观察累计计时定时器 T250 工作状态的变化。

（6）点动连接在 X2 输入端按钮 SB2，观察累计计时定时器 T250 当前值的变化。

2. 长时间定时程序

（1）输入图 4-12 所示的梯形图，下载程序到 PLC。

（2）使 PLC 处于运行状态。

（3）启动 PLC 的监控模式。

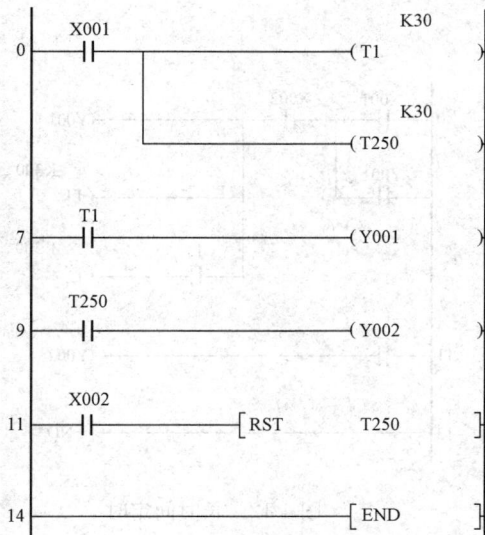

图 4-10　梯形图

83

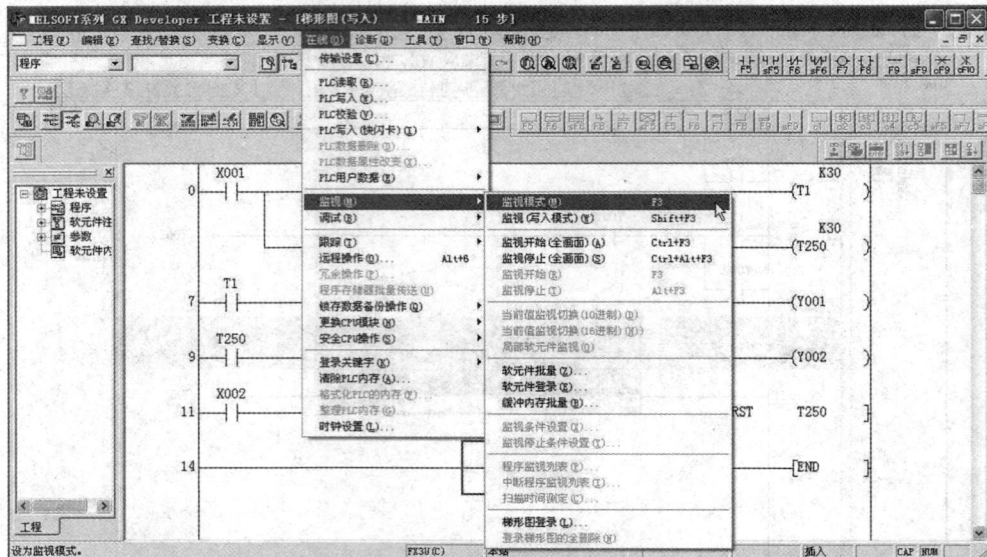

图 4-11　启动 PLC 的监控模式

（4）按下连接在 X1 输入端的 SB1 按钮，观察梯形图上计时值 T1、T2 当前值的变化，观察计时定时器工作状态的变化，观察输出线圈 Y1、Y2 的变化。

（5）按下连接在 X2 输入端的 SB2 按钮，观察梯形图上计时值 T1、T2 当前值的变化，观察计时定时器工作状态的变化，观察输出线圈 Y1、Y2 的变化。

可以看到按下 SB1，输出线圈 Y1 为"ON"，定时器 1 开始定时，T1 定时超过 30s 后定时器 2 开始定时，T2 定时超过 30s 时，输出线圈 Y2 为"ON"，总的定时时间是 T1、T2 定时时间之和。

3. 断电延时程序

（1）输入图 4-13 所示的梯形图。

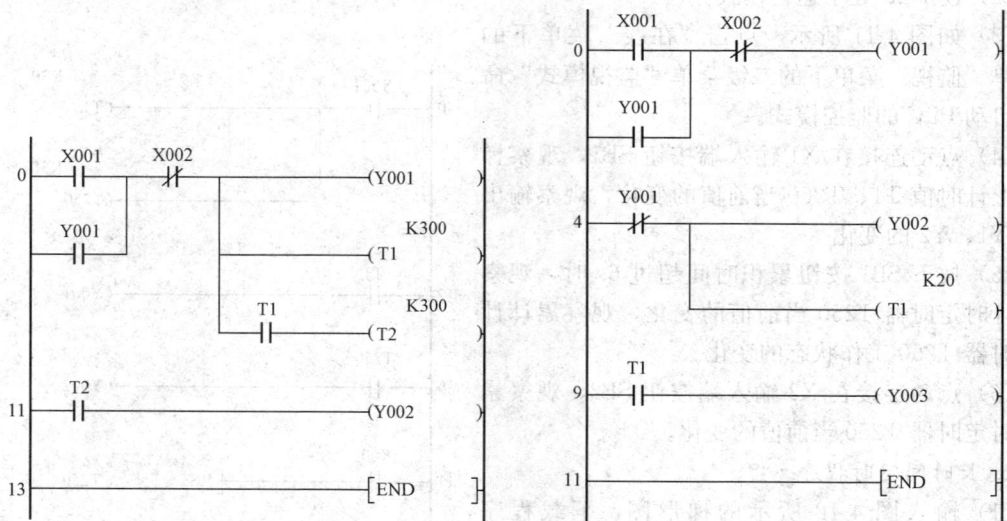

图 4-12　长时间定时

图 4-13　断电延时

（2）下载程序到 PLC，并使 PLC 处于运行状态。

84

（3）按下连接在 X1 输入端的 SB1 按钮，观察输出线圈 Y1 的变化。

（4）按下连接在 X2 输入端的 SB2 按钮，观察输出线圈 Y2 的变化，观察定时器 T1 的当前值的变化，观察输出线圈 Y3 的变化。

任务 7 三相交流异步电动机的星—三角（Y—△）降压启动控制

基础知识

一、任务分析

正常运转时定子绕组接成三角形的三相异步电动机在需要降压启动时，可采用 Y—△降压启动的方法进行空载或轻载启动。其方法是启动时先将定子绕组连成星形接法，待转速上升到一定程度，再将定子绕组的接线改接成三角形，使电动机进入全压运行。由于此法简便经济而得到普遍应用。

1. 电动机的星—三角降压启动控制电路控制要求

（1）能够用按钮控制电动机的启动和停止。

（2）电动机启动时定子绕组接成星形，延时一段时间后，自动将电动机的定子绕组换接成三角形。

（3）具有短路保护和电动机过载保护等必要的保护措施。

2. 电气控制原理

继电器控制的星—三角降压启动控制电路图如图 4-14 所示。

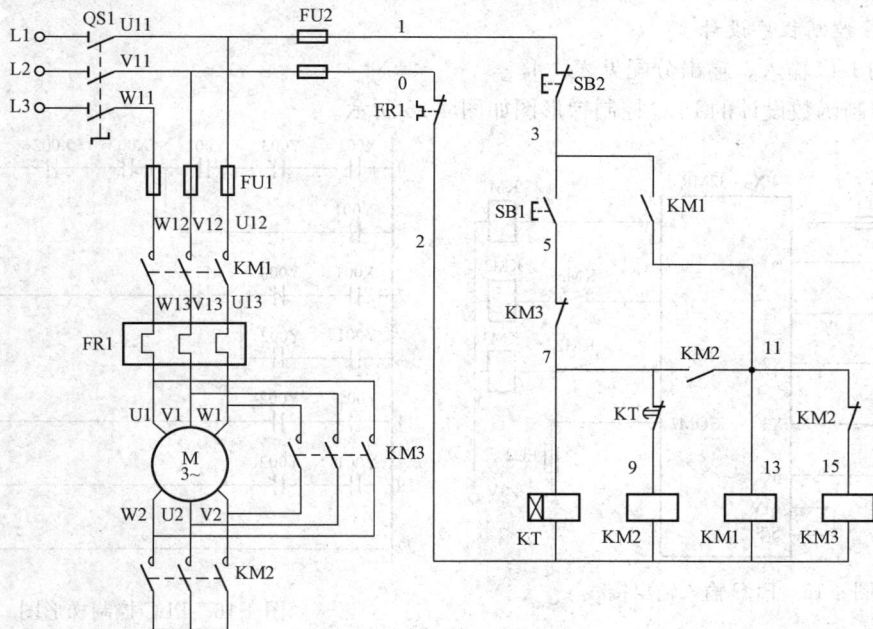

图 4-14 星—三角降压启动控制电路图

图 4-14 中各元器件的名称、代号、作用见表 4-3。

3. 逻辑控制函数分析

分析三相交流异步电动机的星—三角（Y—△）降压启动控制线路可以写出如下的控制函数

$$KM1 = (SB1 \cdot \overline{KM3} \cdot KM2 + KM1) \cdot \overline{SB2} \cdot \overline{FR1}$$

$$KM2 = (SB1 \cdot \overline{KM3} + KM1 \cdot KM2) \cdot \overline{SB2} \cdot \overline{FR1} \cdot \overline{KT}$$

$$KM3 = KM1 \cdot \overline{KM2}$$

$$KT = KM1 \cdot KM2$$

表 4-3   元器件的名称、代号、作用

名　称	代　号	作　用
交流接触器	KM1	电源控制
交流接触器	KM2	星形联结
交流接触器	KM3	三角形联结
时间继电器	KT	延时自动转换控制
启动按钮	SB1	启动控制
停止按钮	SB2	停止控制
热继电器	FR1	过载保护

二、逻辑电路块指令

1. 并联逻辑电路块串联指令（ANB）

当两个及其以上的触点并联组成的逻辑电路再与其他电路串联式时，采用 ANB 指令。

2. 串联逻辑电路块并联指令（ORB）

当两个及其以上的触点串联组成的逻辑电路再与其他电路并联式时，采用 ORB 指令。

三、设计 PLC 控制程序

1. PLC 输入输出接线图

PLC 输入输出接线如图 4-15 所示。

2. PLC 控制程序设计

PLC 的 I/O 输入、输出分配见表 4-4。

根据控制函数设计的 PLC 控制梯形图如图 4-16 所示。

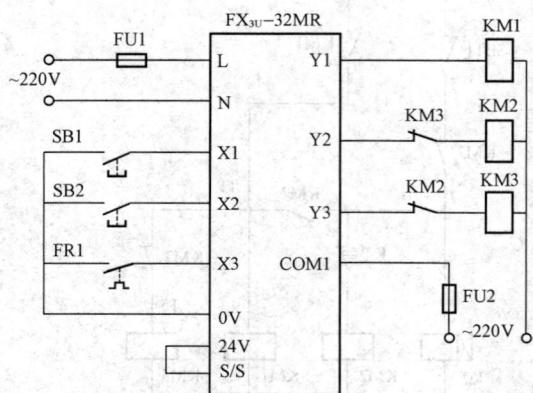

图 4-15　PLC 输入输出接线

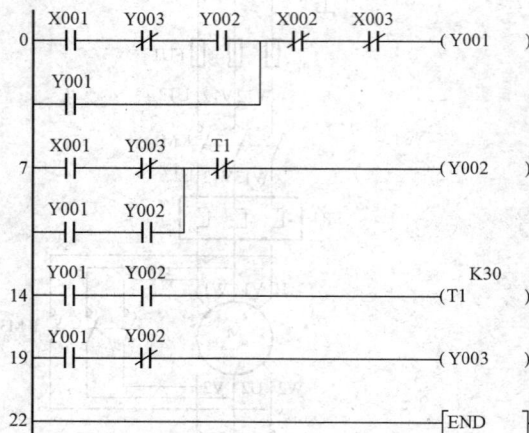

图 4-16　PLC 控制梯形图

表 4-4   PLC 的 I/O 分配

输　入		输　出	
SB1	X1	KM1	Y1
SB2	X2	KM2	Y2
FR1	X3	KM3	Y3

![技能训练]

一、训练目标

（1）能够正确设计三相交流异步电动机的星—三角（Y—△）降压启动控制的PLC程序。

（2）能正确输入和传输PLC控制程序。

（3）能够独立完成三相交流异步电动机的星—三角（Y—△）降压启动控制线路的安装。

（4）按规定进行通电调试，出现故障时，应能根据设计要求进行检修，并使系统正常工作。

二、训练步骤与内容

1. 设计、输入PLC程序

（1）PLC的I/O分配表见表4-5。

表 4-5   PLC 的 I/O 分配

输　入		输　出	
SB1	X1	KM1	Y1
SB2	X2	KM2	Y2
FR1	X3	KM3	Y3
		KT	T1

（2）根据PLC的I/O分配，写出控制函数

$Y1 = (X1 \cdot \overline{Y3} \cdot Y2 + Y1) \cdot \overline{X2} \cdot \overline{X3}$

$Y2 = (X1 \cdot \overline{Y3} + Y1 \cdot Y2) \cdot \overline{T1}$

$Y3 = Y1 \cdot \overline{Y2}$

$T1 = Y1 \cdot Y2$

（3）根据控制函数画出PLC梯形图。

（4）输入接触器KM1的控制程序。接触器KM1的控制程序如图4-17所示。

具体操作如下：

1）按键盘功能键"F5"，弹出常开触点"梯形图输入"对话框，在对话框中间的地址符号栏输入"X1"，按"确定"按钮，完成常开触点"X1"的输入。

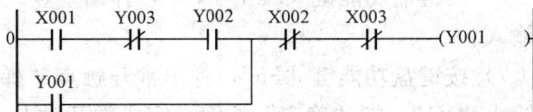

图 4-17 接触器 KM1 的控制程序

2）按键盘功能键"F6"，弹出常闭触点"梯形图输入"对话框，在对话框中间的地址符号栏输入"Y3"，按"确定"按钮，完成常闭触点"Y4"的输入。

3）按键盘功能键"F5"，弹出常开触点"梯形图输入"对话框，在对话框中间的地址符号栏输入"Y2"，按"确定"按钮，完成常开触点"Y2"的输入。

4）按键盘功能键"F6"，弹出常闭触点"梯形图输入"对话框，在对话框中间的地址符号栏输入"X2"，按"确定"按钮，完成常闭触点"X2"的输入。

5）按键盘功能键"F6"，弹出常闭触点"梯形图输入"对话框，在对话框中间的地址符号栏输入"X3"，按"确定"按钮，完成常闭触点"X3"的输入。

6）按键盘功能键"F7"，弹出线圈"梯形图输入"对话框，在对话框中间的地址符号栏输

入"Y1",按"确定"按钮,完成线圈"Y1"的输入。

7）光标移到常闭触点"X2"上。

8）按键盘功能键"Shift＋F9",弹出"竖线输入"对话框,按"确定"按钮,完成垂直竖线的输入。

9）光标移到下一行起始处。

10）按键盘功能键"F5",弹出常开触点"梯形图输入"对话框,在对话框中间的地址符号栏输入"Y1",按"确定"按钮,完成常开触点"Y1"的输入。

11）按键盘功能键"F9",弹出"横线输入"对话框,按"确定"按钮,完成水平横线的输入。

12）按键盘功能键"F9",弹出"横线输入"对话框,按"确定"按钮,完成第二条水平横线的输入。

13）按功能键"F4",进行梯形图的编译变换。

（5）输入接触器 KM2 的控制程序。接触器 KM2 的控制程序如图 4-18 所示。

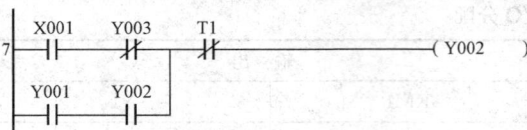

```
     X001   Y003    T1
7 ─┤├──┤/├──┤/├──────────( Y002 )
     Y001   Y002
   ─┤├──┤/├─
```

图 4-18 接触器 KM2 的控制程序

具体操作如下：

1）按键盘功能键"F5",弹出常开触点"梯形图输入"对话框,在对话框中间的地址符号栏输入"X1",按"确定"按钮,完成常开触点"X1"的输入。

2）按键盘功能键"F6",弹出常闭触点"梯形图输入"对话框,在对话框中间的地址符号栏输入"Y3",按"确定"按钮,完成常闭触点"Y3"的输入。

3）按键盘功能键"F6",弹出常闭触点"梯形图输入"对话框,在对话框中间的地址符号栏输入"T1",按"确定"按钮,完成常闭触点"T1"的输入。

4）按键盘功能键"F7",弹出线圈"梯形图输入"对话框,在对话框中间的地址符号栏输入"Y2",按"确定"按钮,完成线圈"Y2"的输入。

5）光标移到常闭触点"T1"上。

6）按键盘功能键"Shift＋F9",弹出"竖线输入"对话框,按"确定"按钮,完成垂直竖线的输入。

7）按键盘功能键"F5",弹出常开触点"梯形图输入"对话框,在对话框中间的地址符号栏输入"Y1",按"确定"按钮,完成常开触点"Y1"的输入。

8）按键盘功能键"F5",弹出常开触点"梯形图输入"对话框,在对话框中间的地址符号栏输入"Y2",按"确定"按钮,完成常开触点"Y2"的输入。

9）按功能键"F4",进行梯形图的编译变换。

（6）输入定时器 KT 的控制程序。定时器 KT 的控制程序如图 4-19 所示。

具体操作如下：

1）按键盘功能键"F5",弹出常开触点"梯形图输入"对话框,在对话框中间的地址符号栏输入"Y1",按"确定"按钮,完成常开触点"Y1"的输入。

```
      Y001   Y002                        K30
14 ──┤├──┤├─────────────────────( T1 )
```

图 4-19 定时器 KT 的控制程序

2）按键盘功能键"F5",弹出常开触点"梯形图输入"对话框,在对话框中间的地址符号栏输入"Y2",按"确定"按钮,完成常开触点"Y2"的输入。

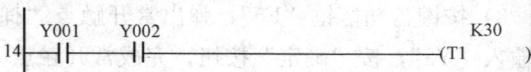

3）按键盘功能键"F7"，弹出线圈"梯形图输入"对话框，在对话框中间的地址符号栏输入"T1 K30"，按"确定"按钮，完成驱动定时器程序的输入。

4）按功能键"F4"，进行梯形图的编译变换。

（7）输入接触器 KM3 的控制程序。接触器 KM3 的控制程序如图 4-20 所示。

具体操作如下：

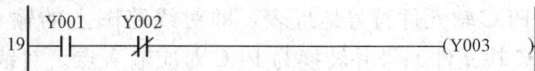

图 4-20　接触器 KM3 的控制程序

1）按键盘功能键"F5"，弹出常开触点"梯形图输入"对话框，在对话框中间的地址符号栏输入"Y1"，按"确定"按钮，完成常开触点"Y1"的输入。

2）按键盘功能键"F6"，弹出常闭触点"梯形图输入"对话框，在对话框中间的地址符号栏输入"Y2"，按"确定"按钮，完成常闭触点"Y2"的输入。

3）按键盘功能键"F7"，弹出线圈"梯形图输入"对话框，在对话框中间的地址符号栏输入"Y3"，按"确定"按钮，完成线圈"Y3"的输入。

4）按功能键"F4"，进行梯形图的编译变换。

```
0    LD     X001
1    ANI    Y003
2    AND    Y002
3    OR     Y001
4    ANI    X002
5    ANI    X003
6    OUT    Y001
7    LD     X001
8    ANI    Y003
9    LD     Y001
10   AND    Y002
11   ORB
12   ANI    T1
13   OUT    Y002
14   LD     Y001
15   AND    Y002
16   OUT    T1        K30
19   LD     Y001
20   ANI    Y002
21   OUT    Y003
22   END
23
```

图 4-21　指令语句程序

（8）查看指令语句表程序。

1）点击"显示"菜单下的子菜单"列表显示"菜单命令，切换到列表显示画面。

2）指令语句程序如图 4-21 所示，注意串联电路块并联指令 ORB 的应用。

（9）查看梯形图程序。点击"显示"菜单下的子菜单"梯形图显示"菜单命令，切换到梯形图显示画面，可查看梯形图程序。

2. 系统安装与调试

（1）主电路按图 4-14 所示的主电路接线。

（2）PLC 按图 4-15 所示接线。

（3）将 PLC 程序下载到 PLC。

（4）使 PLC 处于运行状态。

（5）按下启动按钮 SB1，观察 PLC 的输出点 Y1、Y2，观察电动机的星型启动运行状况，观察定时器 T1 的当前值变化。

（6）等待 3s，观察 PLC 的输出点 Y1、Y3，观察电动机的三角形运行状况。

（7）按下停止按钮 SB2，观察 PLC 的输出点 Y1、Y2、Y3，观察电动机是否停止运转。

技能提高训练

1. 转换设计法

接触器、继电器线路转换设计法是依据控制对象的接触器、继电器线路原理图，用 PLC 对应的符号和功能相类似软元件，把原来的接触器、继电器线路转换成梯形图程序的设计方法，简称转换设计法。

转换设计法特别适合于 PLC 程序设计的初学者，也适用于对原有旧设备的技术改造。

转换设计法应用的操作步骤如下。

（1）仔细研读接触器、继电器线路。在读图时注意区分原有设备主电路与控制电路，确定主电路的关键元件及相互关联的元件和电路，分析主电路，分析控制电路，分析各元件在电路中的作用。

（2）确定 PLC 输入输出及接线图。将现有的接触器、继电器线路图上的元件进行编号并制作 PLC 软元件符号地址表，即对线路图上的输入信号如按钮、行程开关、传感器开关等进行 PLC 软元件编号并转换为 PLC 对应输入点。对线路图上的接触器线圈、电磁阀、指示灯、数码管等控制对象进行 PLC 软元件编号并转换为 PLC 对应输出点。

（3）确定 PLC 的辅助继电器、定时器。将现有的接触器、继电器线路图上的中间继电器、定时器元件进行编号并制作 PLC 软元件符号地址表。

（4）画出梯形图草图。

（5）简化、完善梯形图程序。

1）利用逻辑代数运算简化函数表达式，简化 PLC 程序。

2）利用辅助继电器取代重复使用部分，简化 PLC 程序。

3）分梯级模块化编程，使 PLC 程序清晰。

4）加强保护与诊断，完善 PLC 程序。

转换设计法应用时的注意事项如下。

1）按钮、行程开关、传感器开关等采用常开触点输入时，PLC 控制逻辑与接触器、继电器线路图控制逻辑相同。

2）按钮、行程开关、传感器开关等某个开关采用常闭触点输入时，PLC 控制逻辑图中对应的触点状态取反。

2. 双速电动机控制

双速电动机控制的控制线路如图 4-22 所示，请用转换设计法设计双速电动机 PLC 控制程序。

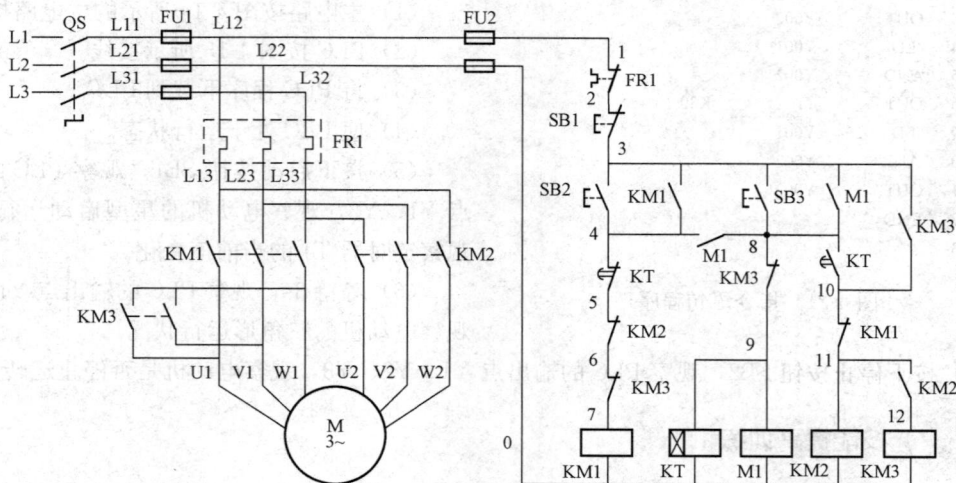

图 4-22　双速电动机控制的控制线路

（1）设置 PLC 软元件。PLC 软元件分配见表 4-6。

（2）根据双速电动机 PLC 控制线路和软元件分配，写出双速电动机逻辑控制函数。分析双速电动机逻辑控制线路，得出的双速电动机的逻辑控制函数

90

$$Y1 = (X2 + Y1 + M30) \cdot \overline{X1} \cdot \overline{X4} \cdot \overline{Y2} \cdot \overline{T1}$$
$$Y2 = (T1 + Y2) \cdot \overline{X1} \cdot \overline{X4} \cdot \overline{Y1}$$
$$Y3 = Y2$$
$$M30 = (X3 + M30) \cdot \overline{X1} \cdot \overline{X4} \cdot \overline{T1}$$
$$T1 = M30$$

表 4-6 　　　　　　　　　　　　　　PLC 软元件分配

元件名称	代号	软元件地址	作用
停止按钮	SB1	X1	停止
按钮 1	SB2	X2	低速启动
按钮 2	SB3	X3	低速启动 高速运行
热继电器	FR1	X4	过载保护
接触器 1	KM1	Y1	低速运行
接触器 2	KM2	Y2	高速运转
接触器 3	KM3	Y3	高速运转
辅助继电器	M1	M30	辅助控制
定时器	KT	T1	定时控制

（3）根据双速电动机逻辑控制函数设计 PLC 控制程序。双速电动机的 PLC 控制程序如图 4-23 所示。

3. 三速电动机控制

三速电动机控制的控制线路如图 4-24 所示，请用转换设计法设计三速电动机 PLC 控制程序。

4. 用 N80 系列 PLC 实现三相交流异步电动机的星—三角（Y—△）降压启动控制

（1）N80 系列 PLC 的定时器。

1）矩形 N80 系列 PLC 的定时器分类如下。

T1.0　　1s 定时器

T0.1　　0.1s 定时器

T0.01　　0.01s 定时器

T1.0 定时器以 1s 为计时单位，每经 1s 定时器的累计加 1。累计计时值达到设定值时，定时器驱动的输出线圈为"ON"。

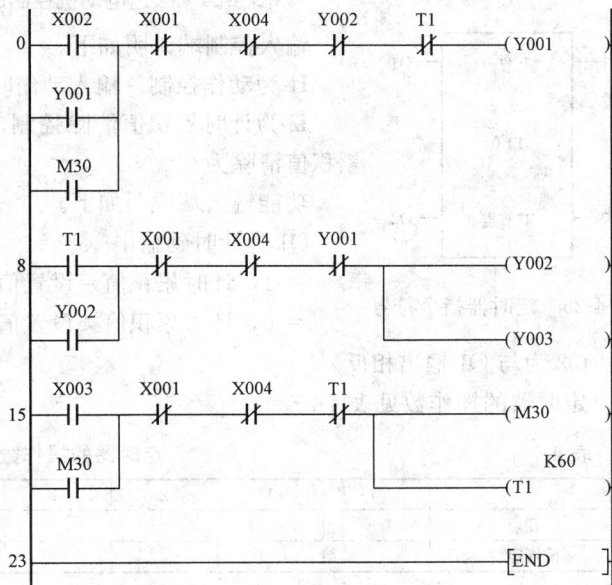

图 4-23　双速电动机 PLC 控制程序

T0.1 定时器以 0.1s 为计时单位，每经 0.1s 定时器的累计加 1。累计计时值达到设定值时，定时器驱动的输出线圈为"ON"。

T0.01 定时器以 0.01s 为计时单位，每经 0.01s 定时器的累计加 1。累计计时值达到设定值时，定时器驱动的输出线圈为"ON"。

定时器外部信号可激活计时、停止计时、清除计时等动作。

2）定时器指令符号。定时器指令符号如图 4-25 所示。

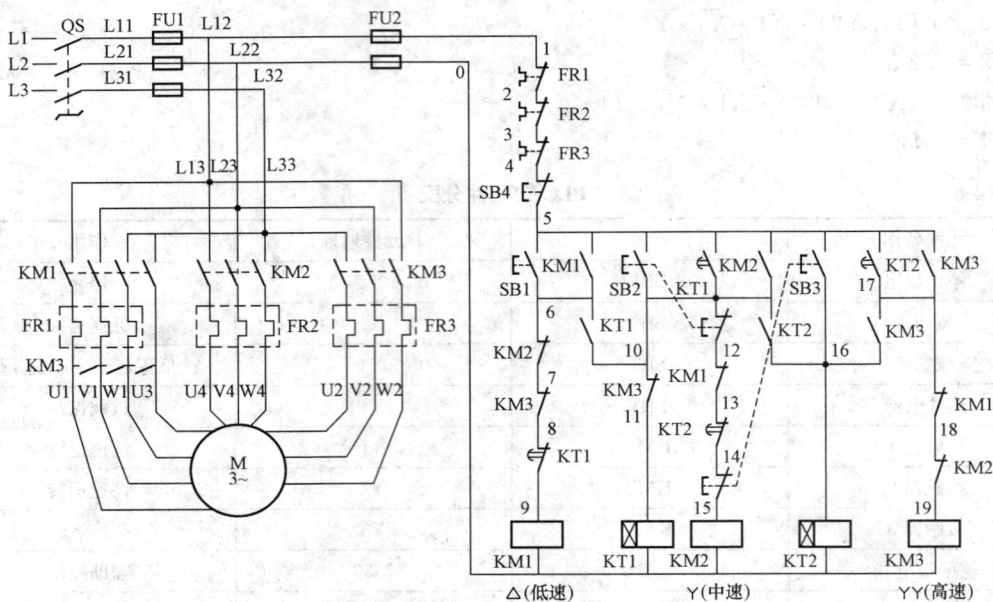

图 4-24　三速电动机控制的控制线路

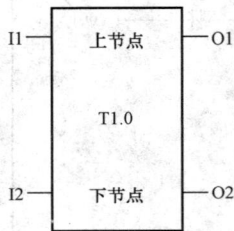

图 4-25　定时器指令符号

输入控制端说明如下。

I1 为动作控制。输入动作时执行计时功能。

I2 为计时累积值清除控制。低电平动作，当动作时（即 0）定时器累积值清除为 0。

功能输出端说明如下。

O1 为计时到输出。

＝1，计时累积值＝设置值

＝0，计时累积值＜设置值

O2 为与 O1 输出相反。

定时器的操作数见表 4-7。

表 4-7　　　　　　　　　　　　　　定时器的操作数

	0	1	2	3	4	C	P	L
上节点				√	√	√		
下节点					√			

常数 C 的范围是 0～65 535。

（2）N80 系列 PLC 的定时器应用。定时器指令应用如图 4-26 所示。

图 4-26 所示的梯形图程序为每 5s 一个循环的定时器，其动作流程如下。

1）假定刚开始 40012 内存值为零，此时 00040＝"OFF"，00041＝"ON"。

2）当输入信号 10012 为"ON"后，40012 每 1s 累加 1。

3）当 10012 "ON"后 5s，40012 值＝5，此时输出为 00040＝"ON"，00041＝"OFF"。

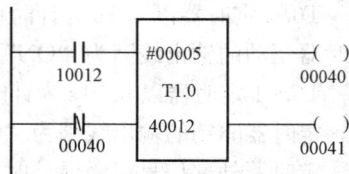

图 4-26　定时器指令应用

4）由于 00040 = "ON" 导致 I2 的输入为 "OFF"，连带 40012 清为 "0"。

5）40012＝0，00040 回至 "OFF"，40012 再度累加，动作回至步骤 3）。

（3）PLC 输入输出接线图。PLC 输入输出接线如图 4-27 所示。

（4）设计 PLC 控制程序。

1）PLC 的软元件分配见表 4-8。

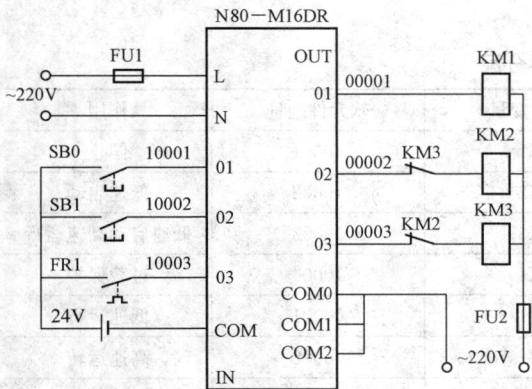

图 4-27 PLC 输入输出接线

表 4-8　　　　　PLC 的软元件分配

元件代号	符号变量	软元件地址
SB1	X1	10001
SB2	X2	10002
FR1	X3	10003
KM1	Y1	00001
KM2	Y2	00002
KT	T1	00020

2）控制函数

$$Y1 = (X1 \cdot \overline{Y3} \cdot Y2 + Y1) \cdot \overline{X2} \cdot \overline{X3}$$

$$Y2 = (X1 \cdot \overline{Y3} + Y1 \cdot Y2) \cdot \overline{T1}$$

$$Y3 = Y1 \cdot \overline{Y2}$$

$$I1 = Y1 \cdot Y2$$

3）PLC 控制梯形图。根据控制函数设计的 PLC 控制梯形图如图 4-28 所示。

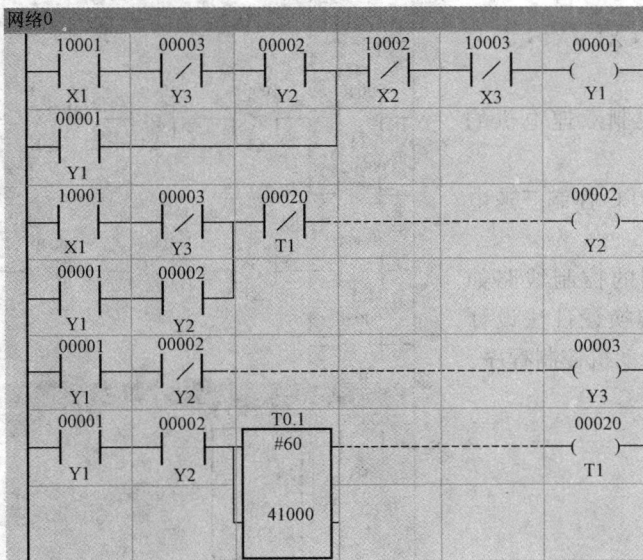

图 4-28　PLC 控制梯形图

习 题 4

1. 使用 FX₃U 系列 PLC 实现三速电动机控制。

2. 用 N80 系列 PLC 控制双速电机。

（1）PLC 软元件分配见表 4-9。

表 4-9   PLC 软元件分配

元件名称	代号	符号变量	软元件地址	作用
停止按钮	SB1	X1	10001	停止
按钮 1	SB2	X2	10002	低速启动
按钮 2	SB3	X3	10003	低速启动高速运行
热继电器	FR1	X4	10004	过载保护
接触器 1	KM1	Y1	00001	低速运行
接触器 2	KM2	Y2	00002	高速运转
接触器 3	KM3	Y3	00003	高速运转
辅助继电器	M1	M1	00030	辅助控制
定时器	KT	T1	00040	定时控制

（2）双速电机控制函数

$$Y1 = (X2 + Y1 + M1) \cdot \overline{X1} \cdot \overline{X4} \cdot \overline{Y2} \cdot \overline{T1}$$

$$Y2 = (T1 + Y2) \cdot \overline{X1} \cdot \overline{X4} \cdot \overline{Y1}$$

$$Y3 = Y2$$

$$M1 = (X3 + M1) \cdot \overline{X1} \cdot \overline{X4} \cdot \overline{T1}$$

$$I1 = M1$$

N80 系列 PLC 控制双速电机的梯形图如图 4-29 所示。

3. 用 N80 系列 PLC 控制三速电动机

三速电动机控制的控制线路如图 4-24 所示，请用转换设计法设计 N80 系列 PLC 三速电动机控制程序。

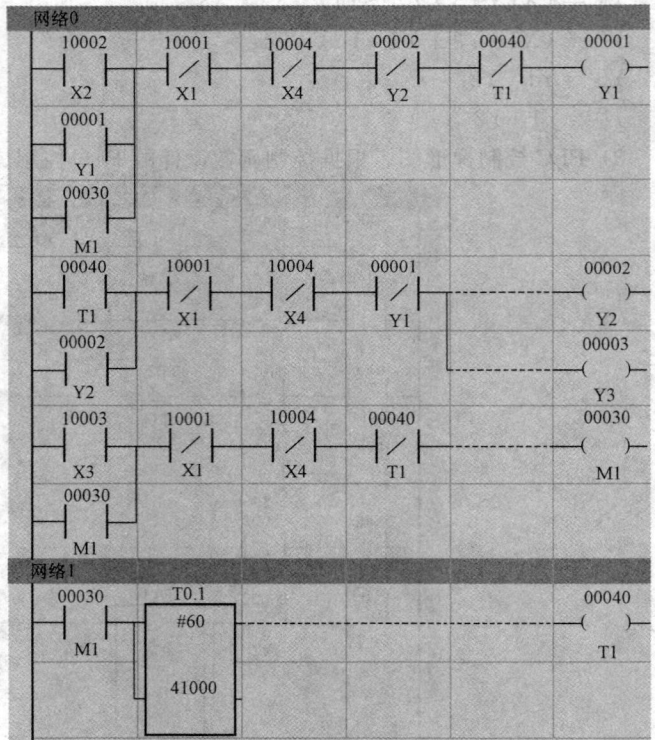

图 4-29 N80 系列 PLC 控制双速电机梯形图

项目五　计数控制及其应用

学习目标

(1) 学会使用三菱 PLC 的计数器指令。

(2) 学会复杂控制的分解与综合。

(3) 学会分析计数器的计数条件、复位条件。

(4) 学会用 PLC 实现工作台循环移动的计数控制。

任务 8　工作台循环移动的计数控制

基础知识

一、任务分析

1. 控制要求

用 PLC 控制工作台自动往返运行，工作台前进、后退由电动机通过丝杆拖动。工作台的运行如图 5-1 所示。

(1) 按下启动按钮，工作台自动循环工作。

(2) 按下停止按钮，工作台停止。

(3) 点动控制（供调试用）。

(4) 6 次循环运行。

2. 控制分析

(1) 工作台的前进、后退可以由电动机正反转控制程序实现。

图 5-1　工作台示意图

(2) 自动循环可以通过行程开关在电动机正反转的基础上的联锁控制实现，即在正转结束位置，通过该位置上的行程开关切断正转程序的执行，并启动反转控制程序。在反转结束位置，通过该位置上的行程开关切断反转程序的执行，并启动正转控制程序。

(3) 点动控制通过解锁自锁环节来实现。

(4) 有限次运行通过计数器指令计数运行次数，从而决定是否终止程序的运行。

二、PLC 控制程序设计

1. FX₃ᵤ 系列 PLC 的计数器

(1) 内部信号计数器。内部信号计数器是对内部元件（如 X、Y、M、S、T 和 C）的信号进行计数的计数器。

1) 16 位计数器。通用 16 位计数器 C0～C99 共 100 点，其设定值为 K1～K32 767。

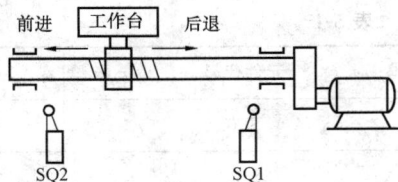

通用失电保持 16 位计数器 C100～C199 共 100 点，其设定值为 K1～K32 767。即使停电，其当前值和输出点的状态也能保持。

2）32 位计数器。32 位双向计数器，双向计数器既可以设置为增计数器，又可以设置为减计数器。设定值为－2 147 483 648～＋2 147 483 647。

通用 32 位双向计数器 C200～C219 共 20 点，通用失电保持 32 位双向计数器 C220～C234 共 15 点。

增计数或减计数由特殊辅助继电器 M8200～M8234 设定，计数器与特殊辅助继电器一一对应，如 C200 与 M8200 对应。当特殊辅助继电器接通（ON）时，对应的计数器为减计数器，当特殊辅助继电器断开（OFF）时，对应的计数器为加计数器。

（2）计数器驱动。计数器驱动采用 OUT 指令，一般形式是 OUT　Cm　Kn，其中 Cm 指定使用的计数器编号，Kn 指定计数器设定值。

（3）脉冲输出指令（PLS、PLF）。PLS 为上升沿脉冲输出指令，在输入信号的上升沿产生脉冲输出。PLF 为下降沿脉冲输出指令，在输入信号的下降沿产生脉冲输出。它们的目标元件为 Y、M。但特殊辅助继电器 M 不能作为目标元件。

（4）置位与复位指令（SET、RST）。SET 为置位指令，令操作的元件自保持为 ON，操作目标元件为 Y、M、S。

RST 为复位指令，令操作的元件自保持为 OFF，操作目标元件为 Y、M、S。

RST 作用的软元件是 T、C 、V、Z、D 时，使其复位为零。

（5）多重输出指令（MPS、MRD、MPP）。

MPS：进栈指令，记忆到 MPS 指令为止的状态。

MRD：读栈指令，读出用 MPS 指令记忆的状态。

MPP：出栈指令，读出用 MPS 指令记忆的状态，并清除该状态。

2. 设计工作台循环移动的计数控制 PLC 程序

（1）PLC 软元件分配。PLC 软元件分配见表 5-1。

表 5-1　　　　　　　　　　　　　　PLC 软元件分配

元件代号	软元件地址	作用
SB0	X0	停止
SB1	X1	正转按钮
SB2	X2	反转按钮
SQ1	X3	后退限位
SQ2	X4	前进限位
FR1	X5	热保护
K1	X6	点动/连续
K2	X7	单次/循环
KM1	Y1	正转
KM2	Y2	反转

（2）PLC 接线图如图 5-2 所示。

任务 8

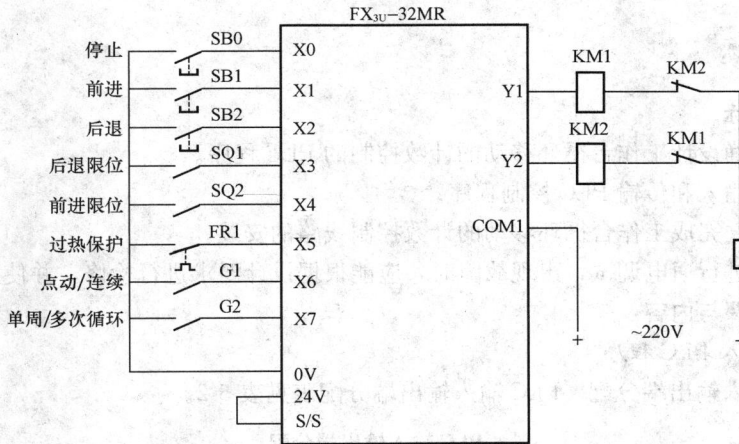

图 5-2 PLC 接线图

（3）PLC 控制程序。PLC 控制程序如图 5-3 所示。

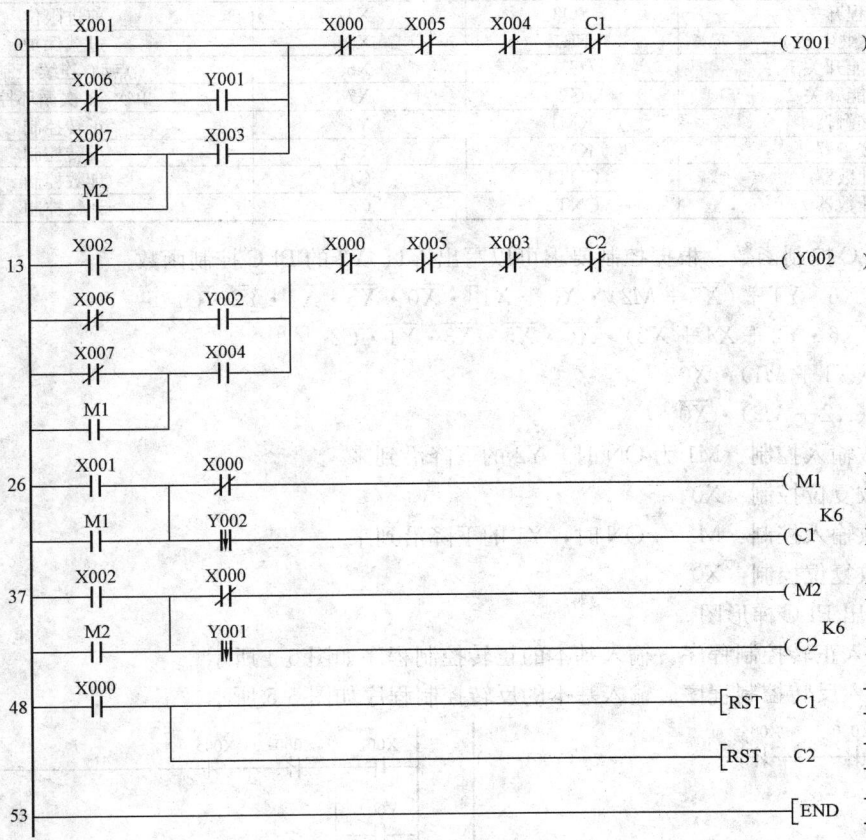

图 5-3 PLC 控制程序

技能训练

一、训练目标

(1) 能够正确设计工作台循环移动的计数控制的 PLC 程序。

(2) 能正确输入和传输 PLC 控制程序。

(3) 能够独立完成工作台循环移动的计数控制线路的安装。

(4) 按规定进行通电调试，出现故障时，应能根据设计要求进行检修，并使系统正常工作。

二、训练步骤与内容

1. 设计、输入 PLC 程序

(1) PLC 输入输出端分配。PLC 输入输出端分配表见表 5-2。

表 5-2   PLC 输入输出端分配

元件名称	代号	符号	作用
按钮 0	SB0	X0	停止
按钮 1	SB1	X1	前进按钮
按钮 2	SB2	X2	后退按钮
行程开关 1	SQ1	X3	后退限位
行程开关 2	SQ2	X4	前进限位
热继电器	FR1	X5	过载保护
功能开关 1	G1	X6	点动/连续控制
功能开关 2	G2	X7	单次/多次循环控制
接触器 1	KM1	Y1	正转控制
接触器 2	KM2	Y2	反转控制
计数器 1	CNT1	C1	计数控制
计数器 2	CNT2	C2	计数控制

(2) PLC 控制函数。根据控制要求可以写出 Y1、Y2 的 PLC 控制函数

$Y1 = \left[\overline{X6} \cdot Y1 + (\overline{X7} + M2) \cdot X3 + X1\right] \cdot \overline{X0} \cdot \overline{X5} \cdot \overline{X4} \cdot \overline{Y2} \cdot \overline{C1}$

$Y2 = (\overline{X6} \cdot Y2 + X4 + X2) \cdot \overline{X0} \cdot \overline{X5} \cdot \overline{X3} \cdot \overline{Y1} \cdot \overline{C2}$

$M1 = (X1 + M1) \cdot \overline{X0}$

$M2 = (X2 + M2) \cdot \overline{X0}$

C1 计数输入控制：M1 为 ON 时，Y2 的下降沿到来

C1 计数复位控制：X0

C2 计数输入控制：M2 为 ON 时，Y1 的下降沿到来

C2 计数复位控制：X0

(3) 画出 PLC 梯形图。

(4) 输入正转控制程序。输入基本的正转控制程序如图 5-4 所示。

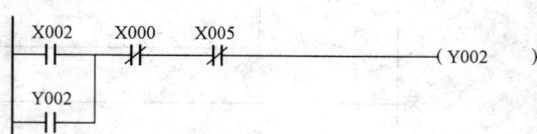

(5) 输入反转控制程序。输入基本的反转控制程序如图 5-5 所示。

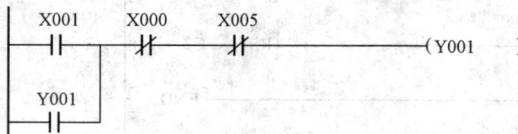

图 5-4   基本的正转控制程序   图 5-5   基本的反转控制程序

(6) 增加行程开关控制的自动往返功能。增加行程开关 SQ1、SQ2 控制的自动往返功能的程序如图 5-6 所示。

（7）解锁自锁环节，增加点动调试功能。点动/连续控制 X6 为 ON 时，系统处于点动控制状态，在自锁环节中串入 X6 的常闭触点，解锁自锁环节，就增加了点动调试功能，如图 5-7 所示。

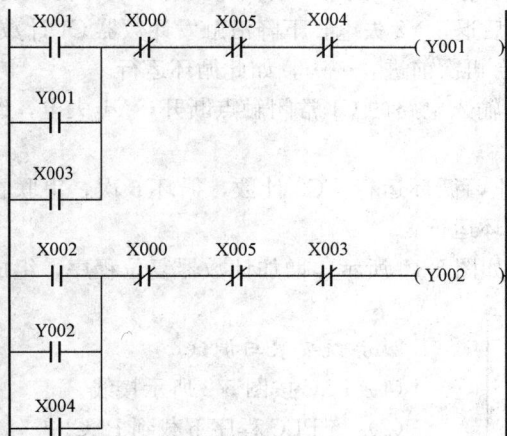

图 5-6 行程开关自动往返控制程序

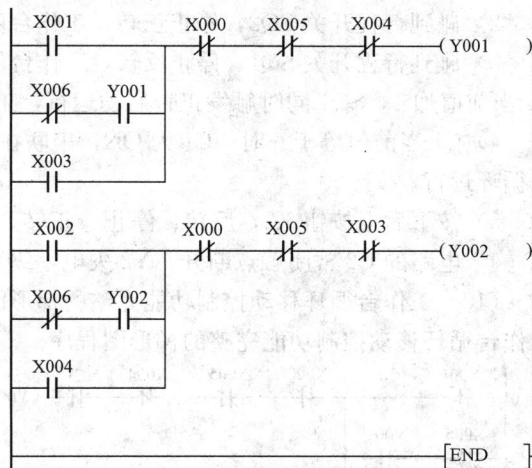

图 5-7 解锁自锁环节序

（8）单次循环控制。单次/多次循环控制 X7 为 ON 时，系统处于单次运行状态，通过解锁循环联锁控制，即在行程开关联锁循环控制环节串入 X7 的常闭触点实现，增加的辅助继电器 M1、M2 保证单次循环控制的实现。单次循环控制梯形图如图 5-8 所示。

（9）增加计数控制功能。增加计数控制功能的梯形图如图 5-9 所示。

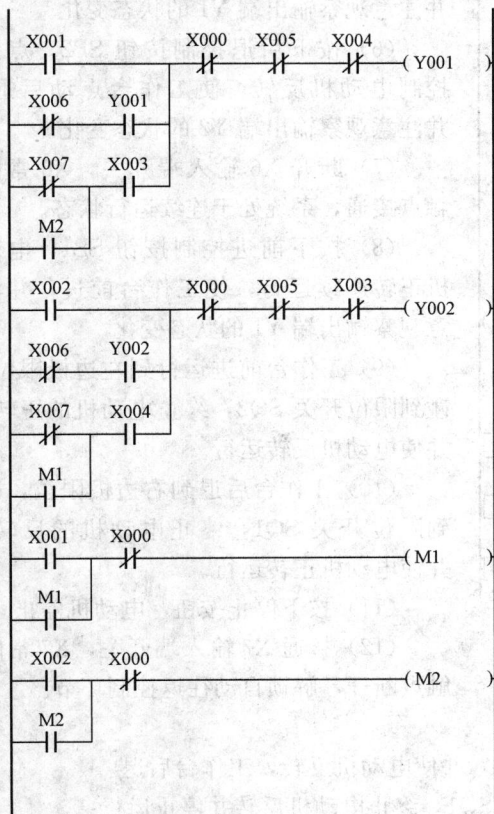

图 5-8 单次循环控制

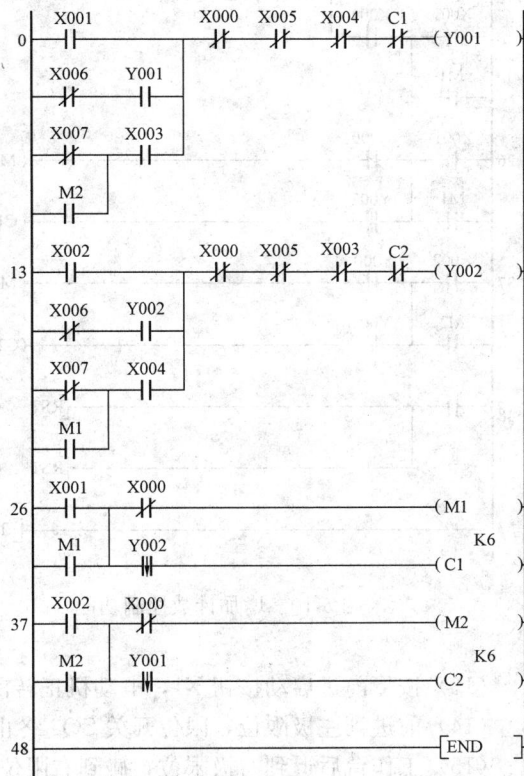

图 5-9 增加计数控制功能

99

1）按下前进按钮 X1，M1 为 ON，记忆正转启动状态，Y1 得电，电动机正转启动运行，驱动工作台前进。

2）碰到行程开关 SQ2，停止正转，工作台停止前移，SQ2 同时启动反转运行，工作台后退。

3）碰到行程开关 SQ1，停止反转，工作台停止后退，Y2 失电，下降沿触发计数器 C1 计数，C1 当前值加 1，SQ1 同时触发正转启动运行，工作台再次前进，……，如此循环运行。

4）C1 当前值等于 6 时，C1 为 ON，串联在 Y1 输入电路的 C1 常闭触点断开，Y1 失电，终止循环运行。

5）按下后退按钮 X2，反转、停止、正转、停止，循环运行。C2 计数，循环 6 次，串联在 Y2 输入电路的 C2 常闭触点断开，Y2 失电，终止循环运行。

（10）工作台循环移动控制功能完整的梯形图。如图 5-10 所示，增加计数器复位程序，组成工作台循环移动控制功能完整的梯形图程序。

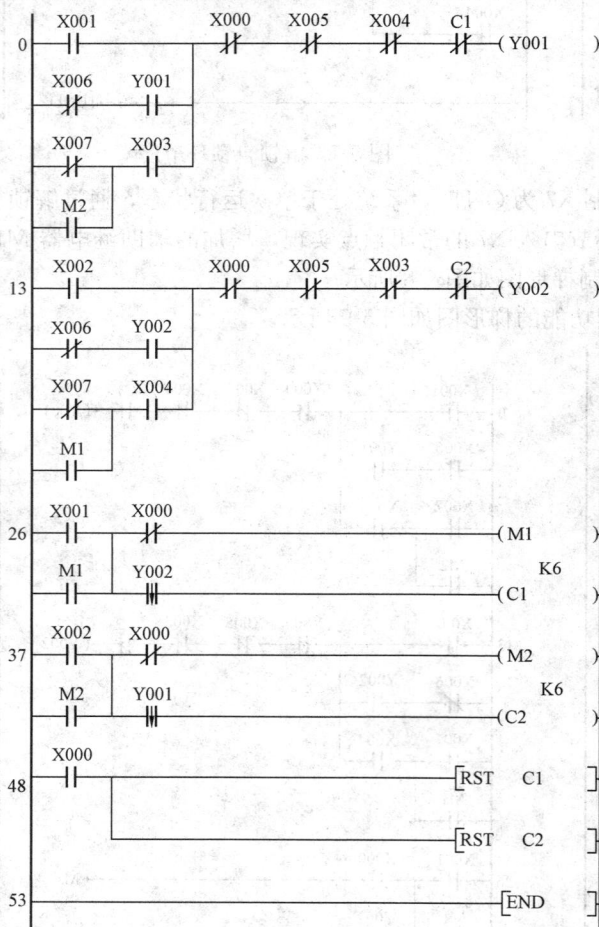

图 5-10　增加计数控制功能

2. 系统安装与调试

（1）PLC 按图 5-2 所示接线。

（2）将 PLC 程序下载到 PLC。

（3）使 PLC 处于连线运行状态。

（4）接通 X6 输入端开关，X6 常闭触点断开，系统处于点动调试状态。

（5）按下前进控制按钮 SB1，点动控制电动机正转，使工作台点动前进，并注意观察输出端 Y1 的状态变化。

（6）按下后退控制按钮 SB2，点动控制电动机反转，使工作台点动后退，并注意观察输出端 Y2 的状态变化。

（7）断开 X6 输入端开关，X6 常闭触点接通，系统处于连续运行状态。

（8）按下前进控制按钮 SB1，电动机正转连续运行，使工作台前进，并注意观察输出端 Y1 的状态变化。

（9）工作台前进运行到左边极限位，碰到限位开关 SQ2，终止电动机的正转，并使电动机反转运行。

（10）工作台后退到右边极限位，碰到限位开关 SQ1，终止电动机的反转，并使电动机正转运行。

（11）按下停止按钮，电动机停止。

（12）接通 X7 输入端开关，X7 常闭触点断开，解锁自动往返控制环节。

（13）按下前进启动按钮 X1，电动机正转前进。

（14）前进到左极限位，限位开关 SQ2 终止正转，并使电动机反转，工作台后退。

（15）工作台后退到右极限位，碰到右限位开关 SQ1，终止电动机反转并停止运行。

（16）断开 X7 输入端开关，X7 常闭触点接通，系统处于多次循环运行状态。

（17）按下前进控制按钮 SB1，观察工作台的运行状态，观察计数器 C1 当前值的变化，观察工作台往返运行 6 次后是否停止，观察工作台的位置。

（18）按下后退控制按钮 SB2，观察工作台的运行状态，观察计数器 C2 当前值的变化，观察工作台往返运行 6 次后是否停止，观察工作台的位置。

（19）按下停止按钮，观察计数器 C1、C2 当前值的变化。

习 题 5

1. 在工作台循环移动过程中，增加转换延迟时间，即按下前进控制按钮 SB1，电动机正转连续运行，前进到左极限位，限位开关 SQ2 终止正转，延时 1s，开始反转后退运行，后退到左极限位，限位开关 SQ1 终止反转，延时 1s，正转前进运行……如此循环。其他控制要求不变，设计控制程序。

提示：

（1）在正转 Y1 得电和行程开关 SQ2 动作时，使用置位 SET 指令，作用一个辅助继电器 M1，通过 M1 控制定时器 T1，定时器动作时，启动反转，Y2 得电，通过复位 RST 指令，复位辅助继电器 M1。

（2）在反转 Y2 得电和行程开关 SQ1 动作时，使用置位 SET 指令，作用一个辅助继电器 M2，通过 M2 控制定时器 T2，定时器动作时，启动正转，Y1 得电，通过复位 RST 指令，复位辅助继电器 M2。

2. 使用置位 SET、复位 RST 指令设计工作台循环移动控制程序。

项目六　步进顺序控制

学习目标

（1）学会步进顺序控制程序设计思维和方法。

（2）学会将工艺流程图转换为状态转移图。

（3）学会用置位、复位指令实现的状态转移控制。

（4）学会根据状态转移图设计 PLC 控制程序。

（5）学会根据 PLC 控制程序画出状态转移图。

（6）学会使用简单的气动控制元件。

（7）学会简易机械手的控制。

任务 9　用步进顺序控制方法实现星—三角（Y—△）降压启动控制

基础知识

一、任务分析

1. 控制要求

（1）按下启动按钮，电动机定子绕组接成星形启动，延时一段时间后，自动将电动机的定子绕组换接成三角形运行。

（2）按下停止按钮，电动机停止。

（3）具有短路保护和电动机过载保护等必要的保护措施。

2. 电气控制原理

继电器控制的星—三角降压启动控制电路图如图 6-1 所示。

图 6-1 中各元器件的名称、代号、作用见表 6-1。

表 6-1　　　　　　　　　　　元器件的名称、代号、作用

名　称	代　号	作　用
交流接触器	KM1	电源控制
交流接触器	KM2	星形联结
交流接触器	KM3	三角形联结
时间继电器	KT	延时自动转换控制
启动按钮	SB1	启动控制
停止按钮	SB2	停止控制
热继电器	FR1	过载保护

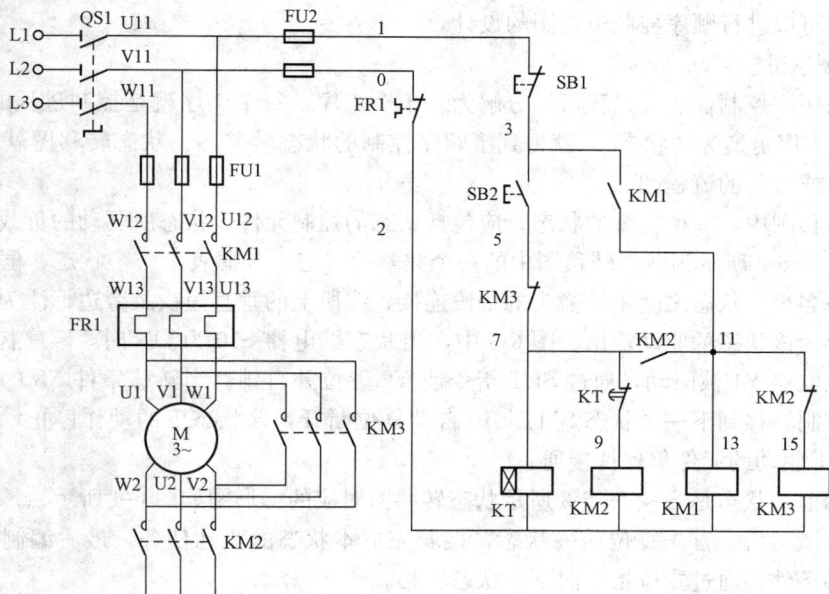

图 6-1 星—三角降压启动控制电路图

二、步进顺序控制

1. 步进顺序控制

步进顺序控制，就是按照生产工艺要求，在输入信号的作用下，根据内部的状态和时间顺序，一步接一步有序地控制生产过程进行。在实现顺序控制的设备中，输入信号来自于现场的按钮开关、行程开关、接触器触点、传感器的开关信号等，输出控制的负载一般是接触器、电磁阀等。通过接触器控制电动机动作或通过电磁阀控制气动、液动装置动作，使生产机械有序地工作。步进顺序控制中，生产过程或生产机械是按秩序、有步骤连续地工作。

通常，可以把一个较复杂的生产过程分解为若干步，每一步对应生产的一个控制任务（工序），也称为一个状态。

图 6-2 为 Y—△降压启动控制的工作流程，系统处于初始静止状态时，按下启动按钮，系统转入第一步——星形启动状态，延时一段时间转入第二步——三角形运行状态，按下停止按钮，系统回到初始状态。

从图 6-2 可以看到，每个方框表示一步工序，方框之间用带箭头的直线相连，箭头方向表示工序转移方向。按生产工艺过程，将转移条件写在直线旁边，转移条件满足，上一步工序完成，下一步开始。方框描述了该工序应该完成的控制任务。

由以上分析可知顺序控制流程图具有以下特点。

（1）将复杂的顺序控制任务或过程分解为若干个工序（或状态），有利于程序的结构化设计。分解后的每步工序（或状态）都应分配一个状态控制元件，确保顺序控制的按要求顺序进行。

（2）相对于某个具体的工序来说，控制任务实现了简化，局部程序编制方便。每步工序（或状态）都有驱动负载能力，能使输出执行元件动作。

（3）整体程序是局部程序的综合。每步工序（或状态）在转移条件满足时，都会转移到下一步工序，并结束上一步工序。只要清楚各工序成立的条件、转移的条件和转

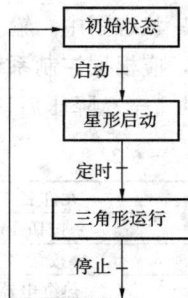

图 6-2 Y—△降压
启动控制的工作流程

移的方向，就可以进行顺序控制流程图的设计。

2. 状态转移图

任何一个顺序控制任务或过程可以分解为若干个工序，每个工序就是控制过程的一个状态，将图 6-2 中的工序更换为"状态"，就得到了顺序控制的状态转移图。状态转移图就使用状态来描述控制任务或过程的流程图。

在状态转移图中，一个完整的状态，应包括状态的控制元件、状态所驱动的负载、转移条件和转移方向。图 6-3 所示为状态转移图中的一个完整的状态。方框表示一个状态，框内用状态元件标明该状态名称，状态之间用带箭头的线段连接，线段上的垂直短线及旁边标注为状态转移条件，方框右边为该状态的驱动输出。图 6-3 中，当状态继电器 S10 为 ON 时，顺序控制进入 S10 状态。输出继电器 Y1 被驱动，通过 SET 指令使 Y2 置位并自锁。当转移条件 X3 的常开触点闭合时，顺序控制转移到下一个状态 S11。S10 自动复位断开，该状态下的动作停止，驱动的元件 Y1 复位，SET 驱动的元件仍保持接通。

设 S10 的前一状态是 S0，图 6-3 所示状态转移图对应的梯形图如图 6-4 所示。

状态 S10 激活后，首先复位前一状态，接着完成本状态的驱动任务，最后编制状态转移程序，根据转移条件，通过置位指令向下一状态转移。

Y—△降压启动控制的状态转移图如图 6-5 所示。

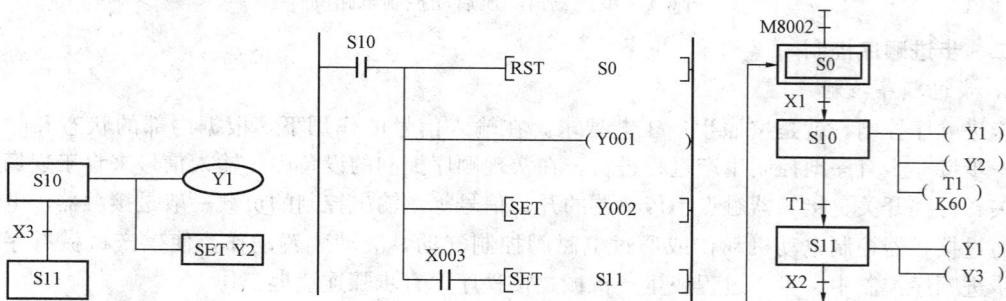

图 6-3　状态转移图　　　　图 6-4　梯形图　　　　图 6-5　Y—△降压启动
控制的状态转移图

初始状态是状态转移的起点，也就是预备阶段。一个完整的状态转移图必须要有初始状态。图 6-5 中，S0 是初始状态，用双线框表示。其他的状态用单线框表示。

状态图中，输入、输出信号都是可编程控制器的输入、输出继电器的动作，因此，画状态图前，应根据控制系统的需要，分配 PLC 的输入、输出点。

Y—△降压启动控制的输入、输出点分配见表 6-2 所示。

表 6-2　　　　　　　　　　　　输入、输出 I/O 分配

元件名称	符号	作用
按钮 1	X1	启动
按钮 2	X2	停止
热继电器	X3	过载保护
接触器 1	Y1	主控
接触器 2	Y2	星形运行
接触器 3	Y3	三角形运行
定时器	T1	定时

根据上述输入、输出点的定义，对图 6-5 说明如下。

利用 PLC 初始化脉冲 M8002，进入初始状态 S0。按下启动按钮 X1，进入星形启动状态 S10，驱动主控接触器 Y1、星形运行接触器 Y2，使电动机线圈接成星形启动运行，同时驱动定时器定时 6s。定时时间到，T1 动作，进入三角形运行状态 S11，S10 自动复位，驱动主控接触器 Y1、三角形运行接触器 Y3，使电动机线圈接成三角形运行。按下停止按钮，系统回到初始状态 S0。

三、步进顺序控制程序设计

1. PLC 输入输出接线图

PLC 输入输出接线如图 6-6 所示。

2. 设计 PLC 控制程序

PLC 软元件分配见表 6-3 所示。

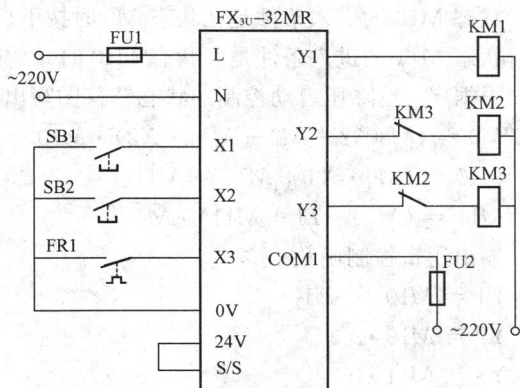

图 6-6　PLC 输入输出接线

表 6-3　　　　　　　　　　　　PLC 软元件分配

元件名称	软元件地址	作用
初始脉冲	M8002	初始化
状态 0	S0	初始状态
状态	S10	星形启动
状态	S11	三角形运行
定时器	T1	定时

步进顺序控制程序有两种设计方法：辅助继电器步进设计法和顺序功能图步进设计法。辅助继电器步进设计法是一种系统化的设计方法，它有一套完整方法和步骤。它简单易学，设计周期短，规律性强，克服了经验法的试探性和随意性。

辅助继电器步进设计法具体步骤如下。

（1）仔细分析控制要求，将每一个控制要求细化为若干个独立的不可再分的状态，按照动作的先后顺序，将状态一一串在一起，形成工作流程。

（2）程序的结构分为辅助继电器控制部分和结果输出两部分，辅助继电器部分控制状态的顺序，程序输出由相应状态的辅助继电器驱动输出继电器组成。

辅助继电器步进设计法的优点：

1）系统化设计，思路清晰、明确。

2）结构化设计，将梯形图分为辅助继电器状态控制和结果输出两部分，结构清楚，层次分明，可读性好。

3）每个状态的梯形图相似，便于检查、修改和调试。

4）简单易学，设计时间短，实用性强。

辅助继电器控制工序部分依据启停控制函数设计。

根据 Y—△降压启动控制的状态转移图，找出状态继电器控制进入、退出条件，写出状态继电器的控制函数表达式。

状态 M0 的进入条件是初始化脉冲 M8002 或在状态 M11 时按下停止按钮，退出条件是 M10 被激活。

状态 M10 的进入条件是在状态 M0 时按下启动按钮，退出条件是 M21 被激活。

状态 M11 的进入条件是在状态 M10 时 T1 定时时间到，退出条件是 M0 被激活。

根据 Y—△降压启动控制的状态转移图写出状态继电器逻辑控制函数

$M0 = (M8002 + M0 + M11 \cdot X2) \cdot \overline{M10}$

$M10 = (M0 \cdot X1 + M10) \cdot \overline{M11}$

$M11 = (M10 \cdot T1 + M11) \cdot \overline{M0}$

输出逻辑控制函数

$Y1 = M10 + M11$

$Y2 = M10 \cdot \overline{Y3}$

$Y3 = M11 \cdot \overline{Y2}$

$T1 = M10$

梯形图程序如图 6-7 所示。

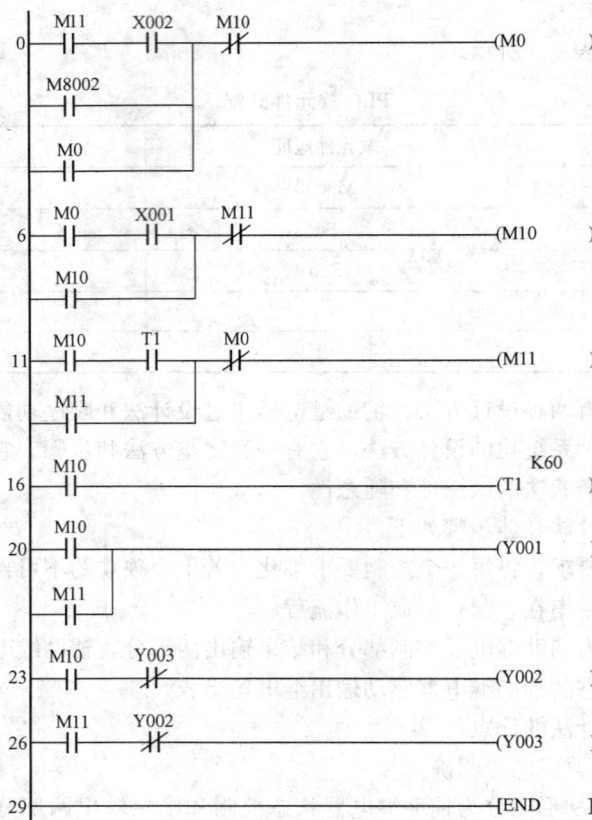

图 6-7　梯形图程序

技能训练

一、训练目标

（1）能够正确设计三相交流异步电动机的星—三角（Y—△）降压启动控制的 PLC 程序。

（2）能正确输入和传输 PLC 控制程序。

（3）能够独立完成三相交流异步电动机的星—三角（Y—△）降压启动控制线路的安装。

（4）按规定进行通电调试，出现故障时，应能根据设计要求进行检修，并使系统正常工作。

二、训练步骤与内容

1. 输入 PLC 程序

（1）PLC 输入、输出 I/O 分配。PLC 输入、输出 I/O 分配见表 6-4。

表 6-4   PLC 软元件分配

元件名称	软元件	作用
按钮 1	X1	启动
按钮 2	X2	停止
接触器 1	Y1	主控
接触器 2	Y2	星形运行
接触器 3	Y3	三角形运行

（2）PLC 其他软元件分配。PLC 其他软元件分配见表 6-5。

表 6-5   PLC 其他软元件分配

元件名称	软元件	作用
定时器	T1	定时
状态 0	S0	初始状态
状态 1	S10	星形运行状态
状态 2	S11	三角运行状态

（3）PLC 步进顺序控制分析。

1）状态转移分析。进入初始状态 S0 的条件：在状态 S21 时按下停止按钮 X2 或热继电器 X3 动作，或者初始化脉冲 M8002 出现。

退出初始状态 S0 的条件：按下启动按钮 X1。

进入星形运行状态 S10 的条件：在初始状态 S0 时按下启动按钮 X1。

退出星形运行状态 S10 的条件：定时器 T1 定时时间到，进入 S21 状态。

进入三角形运行状态 S11 的条件：在星形运行状态 S10 时定时器 T1 定时时间到。

退出三角形运行状态 S11 的条件：按下停止按钮 X2，返回 S0 状态。

2）驱动分析。定时器 T1 在 S10 状态时定时。接触器 Y1 在 S10、S11 两状态被驱动。接触器 Y2 仅在 S10 状态被驱动。接触器 Y3 仅在 S11 状态被驱动。

（4）画出 PLC 梯形图。根据状态转移图和驱动函数可以画出 PLC 梯形图。

（5）输入图 6-8 所示的初始状态 S0 控制程序。

（6）输入图 6-9 所示星形运行状态 S20 控制程序。

（7）输入图 6-10 所示三角—星形运行状态 S21 控制程序。

（8）输入图 6-11 所示的定时器 T1 和接触器 Y2 的控制程序。

（9）输入图 6-12 中的主控接触器 Y1 控制程序。

（10）输入图 6-13 中的接触器 Y3 控制程序。

2. 系统安装与调试

（1）主电路按图 6-1 所示的主电路接线。

（2）PLC 按图 6-6 所示接线。

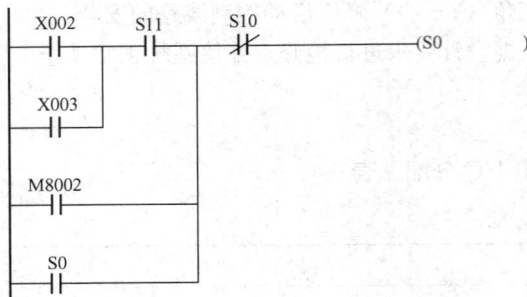

图 6-8　初始状态 S0 控制程序

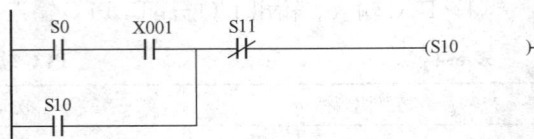

图 6-9　星形运行状态 S10 控制程序

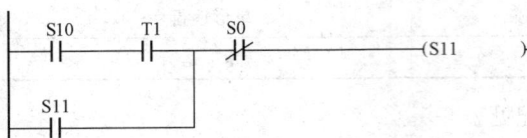

图 6-10　三角—星形运行状态 S11 控制程序

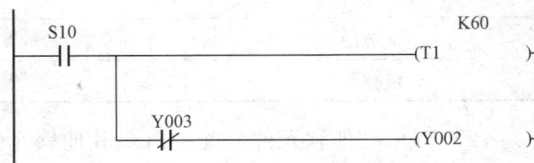

图 6-11　定时器 T1 和接触器 Y2 控制程序

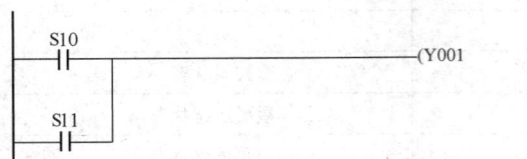

图 6-12　主控接触器 Y1 控制程序

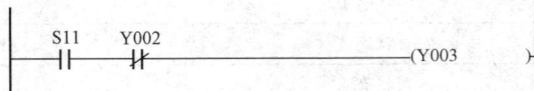

图 6-13　接触器 Y3 控制程序

（3）将 PLC 控制程序下载到 PLC。

（4）使 PLC 处于连线运行状态。

（5）按下启动按钮 SB1，观察状态元件 S0、S10、S11 的状态，观察 PLC 的输出点 Y1、Y2，观察电动机的星形启动运行状况。

（6）等待 6s，观察状态元件 S0、S10、S11 的状态，观察 PLC 的输出点 Y1、Y3，观察电动机的三角形运行状况。

（7）按下停止按钮 SB2，观察状态元件 S0、S10、S11 的状态，观察 PLC 的输出点 Y1、Y2、Y3，观察电动机是否停止。

任务 10　简易机械手控制

🧑 任务分析

1. 控制要求

如图 6-14 所示，简易机械手由气动爪、水平移动机械手、垂直移动机械手、阀岛、水平移动限位开关、垂直限位开关、FX$_{3U}$ 系列 PLC、电源模块、按钮模块等组成。

机械手的原点位置：

垂直移动机械手在垂直方向处于上端极限位。

水平机械手处于右端极限位。

气动爪处于放松状态。

（1）按下停止按钮，机械手停止。

（2）停止状态下按下回原点按钮，机械手回原点。

（3）回原点结束后按下启动按钮，垂直移动机械手下移，到位后，夹紧工件，垂直移动机械手上移。上移到位，水平移动机械手左移，左移到位，垂直移动机械手下降，下降到位，放松工件，垂直移动机械手上升，到位后，水平移动机械手右移，右移到位，完成一次单循环。

（4）如果是自动循环运行，以上流程结束后，再自动重复步骤（3）开始的流程。

图 6-14　简易机械手

2. 自动运行的状态转移图

PLC输入、输出I/O分配见表6-6。

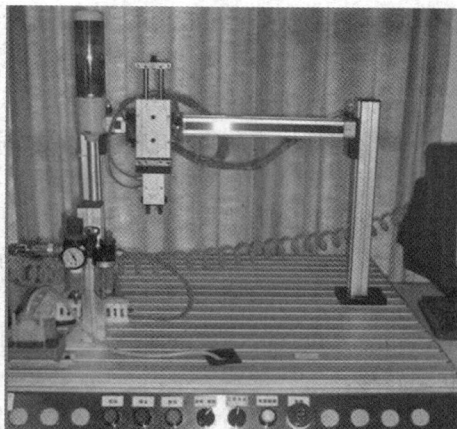

表 6-6　　　　　　　　　　　PLC 输入、输出 I/O 分配

元件名称	软元件	作用
按钮1	X1	启动按钮
按钮2	X2	停止按钮
按钮3	X3	回原位按钮
开关1	X4	选择开关
开关2	X5	下限位
开关3	X6	上限位
开关4	X7	右限位
开关5	X10	左限位
指示灯1	Y1	绿灯
指示灯2	Y2	红灯
电磁阀1	Y3	右移
电磁阀2	Y4	左移
电磁阀3	Y5	下降
电磁阀4	Y6	上升
电磁阀5	Y7	夹紧

其他软元件分配见表6-7。

表 6-7　　　　　　　　　　　PLC 其他软元件分配

元件名称	软元件	作用
状态0	S0	初始
状态1	S1	回原点
状态20	S20	下降
状态21	S21	夹紧
状态22	S22	上升
状态23	S23	左移
状态24	S24	下降
状态25	S25	放松
状态26	S26	上升
状态27	S27	右移

任务 10

自动运行的状态转移图如图 6-15 所示。

3. 用置位、复位指令实现的状态转移控制

进入状态、状态转移使用置位指令，退出状态使用复位指令。

用置位、复位指令实现的状态转移控制的三步操作如下。

(1) 应用复位指令复位上一步状态。

(2) 应用输出驱动指令驱动输出。

(3) 转移条件满足时，应用置位指令转移到下一步。

如图 6-16 所示，转移进入状态 S25 时，首先使用复位指令复位上一步状态 S24。接着执行驱动输出指令复位 Y7，执行定时器指令定时 2s。定时时间到，使用置位指令置位下一步状态，完成状态转移。

为了避免双线圈驱动，在步进程序中将多个状态要驱动输出的点放到步进程序之外，通过状态继电器驱动步进程序外的输出点。如图 6-17 所示，在状态 S20、S24 两状态要驱动输出的点 Y5 放到步进程序外，由状态继电器 S20、S24 并联驱动。也可以在状态 S20 中驱动辅助继电器 A，在状态 S24 中驱动辅助继电器 B，在步进程序外，通过辅助继电器 A、B 的触点并联驱动输出点 Y5。

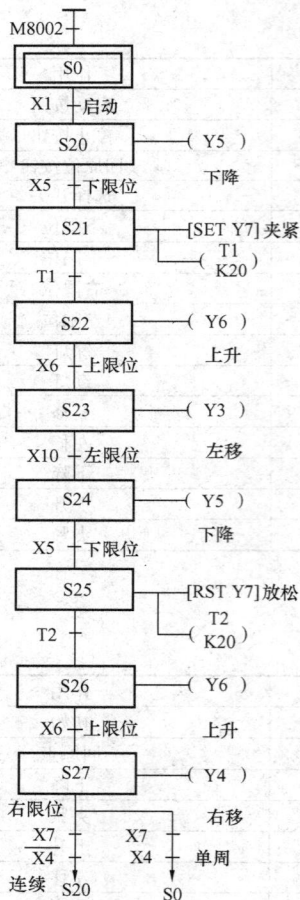

图 6-15　自动运行的状态

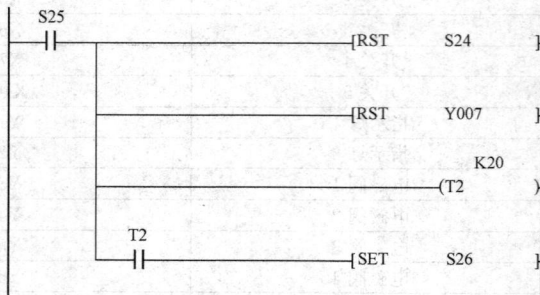

图 6-16　状态
转移图

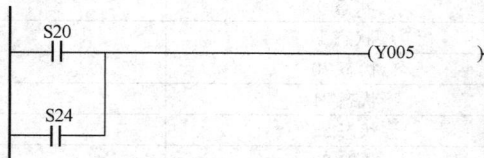

图 6-17　避免双线圈驱动

技能训练

一、训练目标

(1) 能够正确设计简易机械手控制的 PLC 程序。

(2) 能正确输入和传输 PLC 控制程序。

(3) 能够独立完成简易机械手控制线路的安装。

(4) 按规定进行通电调试，出现故障时，应能根据设计要求进行检修，并使系统正常工作。

二、训练步骤与内容

1. 设计 PLC 程序

(1) 分配 PLC 输入、输出端。

(2) 配置 PLC 状态软元件。

(3) 根据控制要求，画出机械手自动运行状态转移图。

(4) 设计回原点程序。

(5) 设计停止复位程序。

2. 输入 PLC 程序

(1) 输入图 6-18 所示的回原点程序。

(2) 输入图 6-19 所示的停止复位程序。

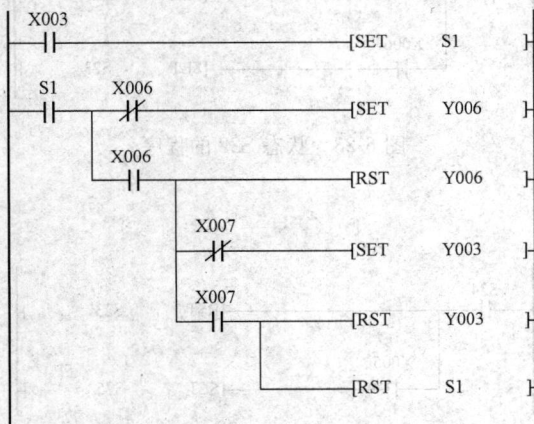

图 6-18　回原点

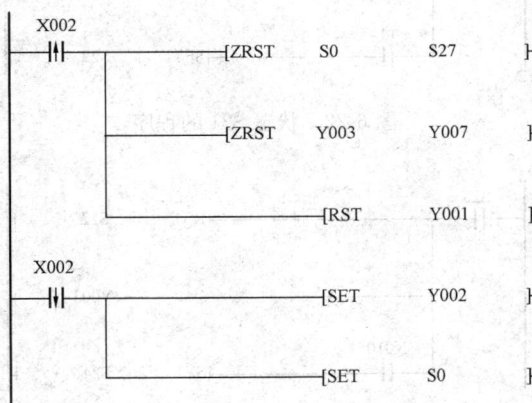

图 6-19　停止复位程序

(3) 输入图 6-20 所示的状态 S0 的程序。

(4) 输入图 6-21 所示的状态 S20 的程序。

(5) 输入图 6-22 所示的状态 S21 的程序。

(6) 输入图 6-23 所示的状态 S22 的程序。

(7) 输入图 6-24 所示的状态 S23 的程序。

(8) 输入图 6-25 所示的状态 S24 的程序。

(9) 输入图 6-26 所示的状态 S25 的程序。

(10) 输入图 6-27 所示的状态 S26 的程序。

(11) 输入图 6-28 所示的状态 S27 的程序。

(12) 输入图 6-29 所示的 Y5、Y6 的驱动程序。

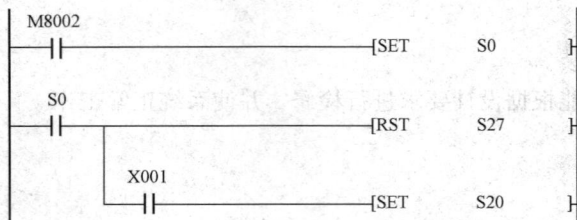

图 6-20　状态 S0 的程序

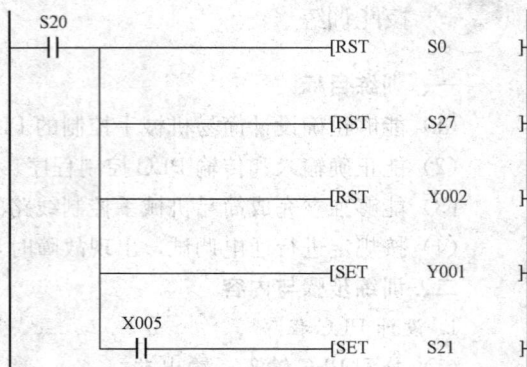

图 6-21　状态 S20 的程序

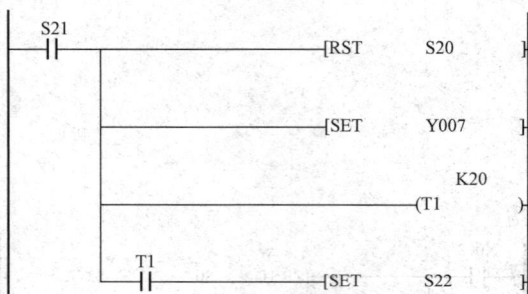

图 6-22　状态 S21 的程序

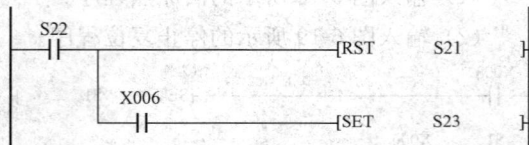

图 6-23　状态 S22 的程序

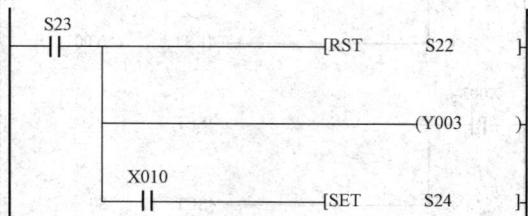

图 6-24　状态 S23 的程序

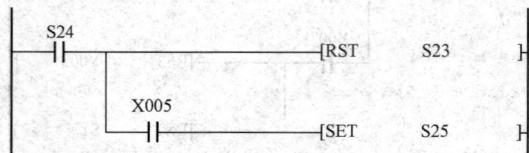

图 6-25　状态 S24 的程序

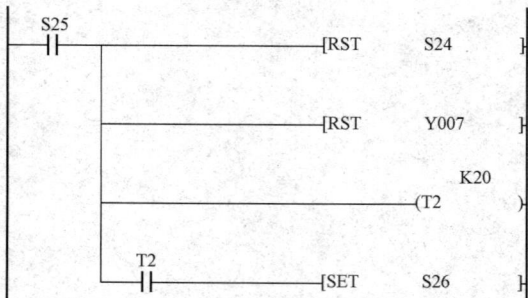

图 6-26　状态 S25 的程序

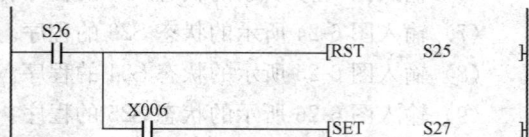

图 6-27　状态 S26 的程序

任务
10

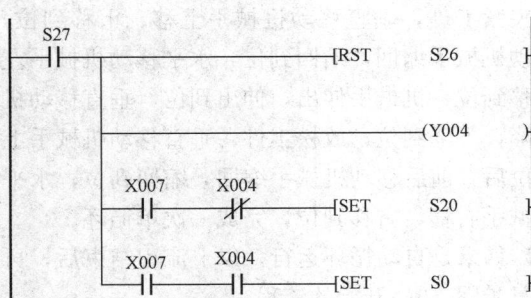

图 6-28　状态 S27 的程序　　　　　　　图 6-29　Y5、Y6 的驱动程序

3. 系统安装与调试

（1）根据 PLC 输入、输出端 I/O 分配画出 PLC 接线图。

（2）按 PLC 接线图接线。

（3）将 PLC 程序下载到 PLC。

（4）使 PLC 处于运行状态。

（5）按下停止按钮，观察状态元件 S0～S27 的状态。观察 PLC 的所有输出点的状态。

（6）按下回原点按钮，观察机械手回原点的运行过程。

（7）按下启动按钮 SB1，观察自动运行状态的变化，观察 PLC 的所有输出点的变化。

（8）切换选择开关 X4，按下启动按钮，观察单周运行状态变化。

（9）按下停止按钮，让机械手在任意位置停止。

（10）按回原点按钮，观察机械手能否回原点。

习　题　6

1. 简易机械手增加暂停功能

即第一次短时间（小于 0.5s）按下停止按钮时，机械手暂停，再短时间按一次停止按钮时，机械手继续运行，长时间按下停止按钮时，机械手停止运行，简易机械手其他控制功能不变。根据上述控制要求，设计简易机械手控制程序。

2. 三轴机械手控制

如图 6-30 所示，三轴机械手控制由前后移动机械手、水平移动机械手、垂直移动机械手、阀岛、水平移动限位开关、垂直限位开关、气动爪、FX$_{3U}$ 系列 PLC、电源模块、按钮模块等组成。

机械手原点位置：

前后移动机械手处于后端极限位。

垂直移动机械手在垂直方向处于下端极限位。

水平旋转机械手处于反转极限位。

气动爪处于放松状态。

控制要求如下。

（1）按下停止按钮，系统停止。

（2）停止状态下按下回原点按钮，系统回原点。

（3）回原点结束后按下启动按钮，前后移动机械手伸出，伸出到位，垂直移动机械手下移，

图 6-30 三轴机械手

到位后夹紧工件，垂直移动机械手上移。上移到位，前后移动机械手缩回，缩回到位，水平移动机械手左移，左移到位，机械手伸出，伸出到位，垂直移动机械手下降，下降到位，放松工件，垂直移动机械手上升，到位后，前后移动机械手缩回，缩回到位，水平移动机械手右移，右移到位，完成一次单循环。

（4）如果是自动循环运行，以上流程结束后，再自动重复步骤（3）开始的流程。

根据上述控制要求，设计 PLC 程序，并上机调试，完成三轴机械手控制任务。

3. 手指旋转机械手控制

如图 6-31 所示，手指旋转机械手由前后移动机械手、手指夹持、旋转控制系统、垂直升降移动机械手、阀岛、前后移动限位开关、垂直限位开关、正反转限位开关、气动爪、FX$_{3U}$ 系列 PLC、电源模块、按钮模块等组成。

机械手原点位置：

前后移动机械手处于后端极限位。

垂直移动机械手在垂直方向处于下端极限位。

水平旋转机械手处于反转极限位。

气动爪处于放松状态。

控制要求如下。

（1）按下停止按钮，系统停止。

（2）按下回原点按钮，系统回原点。

（3）回原点结束后按下启动按钮，垂直移动机械手上升，上升到位，水平移动机械手伸出，伸出到位，垂直移动机械手垂直下移，到位后夹紧工件，手指正转，正转到位，垂直移动机械手上移。上移到位，水平移动机械手缩回，缩回到位，垂直移动机械手下降，下降到位，手指反转，反转到位，放松工件，完成一次单循环。

（4）如果是自动循环运行，以上流程结束后，再自动重复步骤（3）开始的流程。

图 6-31 手指旋转机械手

根据上述控制要求，设计 PLC 程序，并上机调试，完成手指旋转机械手控制任务。

项目七　交通灯控制

学习目标

（1）学会用 PLC 定时器实现交通灯控制。
（2）学会输入、编辑三菱 PLC 的顺控功能图程序。
（3）学会使用三菱 PLC 的步进顺控指令。
（4）学会用 PLC 定时器、计数器实现交通灯控制。

任务 11　定时控制交通灯

基础知识

一、任务分析

1. 控制要求

交通信号灯控制系统示意图如图 7-1 所示。

（1）按下启动按钮，交通信号灯控制系统开始周而复始循环工作。

（2）交通信号灯控制系统的控制要求时序图如图 7-2 所示。

（3）按下停止按钮系统，停止工作。

2. 控制要求分析

交通信号灯控制系统是一个时间顺序控制系统，可以采用定时器指令进行编程控制。

设置十个定时器控制交通信号灯，定时器 T1～T6 的工作时序如图 7-3 所示。

绿灯 1 闪烁使用定时器 T7、T8 控制。

绿灯 2 闪烁使用定时器 T9、T10 控制。

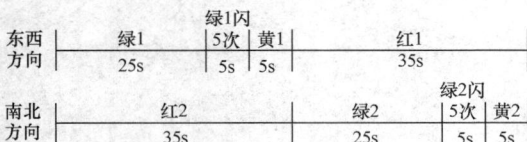

图 7-1　交通信号灯控制系统示意图

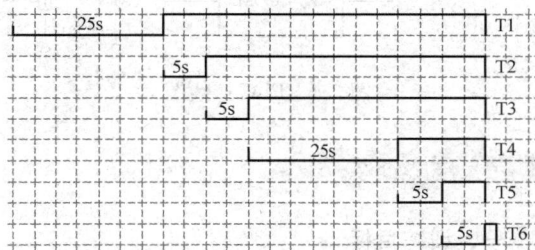

图 7-2　交通信号灯控制时序图

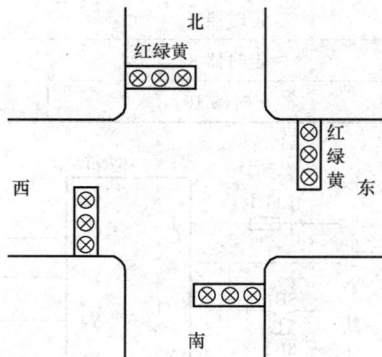

图 7-3　定时器工作时序图

115

二、PLC 控制

1. 控制函数

PLC 软元件分配见表 7-1。

表 7-1   **PLC 软元件分配**

元件名称	软元件	作用
按钮 1	X1	启动
按钮 2	X2	停止
辅助继电器	M1	系统控制
绿灯 1	Y1	绿灯 1 控制
黄灯 1	Y2	黄灯 1 控制
红灯 1	Y3	红灯 1 控制
绿灯 2	Y4	绿灯 2 控制
黄灯 2	Y5	黄灯 2 控制
红灯 2	Y6	红灯 2 控制
定时器 1	T1	定时
定时器 2	T2	定时
定时器 3	T3	定时
定时器 4	T4	定时
定时器 5	T5	定时
定时器 6	T6	定时
定时器 7	T7	定时
定时器 8	T8	定时
定时器 8	T9	定时
定时器 10	T10	定时

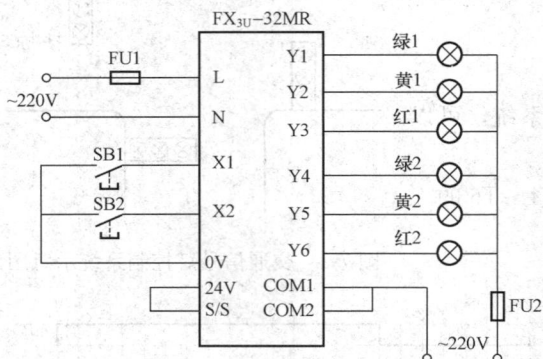

图 7-4 PLC 接线图

控制函数

$$M1 = (X1 + M1) \cdot \overline{X2}$$
$$Y1 = M1 \cdot \overline{T1} + T1 \cdot \overline{T2} \cdot T7$$
$$Y2 = T2 \cdot \overline{T3}$$
$$Y3 = T3$$
$$Y4 = T3 \cdot \overline{T4} + T4 \cdot \overline{T5} \cdot T9$$
$$Y5 = T5 \cdot \overline{T6}$$
$$Y6 = M1 \cdot \overline{T3}$$

2. PLC 接线图

PLC 接线图如图 7-4 所示。

技能训练

一、训练目标

（1）能够正确设计定时控制交通灯的 PLC 程序。

（2）能正确输入和传输 PLC 控制程序。

（3）能够独立完成定时控制交通灯线路的安装。

（4）按规定进行通电调试，出现故障时，应能根据设计要求进行检修，并使系统正常工作。

二、训练步骤与内容

1. 设计、输入 PLC 程序

（1）分配 PLC 输入、输出端。

（2）配置 PLC 定时器软元件。

（3）输入图 7-5 所示的系统启停控制程序。

（4）输入图 7-6 所示的定时器 T1～T10 控制程序。

定时器 T1 的定时控制条件：$M1 \cdot \overline{T6}$

定时器 T2 的定时控制条件：$T1$

定时器 T2 的定时控制条件：$T2$

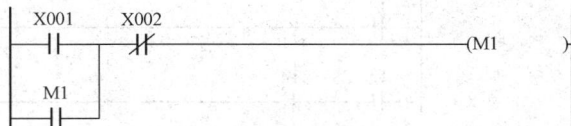

图 7-5 系统启停控制

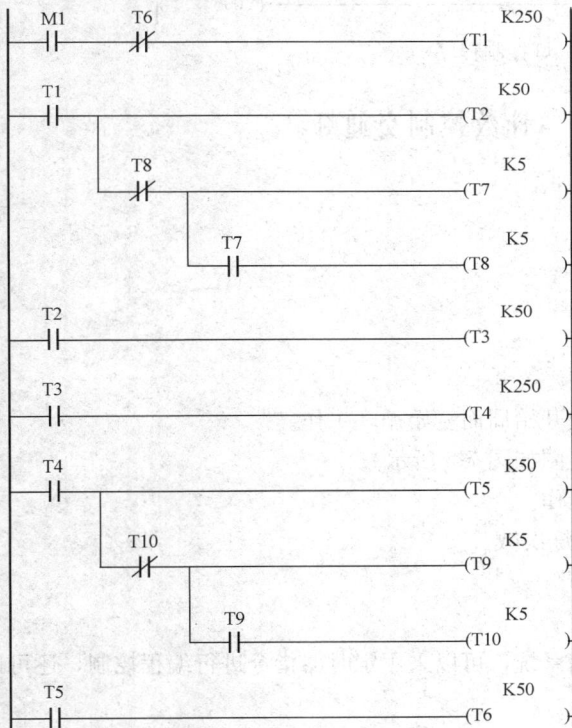

图 7-6 定时器 T1～T10 控制程序

定时器 T4 的定时控制条件：$T3$

定时器 T5 的定时控制条件：$T4$

定时器 T6 的定时控制条件：$T5$

定时器 T7 的定时控制条件：$T1 \cdot \overline{T8}$

定时器 T8 的定时控制条件：$T1 \cdot \overline{T8} \cdot T7$

定时器 T9 的定时控制条件：$T4 \cdot \overline{T10}$

定时器 T10 的定时控制条件：$T1 \cdot \overline{T10} \cdot T9$

（5）输入图 7-7 所示的灯控制程序。

绿灯 1 控制函数 $Y1 = M1 \cdot \overline{T1} + T1 \cdot \overline{T2} \cdot T7$

黄灯 1 控制函数 $Y2 = T2 \cdot \overline{T3}$

红灯 1 控制函数 $Y3 = T3$

绿灯 2 控制函数 $Y4 = T3 \cdot \overline{T4} + T4 \cdot \overline{T5} \cdot T9$

黄灯 2 控制函数 $Y5 = T5 \cdot \overline{T6}$

红灯 2 控制函数 $Y6 = M1 \cdot \overline{T3}$

2. 系统安装与调试

（1）PLC 按图 7-4 接线。

（2）将 PLC 程序下载到 PLC。

（3）使 PLC 处于运行状态。

（4）按下启动按钮 SB1，观察 PLC 的输出点 Y1～Y6 的状态变化。

（5）观察所有定时器的变化，记录各灯点亮的时间，绿灯闪烁的时间。

（6）按下停止按钮，观察 PLC 的输出点 Y1～Y6 的状态，观察所有定时器的计时值，观察交通灯的变化。

任务
11

```
M1    T1
─┤├───┤/├──────────────────────────────────(Y001)

T1    T2    T7
─┤├───┤/├──┤├─

T2    T3
─┤├───┤/├──────────────────────────────────(Y002)

T3
─┤├────────────────────────────────────────(Y003)

T3    T4
─┤├───┤/├──────────────────────────────────(Y004)

T4    T5    T9
─┤├───┤/├──┤├─

T5    T6
─┤├───┤/├──────────────────────────────────(Y005)

M1    T3
─┤├───┤/├──────────────────────────────────(Y006)
```

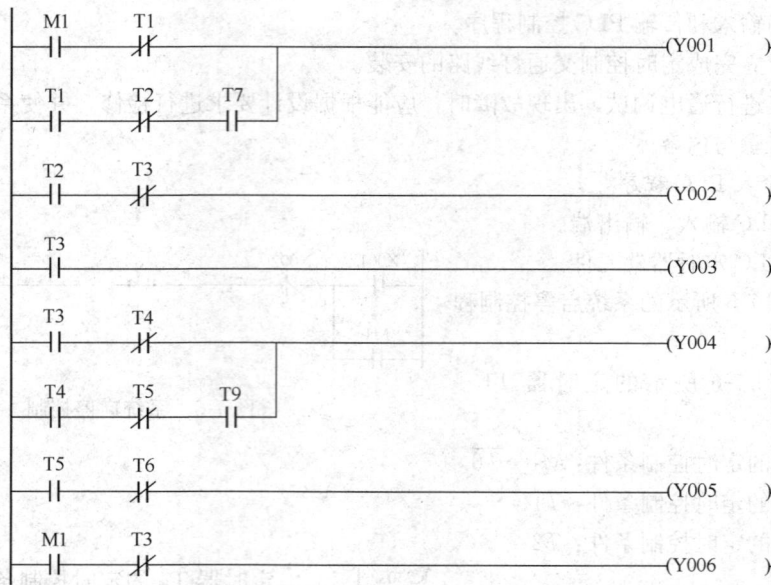

图 7-7　灯控制程序

任务 12　步进、计数控制交通灯

📖 **基础知识**

一、任务分析

1. 控制要求

交通信号灯控制系统示意图如图 7-1 所示。

(1) 按下启动按钮，交通信号灯控制系统开始周而复始循环工作。

(2) 交通信号灯控制系统的控制要求时序图如图 7-2 所示。

(3) 使用步进顺序控制方法控制交通灯工作。

(4) 使用计数器控制绿灯 1、绿灯 2 的闪烁次数。

(5) 按下停止按钮，系统停止工作。

2. 控制分析

交通信号灯控制系统是一个时间顺序控制系统，可以采用定时器指令进行编程控制，还可以使用步进顺序控制方法进行控制。

根据控制要求，可以画出图 7-8 所示的步进、计数控制交通灯的状态转移图。

二、PLC 步进顺控指令

1. FX$_{3U}$ 系列 PLC 的状态元件

状态元件是构成状态流程图的基本元素，FX$_{3U}$ 系列 PLC 共有 1000 个状态元件，其分类、编号、数量及用途见表 7-2。

表 7-2　　　　　　　　　　　　　　FX$_{3U}$ 系列 PLC 的状态元件

类别	编号	数量	用途
初始状态	S0～S9	10	设置初始状态

续表

类别	编号	数量	用途
回原点状态	S10～S19	10	返回原点控制
一般状态	S20～S499	480	用作步进顺控中间状态
掉电保持状态	S500～S899	400	用于停电恢复后继续运行的系列状态
报警状态	S900～S999	100	用于信号报警

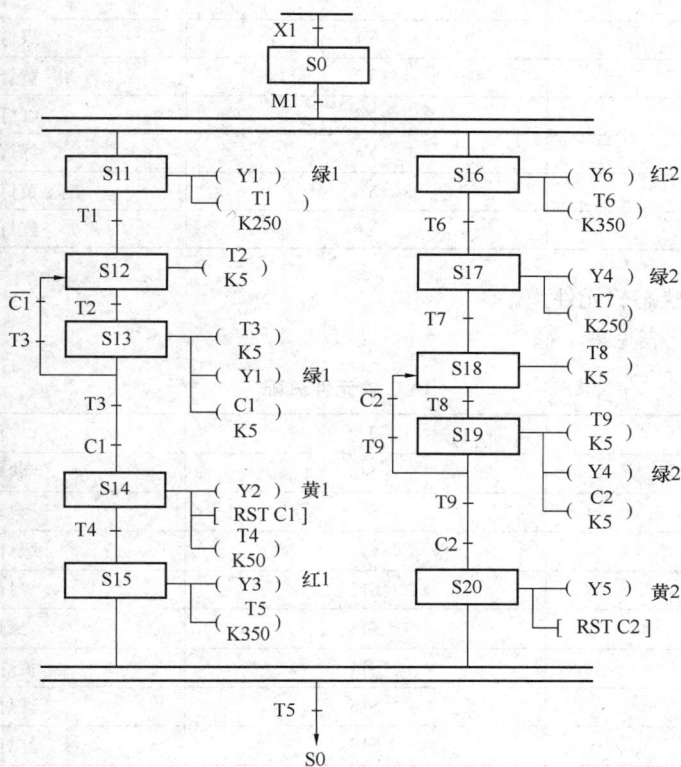

图 7-8 步进、计数控制交通灯的状态转移图

2. 步进顺控指令

步进接点指令 STL 的作用在于激活某个步进状态，建立该状态的子母线，使该状态的所有操作均在子母线上进行，在梯形图上为从母线上引出的状态接点。

步进返回指令 RET 用于返回主母线，状态程序的结尾必须使用 RET 指令。步进顺控程序执行结束，非状态程序在主母线上完成，防止出现逻辑错误。

技能训练

一、训练目标

（1）能够正确设计步进、计数控制交通灯的 PLC 程序。

（2）能正确输入和下载 PLC 控制程序。

（3）能够独立完成定时控制交通灯线路的安装。

（4）按规定进行通电调试，出现故障时，应能根据设计要求进行检修，并使系统正常工作。

二、训练步骤与内容

1. 设计 PLC 程序

（1）分配 PLC 的软元件。PLC 输入、输出端分配见表 7-3。

表 7-3   **PLC 输入、输出端分配**

元件名称	软元件	作用
按钮 1	X1	启动
按钮 2	X2	停止
绿灯 1	Y1	绿灯 1 控制
黄灯 1	Y2	黄灯 1 控制
红灯 1	Y3	红灯 1 控制
绿灯 2	Y4	绿灯 2 控制
黄灯 2	Y5	黄灯 2 控制
红灯 2	Y6	红灯 2 控制

（2）配置 PLC 状态软元件。

PLC 软元件分配表见表 7-4。

表 7-4   **PLC 软元件分配**

元件名称	符号	作用
初始状态	S0	状态准备
状态 10	S10	自动运行
状态 11	S11	绿灯 1 控制
状态 12	S12	绿灯 1 熄灭
状态 13	S13	绿灯闪烁
状态 14	S14	黄灯 1 控制
状态 15	S15	红灯 1 控制
状态 16	S16	红灯 2 控制
状态 17	S17	绿灯 2 控制
状态 18	S18	绿灯 2 熄灭
状态 19	S19	绿灯 2 闪烁
状态 20	S20	黄灯 2 控制
定时器 1	T1	定时
定时器 2	T2	定时
定时器 3	T3	定时
定时器 4	T4	定时
定时器 5	T5	定时
定时器 6	T6	定时
定时器 7	T7	定时
定时器 8	T8	定时
定时器 9	T9	定时
计数器 1	C1	计数
计数器 2	C2	计数

任务
12

（3）根据交通灯的步进、计数控制要求设计交通灯状态转移图。

（4）根据交通灯状态转移图画出 PLC 梯形图。

2. 输入 PLC 程序

（1）启动 GPPW 编程软件。

（2）创建新工程。如图 7-9 所示，在新建工程对话框中，设置 PLC 系列为"FXCPU"，PLC 类型为"FX₃U（C）"，选择程序类型为"SFC"步进顺控功能图程序，选择工程保存路径，设置工程名"交通灯"。

（3）按"确定"按钮，弹出是否新建工程询问对话框。

（4）按"是"按钮，确定建立新工程，进入图 7-10 所示的 SFC 编程界面。

图 7-9　创建新工程

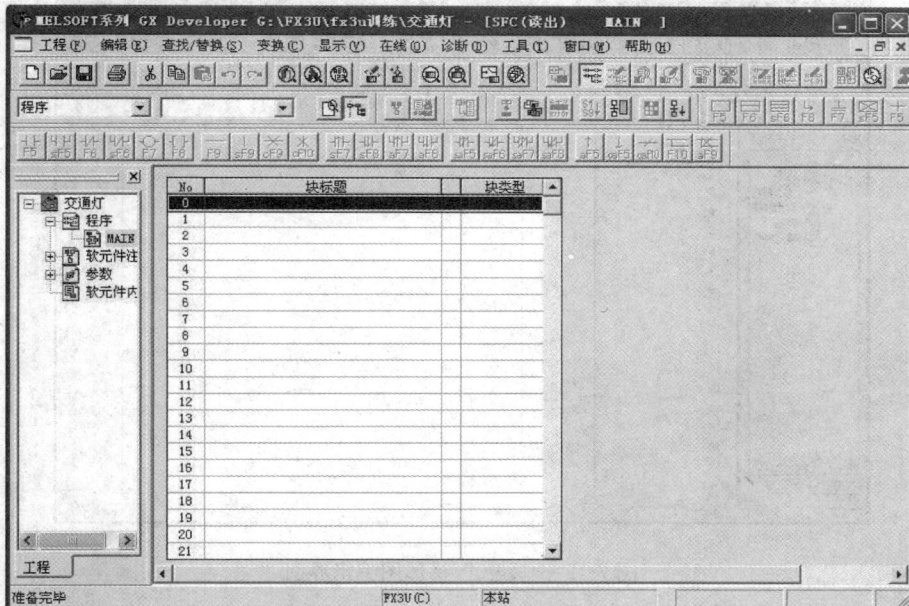

（5）双击块 0 行，弹出图 7-11 所示的"块 0"设置对话框。

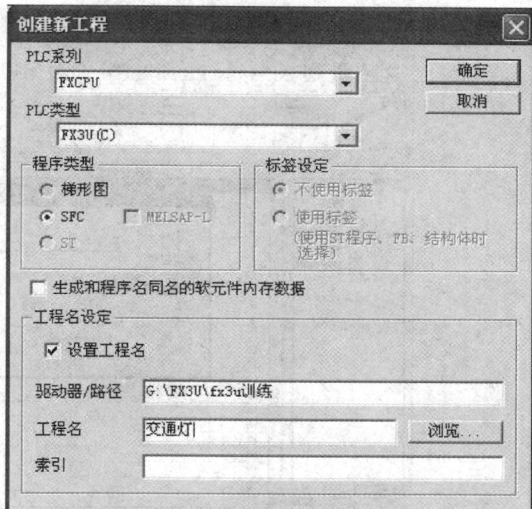

图 7-10　SFC 编程界面

（6）在对话框中选择块类型为"梯形图块"，按"执行"按钮，进入图 7-12 所示的块 0 梯形图编辑界面。

（7）在梯形图界面输入图 7-13 所示的梯形图。

（8）如图 7-14 所示，双击工程数据列表窗口的"程序"目录下的"MAIN"，回到块标题设置界面。

（9）双击块 1 行，弹出图 7-15 所示的"块 1"设置对话框。

（10）在对话框中选择块类型为"SFC 块"，按"执行"按钮，进入图 7-16 所示块 1 的 SFC 编辑界面。

任务
12

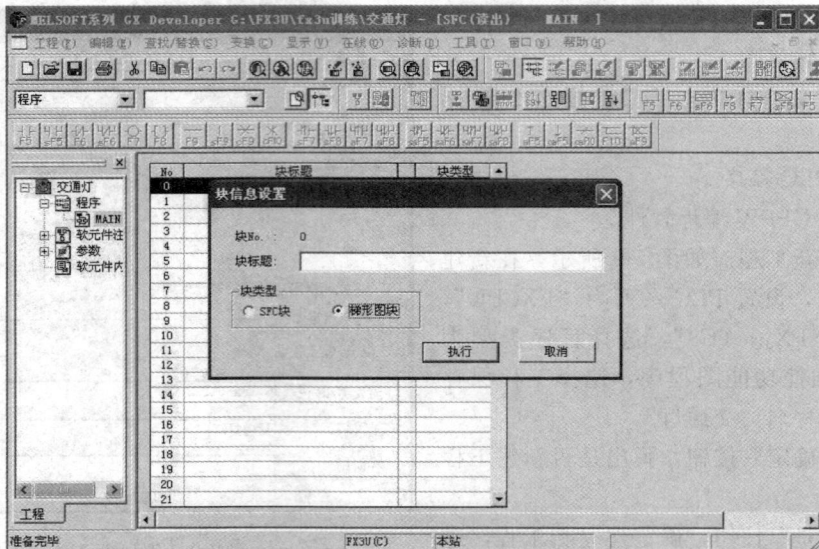

图 7-11　"块 0"设置对话框

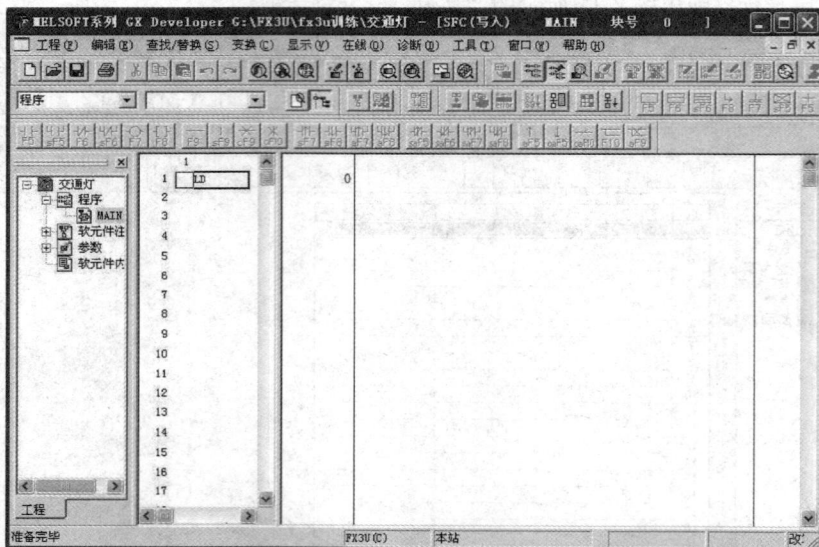

图 7-12　"块 0"梯形图编辑界面

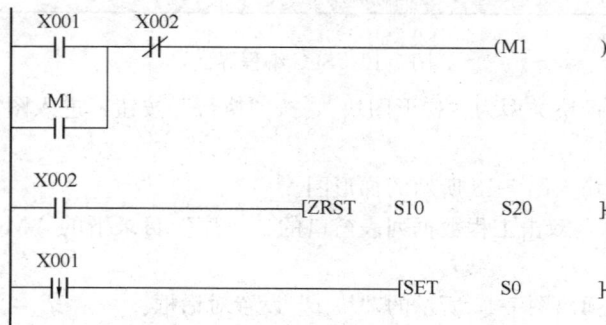

图 7-13　输入梯形图

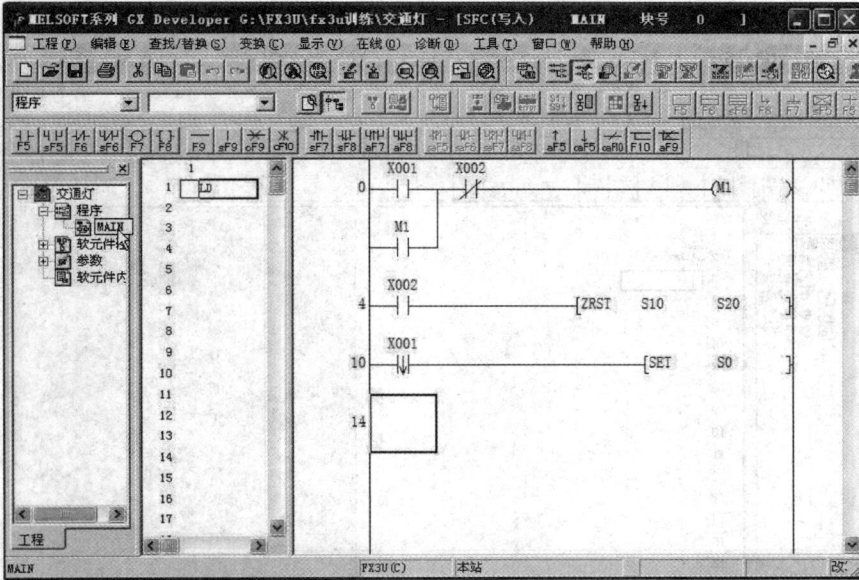

图 7-14 双击 MAIN

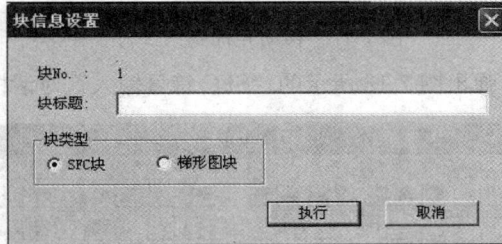

图 7-15 "块 1"设置对话框

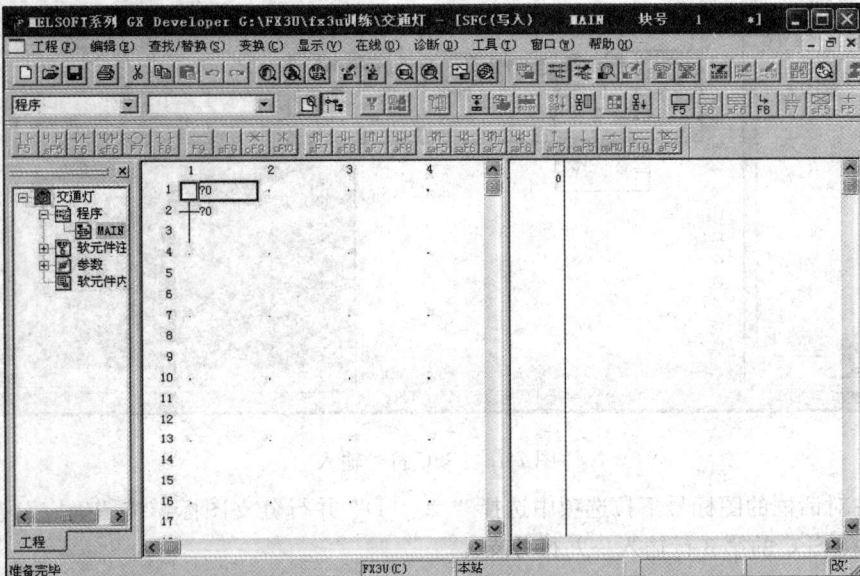

图 7-16 块 1 的 SFC 编辑界面

（11）如图 7-17 所示，鼠标箭头点击第三行或移动光标至 SFC 的第 3 行。

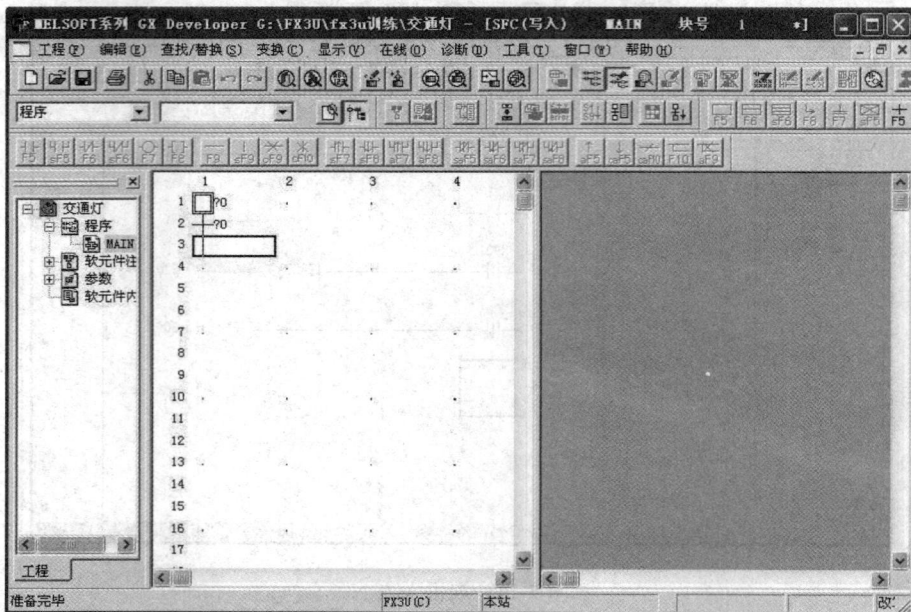

图 7-17　移动光标到第 3 行

（12）按功能键"F5"，弹出图 7-18 所示的"SFC 符号输入"对话框。

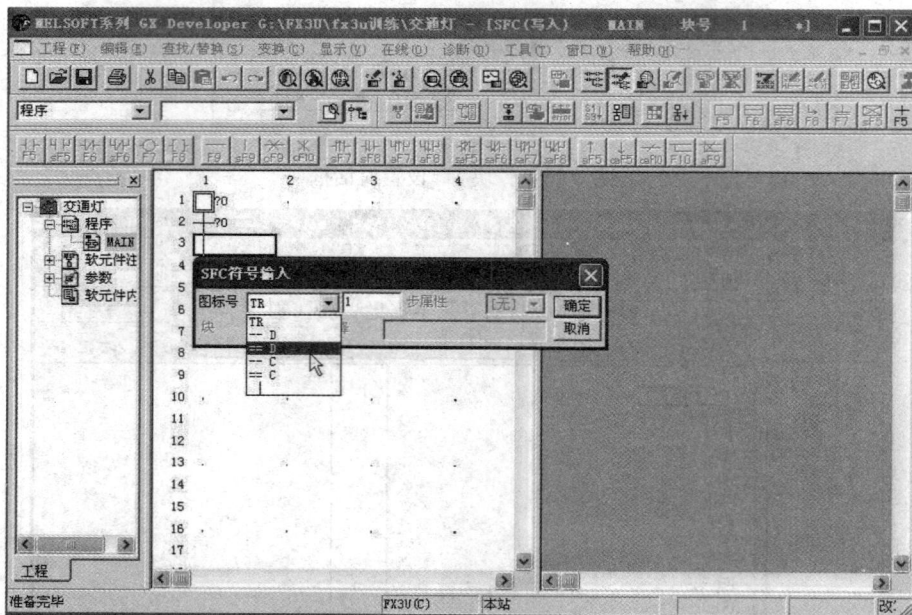

图 7-18　SFC 符号输入

（13）在对话框的图标号下拉选项中选择"＝＝ D"并行分支图标，按"确定"按钮，如图 7-19 所示，在 SFC 的第 3 行输入一并行分支。

（14）按功能键"F5"，弹出图 7-20 所示的"SFC 符号输入"对话框。

（15）在对话框的图标号下拉选项中选择"STEP"步，在其右边步状态号中输入"11"，按

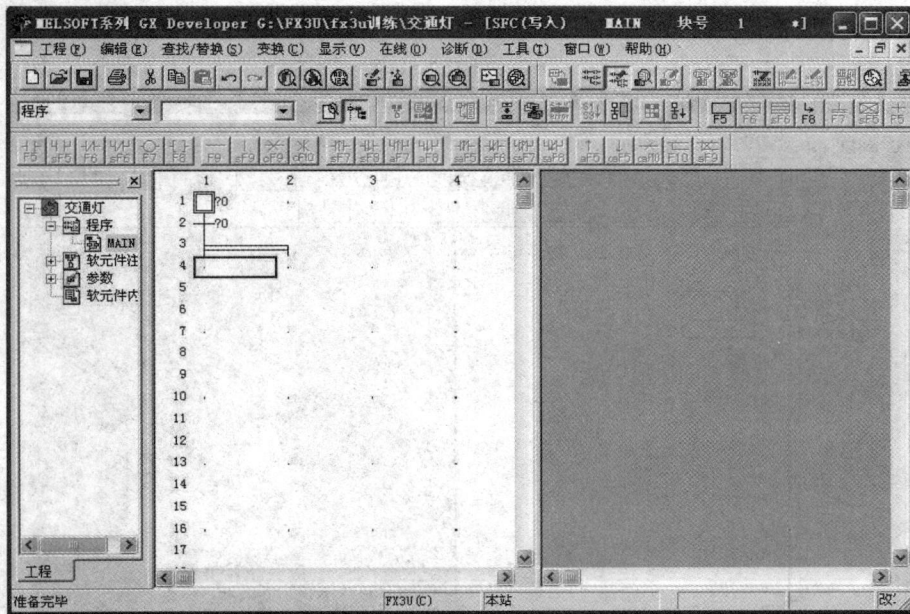

图 7-19 输入一并行分支

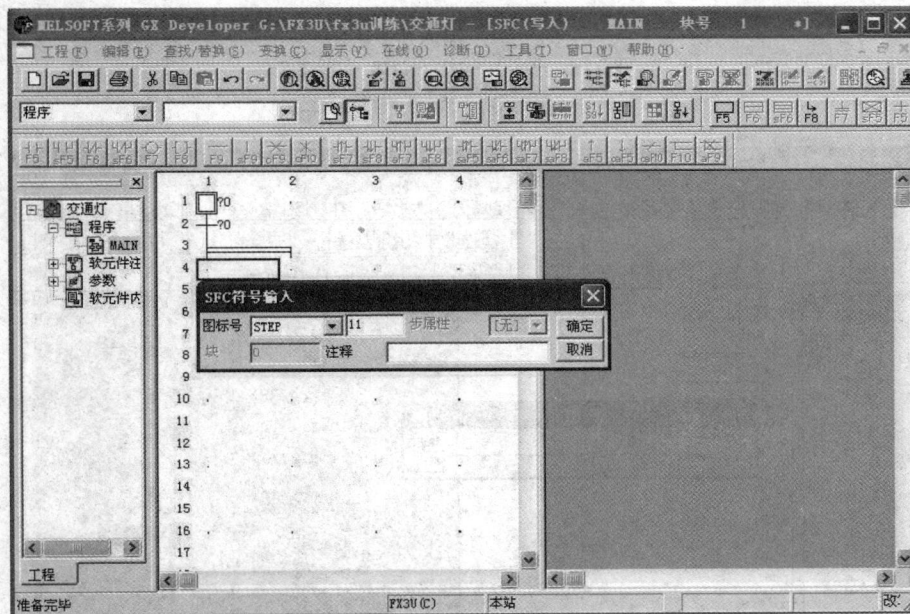

图 7-20 SFC 符号输入对话框

"确定"按钮,如图 7-21 所示,在 SFC 的第 4 行输入步 11。

(16) 按功能键"F5",弹出图 7-22 所示步转移的"SFC 符号输入"对话框。

(17) 按"确定"按钮,如图 7-23 所示,在 SFC 的第 5 行输入转移 1。

(18) 用类似的方法输入步 12 至步 15,输入步转移 2 至 4。

(19) 如图 7-24 所示,在第二列用类似的方法输入步 16 至步 20,输入步转移 5 至 8。

(20) 光标移到第 15 步下面第 17 行。

125

图 7-21　输入步 11

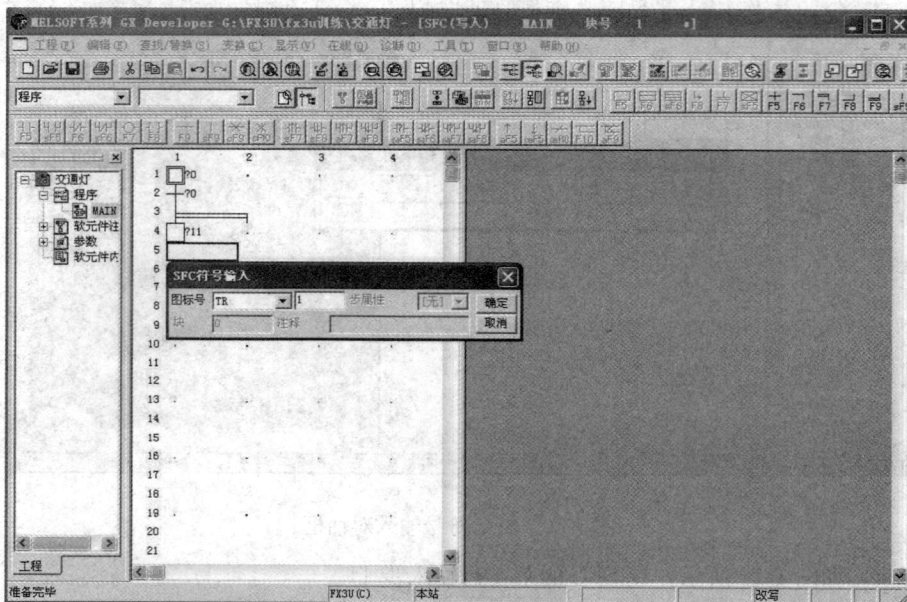

图 7-22　步转移对话框

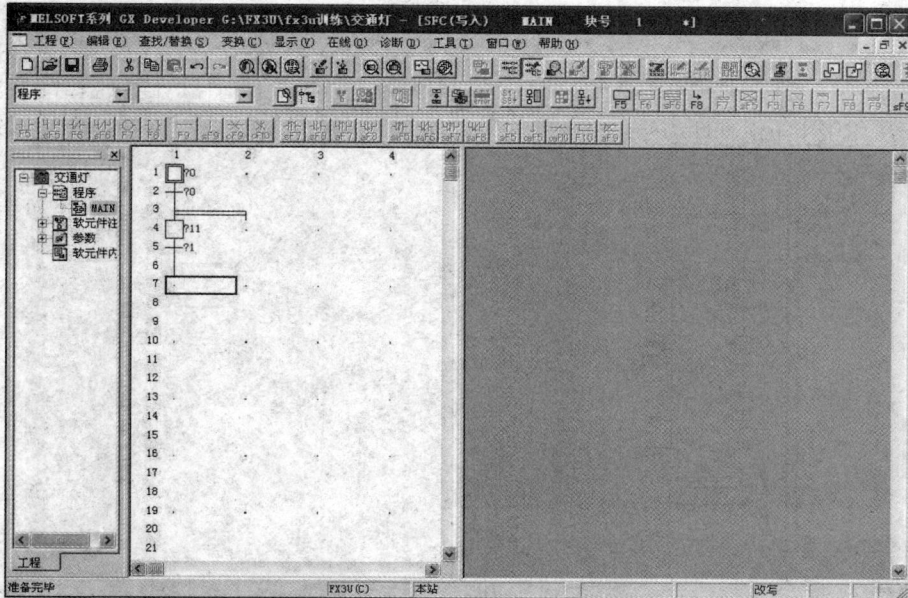

图 7-23 输入转移 1

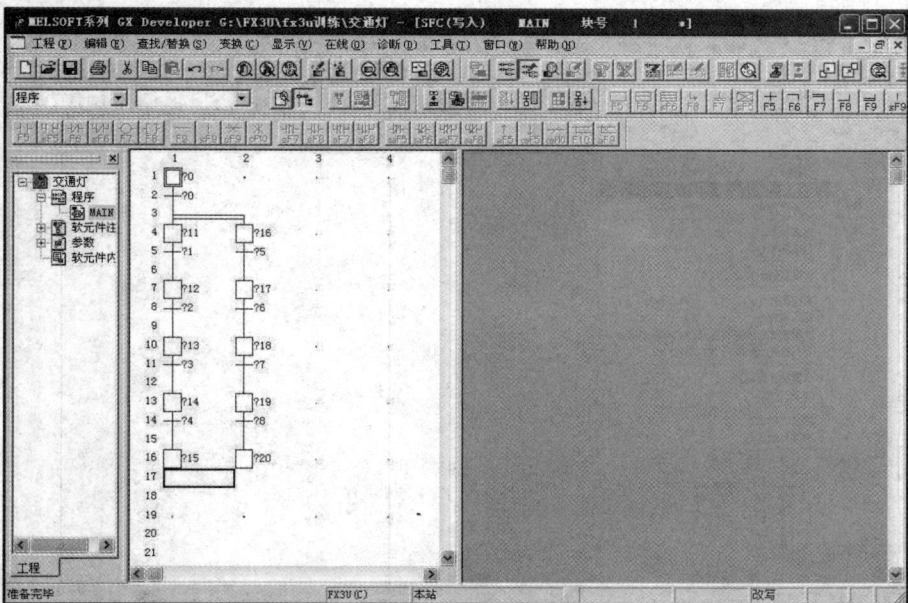

图 7-24 输入步转移 5 至 8

（21）按功能键"F9"，弹出并行汇合的"SFC 符号输入"对话框，按"确定"按钮，如图 7-25 所示，输入并行汇合分支符号。

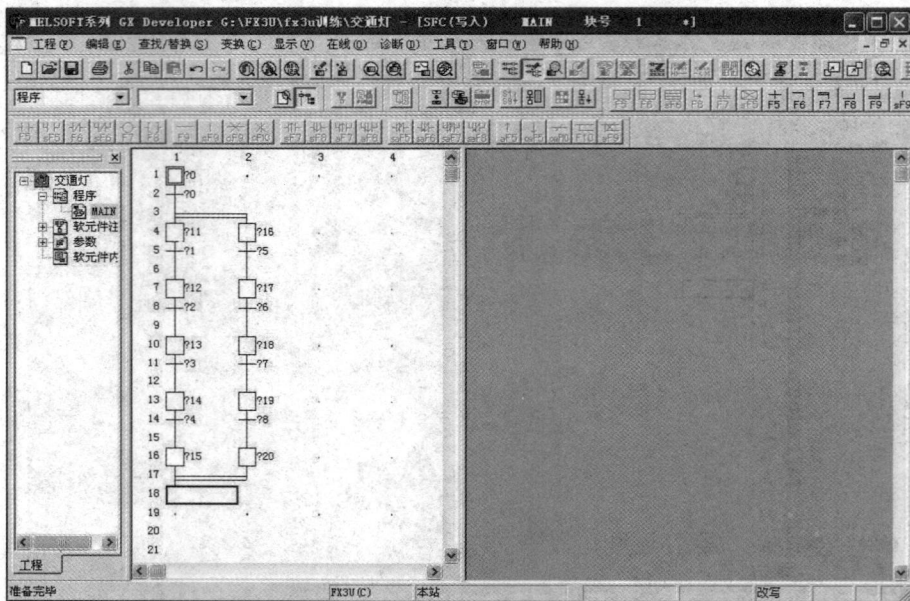

图 7-25 输入并行汇合分支符号

（22）光标移到第 19 步下面第 14 行，如图 7-26 所示，点击执行"编辑"菜单下的"列插入"命令，在第 2 列之前插入一列。

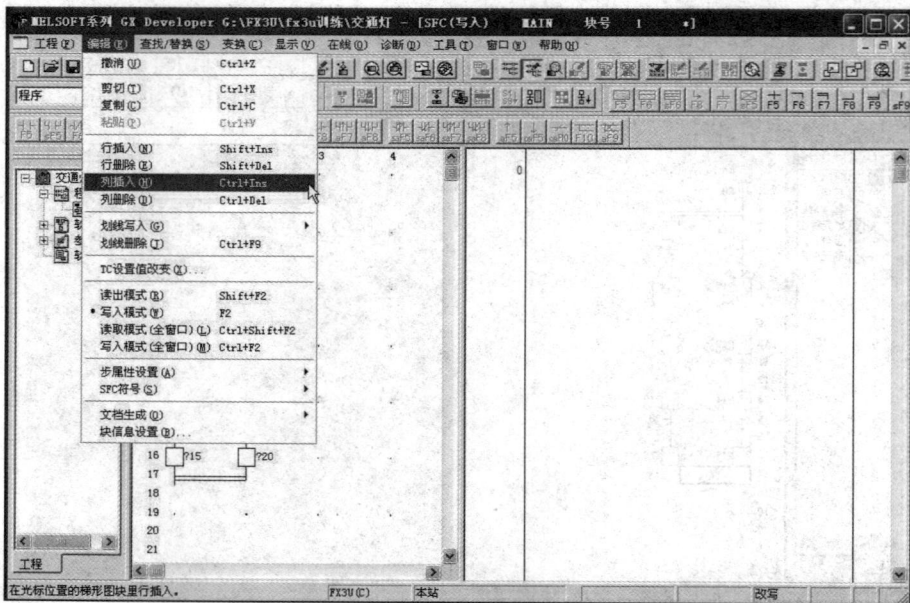

图 7-26 列插入

（23）光标移到第 13 步下面第 11 行，按功能键"F6"，如图 7-27 所示，弹出选择分支的"SFC 符号输入"对话框，按"确定"按钮，插入一选择分支。

（24）光标移到第 12 行第 2 列，按功能键"F5"，弹出步转移的"SFC 符号输入"对话框，

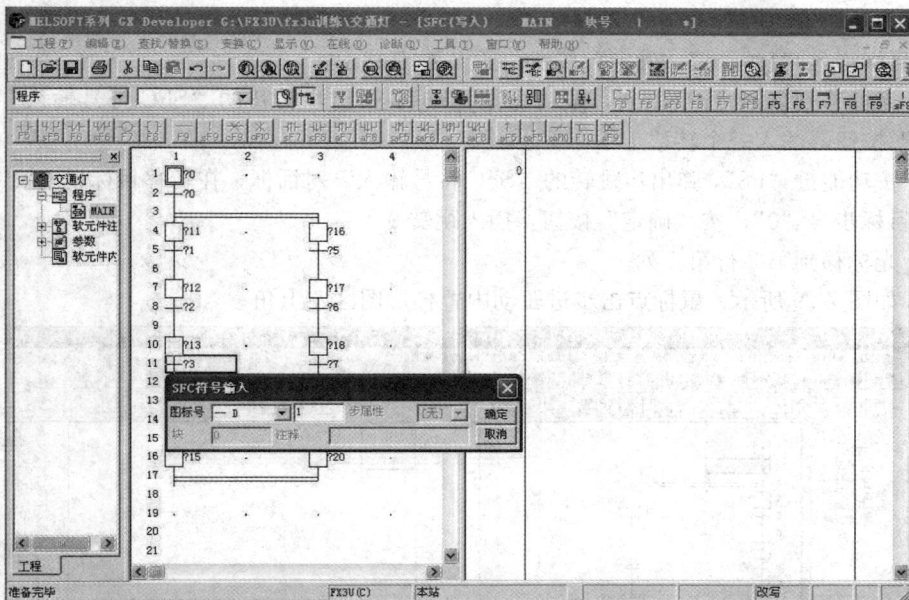

图 7-27 插入一选择分支

按"确定"按钮，插入一个转移 9。

（25）按功能键"F8"，弹出图 7-28 所示的步跳转的"SFC 符号输入"对话框，在转移目标设置文本框输入要转移的目标步号"12"，按"确定"按钮，插入跳转 12。

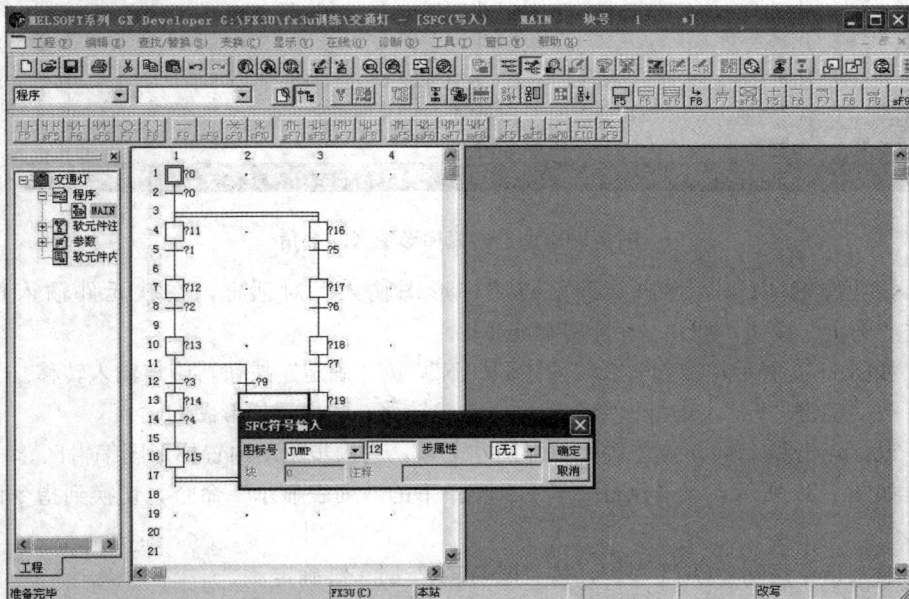

图 7-28 步跳转

（26）光标移到第 29 步下面第 14 行，按功能键"F6"，弹出选择分支的"SFC 符号输入"对话框，按"确定"按钮，插入一选择分支。

（27）光标移到第 15 行第 4 列，按功能键"F5"，弹出步转移的"SFC 符号输入"对话框，按"确定"按钮，插入一个转移 10。

（28）按功能键"F8"，弹出步跳转的"SFC符号输入"对话框，在转移目标设置文本框输入要转移的目标步号"18"，按"确定"按钮，插入跳转18。

（29）光标移到第18行第1列，按功能键"F5"，弹出步转移的"SFC符号输入"对话框，按"确定"按钮，插入一个转移11。

（30）按功能键"F8"，弹出步跳转的"SFC符号输入"对话框，在转移目标设置文本框输入要转移的目标步号"0"，按"确定"按钮，插入跳转0。

（31）光标移到第2行第1列。

（32）如图7-29所示，鼠标点击步进驱动内置梯形图区左上角。

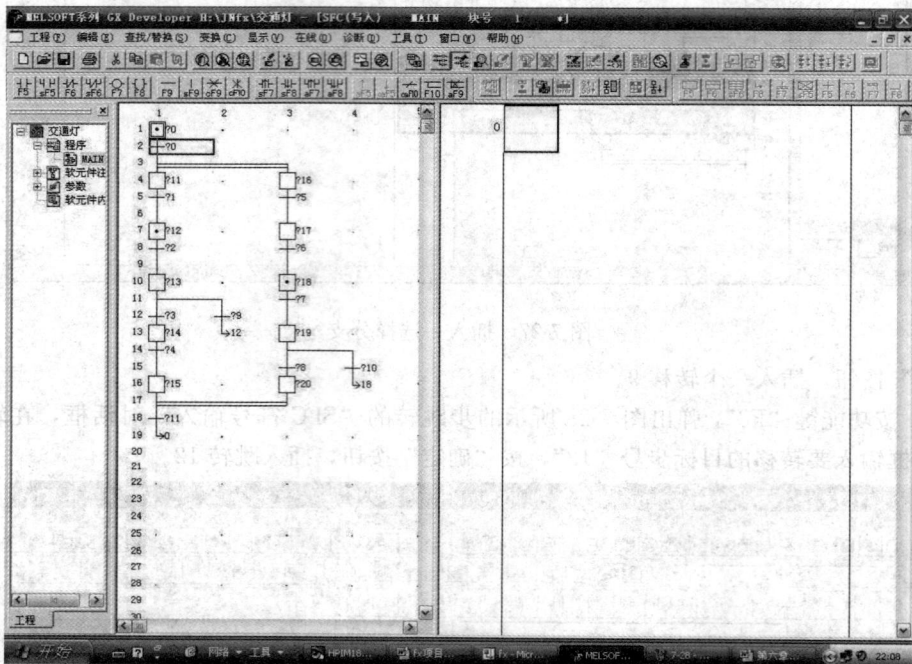

图7-29　点击内置梯形图区左上角

（33）按功能键"F5"，弹出常开触点"梯形图输入"对话框，在软元件输入栏，输入"M1"，按"确定"按钮，插入一个常开触点M1。

（34）如图7-30所示，接着输入转移"TRAN"，按"确定"按钮，确定输入转移。

（35）按功能键"F4"，进行梯形图编译，完成转移0的内置梯形图的输入。

（36）鼠标点击步11，再点击内置梯形图左上角，进入步驱动内置梯形图编辑区。

（37）如图7-31所示，点击执行"显示"菜单下的"列表显示"命令，切换到指令语句程序输入界面。

（38）输入指令语句"OUT Y1"，按"ENTER"回车键确定。

（39）输入指令语句"OUT T1 K250"，按"ENTER"回车键确定，如图7-32所示，通过指令语句输入完成步驱动程序的输入。

（40）鼠标点击步转移1，再点击内置梯形图编辑区，通过输入指令语句"LD T1"，按"ENTER"回车键确定，完成步转移1的内置梯形图程序的输入。

（41）根据图7-8交通灯状态转移图输入其他步驱动、步转移程序。

（42）如图7-33所示，点击执行"变换"菜单下的"变换（编辑中所有程序）"命令，完成

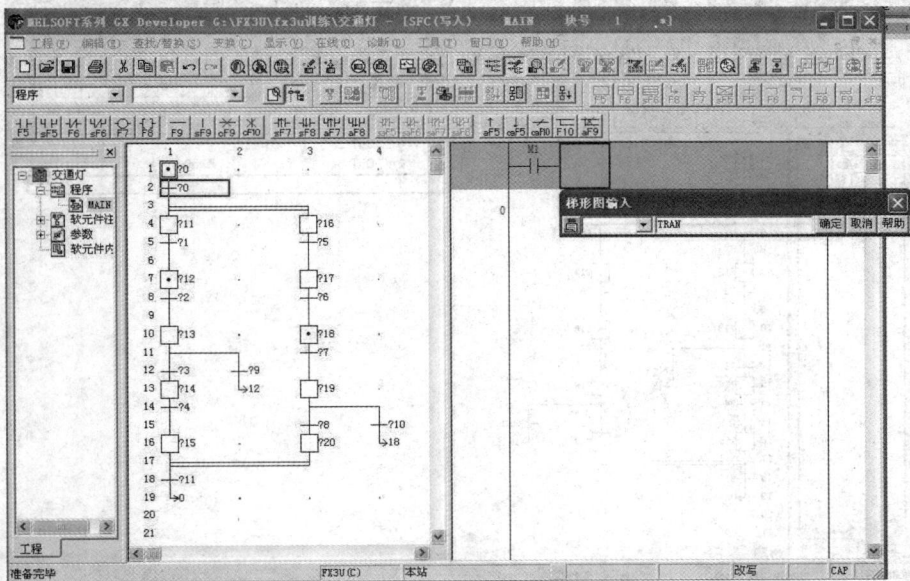

图 7-30 输入转移

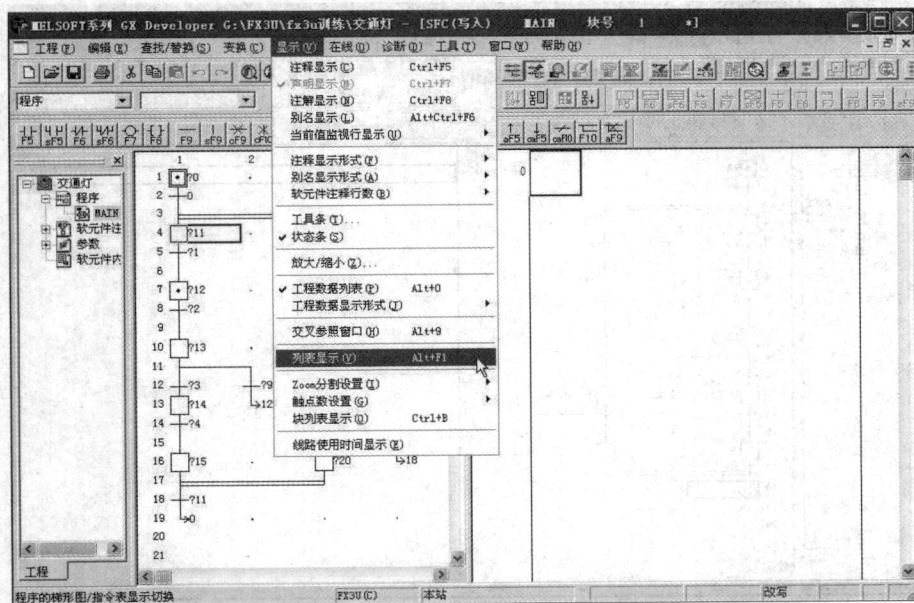

图 7-31 切换到指令语句程序输入界面

功能图程序的编译变换。

（43）如图 7-34 所示，点击执行"工程"菜单下的子菜单"编辑数据"下的"改变程序类型"命令，弹出"改变程序类型"对话框。

（44）如图 7-35 所示，选择程序类型为"梯形图"，按"确定"按钮，进行程序类型转换。

（45）双击工程数据显示列表窗口中程序目录下的主程序"MAIN"，可以看到图 7-36 所示的交通灯的梯形图逻辑程序。

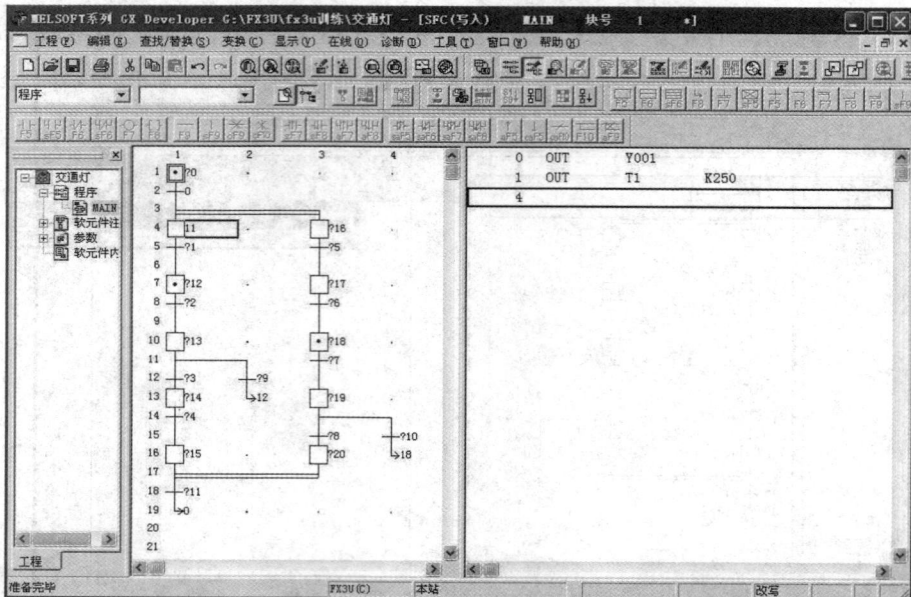

图 7-32　完成步驱动程序输入

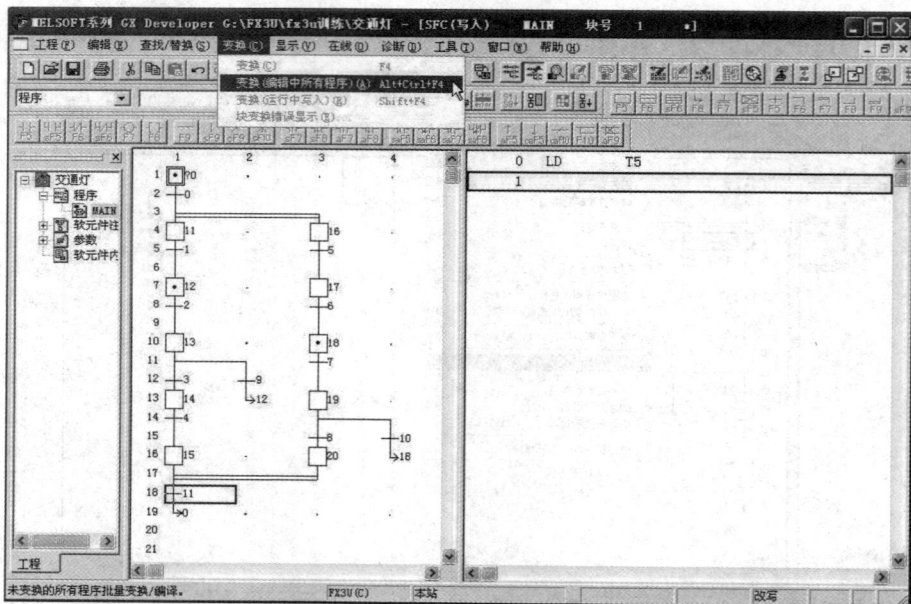

图 7-33　完成功能图程序的编译变换

（46）点击执行"显示"菜单下的"列表显示"命令，查看图 7-37 所示指令语句表程序。

（47）如图 7-38 所示，在指令语句表程序中使用了"STL"步进接点指令驱动状态元件，步进转移使用"SET"指令，在步进程序结尾处使用了步进返回指令"RET"。

（48）仔细查看交通灯控制的指令语句程序和步进转移图，寻找其中的对应关系，学习使用根据步进转移图写出指令语句表程序，这是一项 PLC 程序设计的重要技能。

（49）仔细查看交通灯控制的指令语句程序和步进转移图，寻找其中的对应关系，学习根据指令语句表程序画出步进转移图，这也是一项 PLC 程序设计的重要技能。

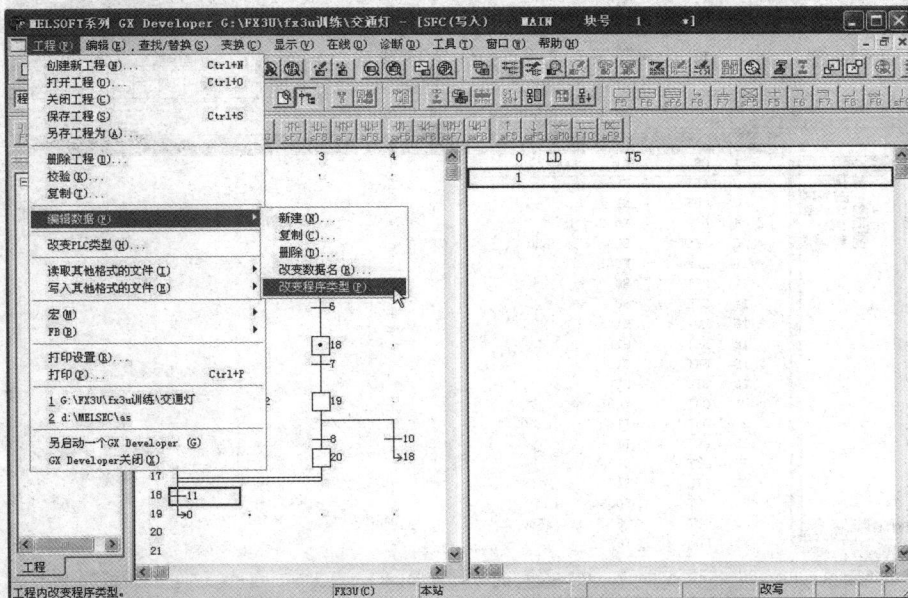

图 7-34　改变程序类型

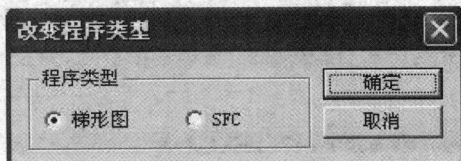

图 7-35　程序类型转换

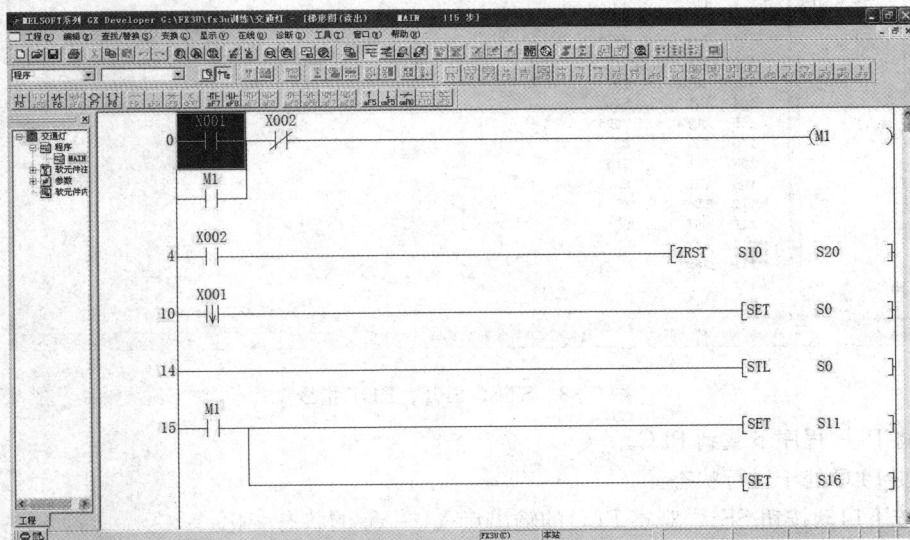

图 7-36　交通灯梯形图程序

3. 系统安装与调试

(1) PLC 按图 7-4 接线。

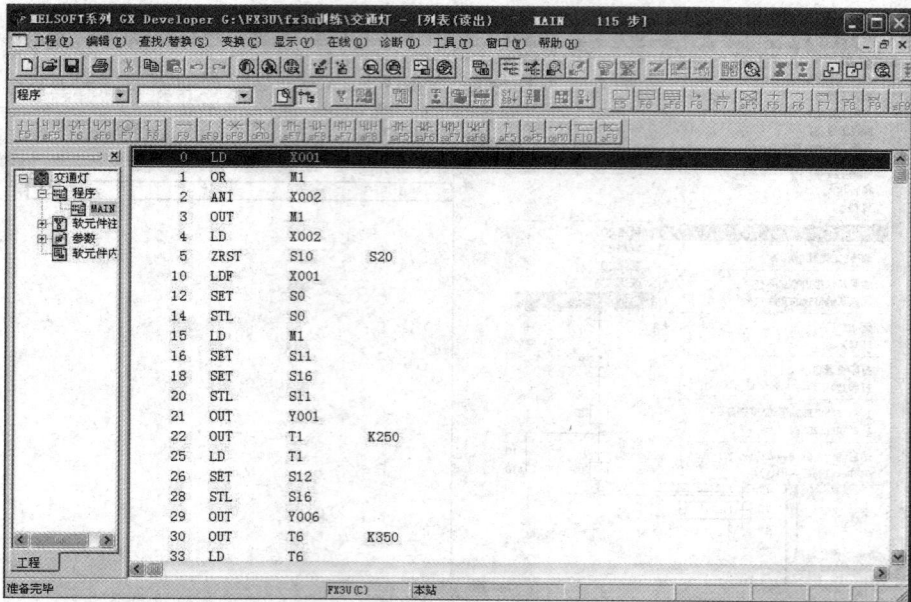

图 7-37 指令语句表程序

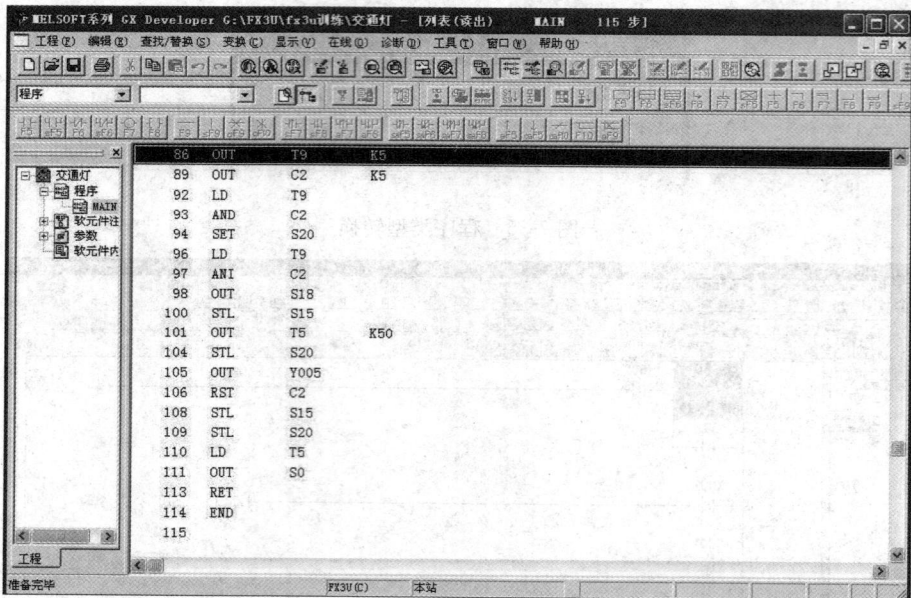

图 7-38 STL、SET、RET 指令

（2）将 PLC 程序下载到 PLC。

（3）使 PLC 处于运行状态。

（4）按下启动按钮 SB1，观察 PLC 的输出点 Y1～Y6 的状态变化。

（5）观察所有定时器的变化，记录各灯点亮的时间，绿灯闪烁的时间。

（6）按下停止按钮 SB2，观察 PLC 的输出点 Y1～Y6 的状态，观察所有定时器的计时值，观察交通灯的变化。

习 题 7

1. 若交通灯工作按两个时间段控制，早上 6 点至晚上 22 点为第一时间段，晚上 22 点后至早上 6 点为第二时间段，第一时间段控制按图 7-2 时序工作，第二时间段，只有两个黄灯闪烁，闪烁周期为 2s。使用 FX_{3U} 系列的 PLC，完成分时段交通灯的控制。

2. 城市交通灯如图 7-39 所示，各交通灯的控制时序如图 7-40 所示，根据交通灯的控制时序要求，设计城市交通灯的自动运行的步进状态转移图。

3. 使用 FX_{3U} 系列的 PLC 实现城市交通灯控制，写出城市交通灯自动运行的指令语句表程序。

4. 使用矩形 N80 系列的 PLC 实现城市交通灯控制，设计梯形图控制程序。

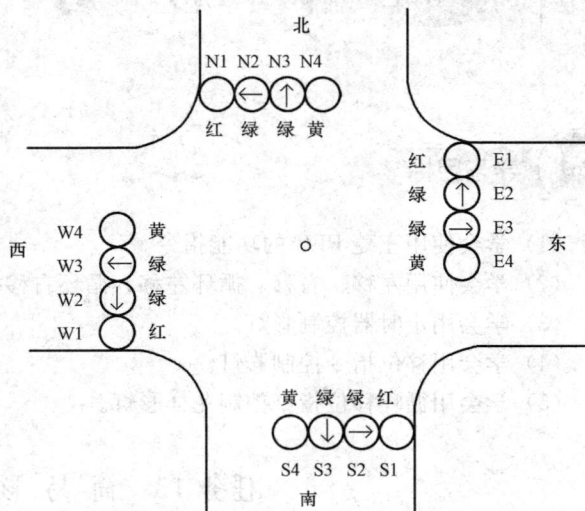

图 7-39　城市交通灯

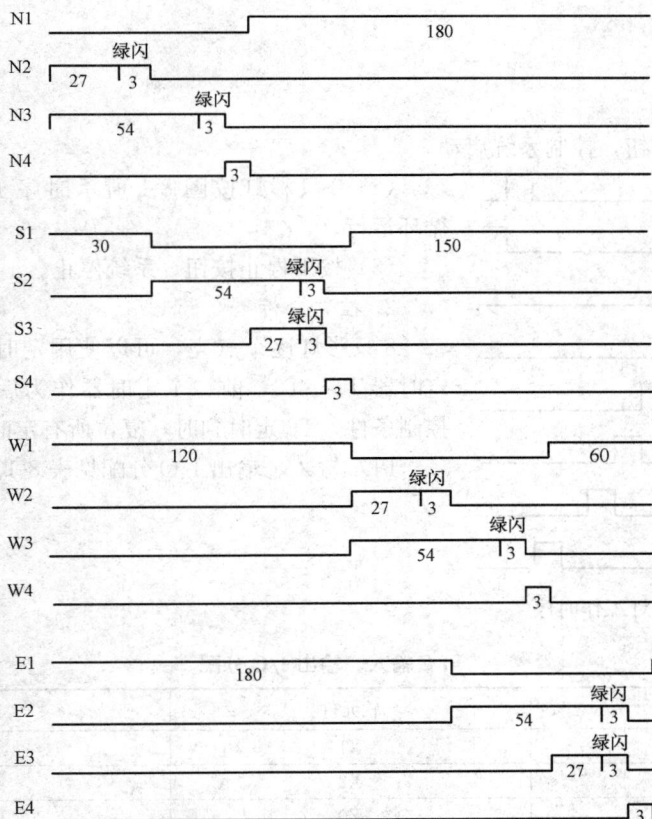

图 7-40　城市交通灯控制时序图

项目八 彩灯控制

学习目标

(1) 学会使用三菱 PLC 的功能指令。

(2) 学会使用左移、右移、循环左移、循环右移指令。

(3) 学会用定时器控制彩灯。

(4) 学会用移位指令控制彩灯。

(5) 学会用循环移位指令控制花样彩灯。

任务 13 简易彩灯控制

基础知识

一、任务分析

1. 控制要求

(1) 按下启动按钮，控制系统启动。

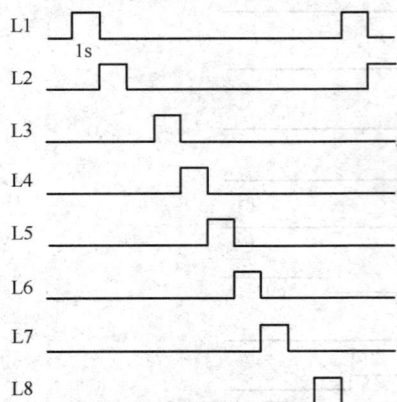

(2) 8 只彩灯按图 8-1 所示时序工作，依次点亮 1s，循环运行。

(3) 按下停止按钮，系统停止。

2. 控制分析

8 只彩灯逐个点亮，可以使用定时器控制。设置 8 个定时器 T1～T8，前一个定时器作为后一个定时器的定时控制条件，T8 定时到时，复位所有定时器。

PLC 输入、输出 I/O 分配见表 8-1。

图 8-1 简易彩灯工作时序

表 8-1 PLC 输入、输出 I/O 分配

元件名称	软元件	作用
按钮 1	X1	启动
按钮 2	X2	停止
彩灯 1	Y0	L1 控制
彩灯 2	Y1	L2 控制

元件名称	软元件	作用
彩灯 3	Y2	L3 控制
彩灯 4	Y3	L4 控制
彩灯 5	Y4	L5 控制
彩灯 6	Y5	L6 控制
彩灯 7	Y6	L7 控制
彩灯 8	Y7	L8 控制

PLC辅助继电器、定时器分配见表 8-2。

表 8-2 　　　　　　　　　　**辅助继电器、定时器分配**

元件名称	符号	作用
辅助继电器	M1	系统运行
定时器 1	T1	定时
定时器 2	T2	定时
定时器 3	T3	定时
定时器 4	T4	定时
定时器 5	T5	定时
定时器 6	T6	定时
定时器 7	T7	定时
定时器 8	T8	定时

8 只彩灯的控制函数

$$Y0 = M1 \cdot \overline{T1}$$
$$Y1 = T1 \cdot \overline{T2}$$
$$Y2 = T2 \cdot \overline{T3}$$
$$Y3 = T3 \cdot \overline{T4}$$
$$Y4 = T4 \cdot \overline{T5}$$
$$Y5 = T5 \cdot \overline{T6}$$
$$Y6 = T6 \cdot \overline{T7}$$
$$Y7 = T7 \cdot \overline{T8}$$

二、PLC 的功能指令

1. 功能指令的基本知识

FX_{3U} 系列 PLC 除了基本指令、步进指令外，还有许多功能指令或称为应用指令。FX_{3U} 系列的功能指令可分为程序控制、传送与比较、算术与逻辑运算、移位与循环、数据处理、高速处理、方便指令、外部输入输出处理、外部设备通信、实数处理、点位控制、实时时钟等几类。FX_{3U} 系列功能指令格式采用指令助记符＋操作数（元件）的形式，具有计算机及 PLC 基础知识的技术人员一看就明白其功能。

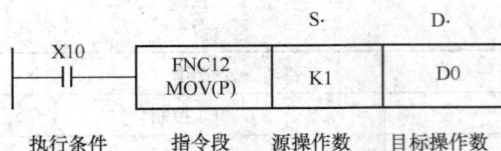

图 8-2 中，MOV 是传送指令助记符，K1 是源操作数，D0 是目标操作数，X10 是执行条件。当 X10 接通时，就把常数 1 送到数据寄存器 D0 中去。

图 8-2 MOV 指令

功能指令实际上是一个个功能完整的子程序，它拓宽了 PLC 的应用范围，大大提高了 PLC 的实用性和普及率。

（1）功能指令的表示形式。功能指令直接表示指令要做什么，在梯形图中使用功能框表示，功能框中分栏表示指令的名称、相关数据或数据存储地址。

1）功能指令编号（功能号）。每条功能指令都有一定的编号，功能指令按功能号 FNC00～FNC295 编排，简易编程器通过输入功能号输入功能指令。

2）助记符。功能指令的助记符是该指令的英文缩写词。ADDITION 缩写为 ADD，DECODE 缩写为 DECO 等。

3）数据长度。功能指令依处理数据长度分为 16 位指令和 32 位指令。其中助记符前附有符号（D）的指令为 32 位指令，如（D）MOV、FNC（D）12 等，无（D）表示 16 位指令。

4）操作数。操作数是功能指令涉及或产生的数据，分为源操作数、目标操作数和其他操作数。

5）通过操作不改变其内容的操作数称为源操作数，用［S］表示。在可以改变软元件地址号的情况下，以加上"·"的符号［S·］表示，源操作数的数量多于一个时，以［S1·］、［S2·］等表示。

6）通过操作改变其内容的操作数称为目标操作数，用［D］表示。在可以改变软元件地址号的情况下，以加上"·"的符号［D·］表示，目标操作数的数量多于一个时，以［D1·］、［D2·］等表示。

7）其他操作数用 m、n 表示，用来表示常数或对源操作数、目标操作数作补充。需注释的项目较多时可采用 m₁、m₂ 等方式表示。

8）K、H 分别表示十进制和十六进制常数。

9）执行形式。功能指令有脉冲执行型和连续执行型，助记符后附有（P）表示脉冲执行，在执行条件由 OFF 变为 ON 时执行一次。无（P）的表示连续执行，每个扫描周期执行一次。（P）和（D）可以同时使用，如（D）MOV（P）。某些指令如 INC、DEC 等在连续执行时应特别注意，在指令助记符表示栏用"◥"警示。

10）使用次数。某些功能指令在整个程序中只能使用一次，即使使用跳转指令使其分处两段不可能同时执行的程序中也不允许。但可利用变址寄存器多次改变其操作数，也可使用步进指令 STL 使程序相对隔离，而在多处使用这些功能指令。

（2）功能指令使用的操作数。

1）数据寄存器。通用数据寄存器（D0～D199 共 200 点）一旦写入数据，只要不再写入其他数据，其内容不会变化。但在 PLC 由运行到停止或断电时，所有数据被清除为 0。

断电保持数据寄存器（D200～D511 共 312 点），可以通过参数设置改为通用数据寄存器。只要不改写，无论 PLC 是从运行到停止还是停电，断电保持数据寄存器将保持原数据而不丢失。在两台 PLC 作点对点通信时，D490～D509 被用作通信操作。

断电保持专用数据寄存器（D512～D7999 共 7488 点），参数设置无法改变其保持的性质，但可以通过参数设置将 D1000 以后的 7000 点设置为文件寄存器。

特殊数据寄存器（D8000～D8255 共 256 点），供监视内部元件的运行方式用，接通电源时由系统只读存储器写入初始值。必须注意的是没有定义的特殊数据寄存器不要使用。

2）变址寄存器 V、Z。变址寄存器 V 和 Z 是进行数据读、写的 16 位数据寄存器，主要用于操作数地址的修改。可以用变址寄存器进行地址修改的软元件有：X、Y、M、S、T、C、D、K、H、KnX、KnY、KnM、KnS 等。例如 Z=6，则 D3Z 为 D9。

进行 32 位数据操作时，将 V、Z 合并使用，指定 Z 为低 16 位。

3）指针。指针是用于跳转、中断等程序的入口地址，与跳转、子程序、中断程序等指令一起应用。按用途分为分支指针 P 和中断指针 I 两类。

分支指针 P：用于跳转指令，其地址号为 P0～P127，共 128 点。分支指针 P 用于子程序调用指令，其地址号为 P0～P127 共 128 点。

中断指针 I：根据用途分为输入中断用、定时、计数中断用三类。

输入中断用 I00□～I50□，共 6 点。指针的格式如下：

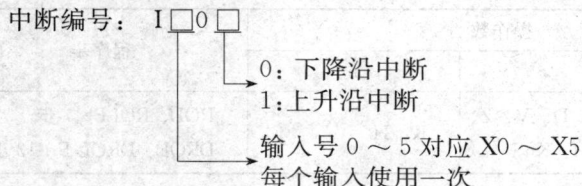

中断编号：　I□0□

　　　　　　　　　┃　┗ 0：下降沿中断
　　　　　　　　　┃　　1：上升沿中断
　　　　　　　　　┃
　　　　　　　　　┗ 输入号 0～5 对应 X0～X5
　　　　　　　　　　每个输入使用一次

输入中断是外界信号 X0～X5 引起的中断，上升沿或下降沿指对输入信号类别的选择。例如，I201 为输入 X2 从 OFF 到 ON 变化时，执行由该指针作为标号的中断程序，并执行到 IRET 指令时返回。

定时中断用 I6××～I8××，×× 共 3 点。指针的格式如下：

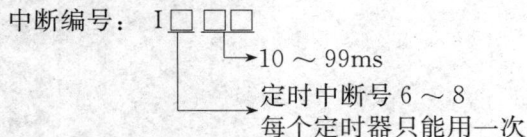

中断编号：　I□□□

　　　　　　　　　┃　┗ 10～99ms
　　　　　　　　　┃
　　　　　　　　　┗ 定时中断号 6～8
　　　　　　　　　　每个定时器只能用一次

定时中断为机内信号中断，由指定编号为 6～8 的专用定时器控制。设定时间为 10～99ms，每个设定时间执行指定编号定时中断程序一次。

例如，I620 为每隔 20ms 就执行标号为 I620 的中断程序一次，执行到 IRET 指令时返回。

计数器中断用 I010～I060，共 6 点。

（3）数据元件的结构形式。

1）基本形式。用于处理数据的元件，例如 T、C、D 等，称为"字元件"。字元件的基本形式为 16 位存储单元，最高位为符号位。处理 32 位数据时，用地址号相邻的两个字元件可以组合成"双字元件"。双字元件的最高位（第 32 位）为符号位，在指令中使用双字元件时，一般用其低位地址表示这个元件，并常用偶数地址作为双字元件的地址号。

2）位组合元件。只处理 ON/OFF 状态的元件，如 X、Y、M、S，称为位元件。位元件组合起来也可以处理数字数据。4 个位元件为一组合成一个单元，多个单元组合成一个位组合元件。位组合元件由 Kn 加位首元件号表示，即用 KnX、KnY、KnM、KnS 表示，n 是组数。例如，K2M0 表示由 M0～M7 组成的 8 位数据。被组合的位元件的首地址号是任意的，一般采用以 0 结尾的元件。

2. 彩灯控制用功能指令

（1）MOV 传送指令。传送指令的助记符、指令代码、操作数、程序步见表 8-3。

表 8-3 传 送 指 令

指令名称	助记符	指令代码	操作数		程序步
			S·	D·	
传送	MOV	FNC12	K、H、T、C、D、V、Z、KnX、KnY、KnM、KnS	T、C、D、V、Z、KnY、KnM、KnS	MOV、MOVP 5 步 DCMP、DCMP 9 步

传送指令将源操作数的数据传送到目标操作数，即 [S·] → [D·]。

传送指令的使用说明如图 8-2 所示。当 X10 为 ON 时，源操作数 K1 自动转换为二进制数传送到目标操作数 D0 中。

（2）循环左移指令。循环左移指令的助记符、指令代码、操作数、程序步见表 8-4。

表 8-4 循 环 左 移 指 令

指令名称	助记符	指令代码	操作数		程序步
			D1·	n	
循环左移	ROL ROL（P）	FNC31 (16/32)	K、H、T、C、D、V、Z、KnX、KnY、KnM、KnS	K、H	ROL、ROLP 7 步 DROL、DROL P 13 步

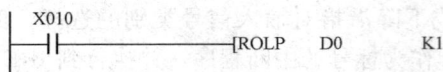

```
 X010
──┤├──────────────[ROLP   D0      K1   ]─
```

图 8-3 循环左移指令

循环左移指令是将 16 位或 32 位的各位信息循环向左移位的指令。循环左移指令的使用说明如图 8-3 所示。

当 X10 由 OFF 变化到 ON 时，循环左移指令使 D0 数据循环左移 1 位。

三、PLC 控制彩灯

1．PLC 输入、输出软元件分配

PLC 输入、输出 I/O 分配见表 8-5。

表 8-5 I/O 分 配

元件名称	软元件	作用
按钮 1	X1	启动
按钮 2	X2	停止
彩灯 1	Y0	L1 控制
彩灯 2	Y1	L2 控制
彩灯 3	Y2	L3 控制
彩灯 4	Y3	L4 控制
彩灯 5	Y4	L5 控制
彩灯 6	Y5	L6 控制
彩灯 7	Y6	L7 控制
彩灯 8	Y7	L8 控制

2．PLC 接线图

PLC 接线图如图 8-4 所示。

3. 用功能指令的彩灯控制程序

用功能指令的彩灯控制程序如图 8-5 所示。

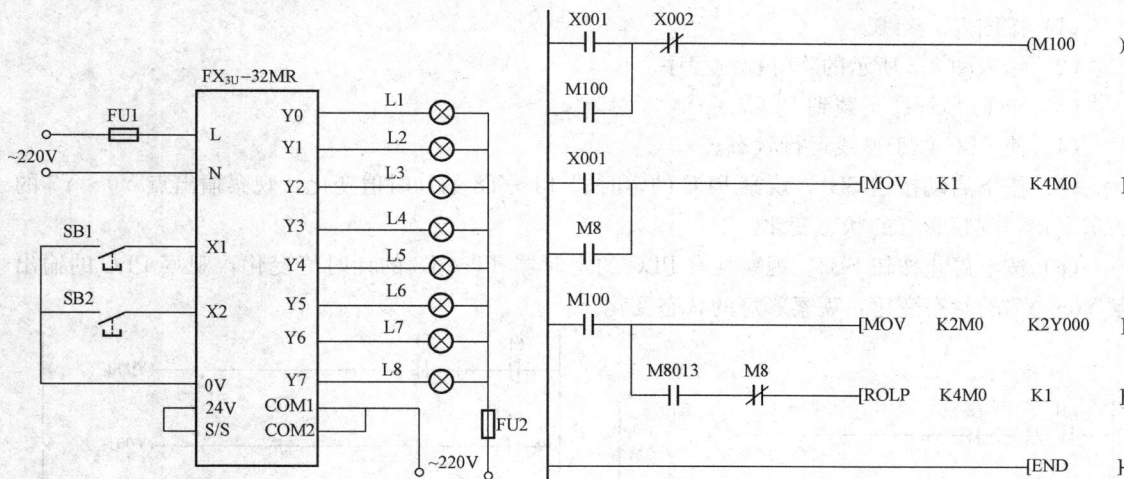

图 8-4　PLC 接线图

图 8-5　用功能指令的彩灯控制程序

技能训练

一、训练目标

（1）能够正确设计简易彩灯控制的 PLC 程序。

（2）能正确输入和传输 PLC 控制程序。

（3）能够独立完成简易彩灯控制线路的安装。

（4）按规定进行通电调试，出现故障时，应能根据设计要求进行检修，并使系统正常工作。

二、训练步骤与内容

1. 用基本指令设计、输入 PLC 程序

（1）分配 PLC 输入、输出端。

（2）配置 PLC 辅助继电器、定时器软元件。

（3）根据控制要求写出彩灯控制函数。

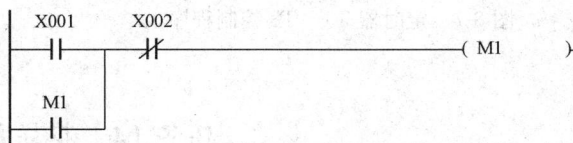

（4）输入图 8-6 所示的系统启停控制程序。

（5）输入图 8-7 所示的定时器 T1～T8 控制程序。

图 8-6　系统启停控制程序

（6）输入 Y0～Y7 控制彩灯的程序，如图 8-8 所示。

2. 系统安装与调试

（1）按图 8-4 接线。

（2）将 PLC 程序下载到 PLC。

（3）使 PLC 处于连线运行状态。

（4）按下启动按钮 SB1，观察 PLC 的定时器 T1～T8 的计时值变化，观察输出点 Y0～Y7 的状态变化，观察彩灯的状态变化。

（5）按下停止按钮 SB2，观察观察 PLC 的定时器 T1～T8 的计时值变化，观察 PLC 的输出

点 Y0～Y7 的状态变化，观察彩灯的状态变化。

3. 用功能指令控制彩灯

（1）按图 8-4 接线。

（2）输入图 8-5 所示的彩灯控制程序。

（3）将 PLC 程序下载到 PLC。

（4）使 PLC 处于连线运行状态。

（5）按下启动按钮 SB1，观察 PLC 的定时器 T1～T8 的计时值变化，观察输出点 Y0～Y7 的状态变化，观察彩灯的状态变化。

（6）按下停止按钮 SB2，观察观察 PLC 的定时器 T1～T8 的计时值变化，观察 PLC 的输出点 Y0～Y7 的状态变化，观察彩灯的状态变化。

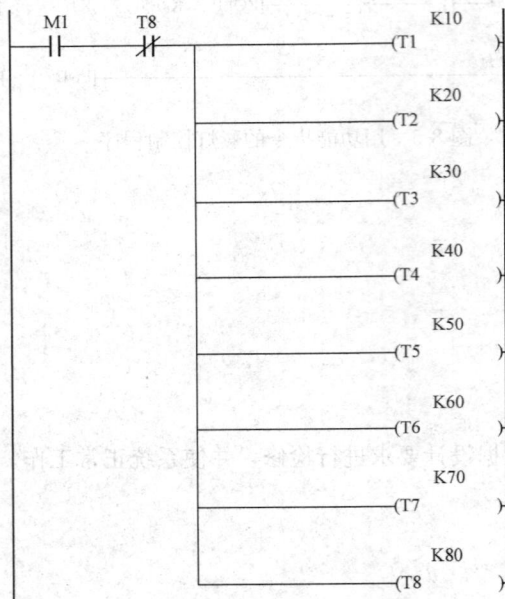

图 8-7　定时器 T1～T8 控制程序　　　　　图 8-8　Y0～Y7 控制程序

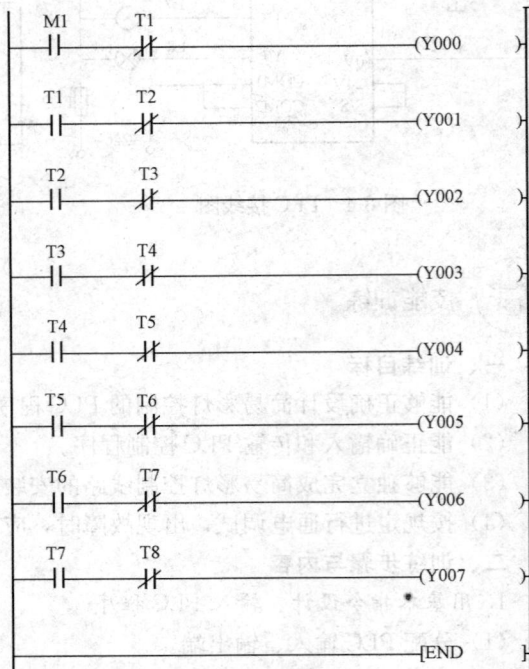

任务 14　花样彩灯控制

技能训练基础

一、任务分析

1. 彩灯控制的控制要求

（1）彩灯共有两种控制方式，通过选择开关进行选择。

（2）如果选择方式 A，则合上运行开关后，16 盏彩灯从右向左以间隔 1s 的速度逐个点亮 1s，如此循环。

（3）如果选择方式 B，则合上运行开关后，16 盏彩灯从左向右以间隔 1s 的速度逐个点亮

1s，如此循环。

（4）断开运行开关，系统停止工作。

2. 控制要求分析

由控制要求可知该彩灯控制有两种控制方式，方式 A 数据从右向左循环移动。方式 B 数据从左向右循环移动。可以采用循环移位指令实现上述控制要求。

二、用 PLC 控制花样彩灯

1. 循环右移指令（见表 8-6）

表 8-6 循 环 右 移 指 令

指令名称	助记符	指令代码	操作数		程序步
			D1·	n	
循环右移	ROR ROR（P）	FNC30 ◣ (16/32)	K、H、T、C、D、V、Z、 KnX、KnY、KnM、KnS	K、H	ROR、RORP 7 步 DROR、DRORP 13 步

循环右移指令是将 16 位或 32 位的各位信息循环向右移位的指令。循环右移指令的使用说明如图 8-9 所示。

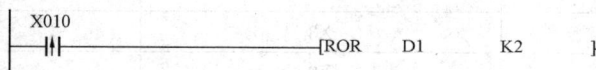

图 8-9 循环右移指令

当 X10 由 OFF 变化到 ON 时，循环右移指令使 D1 数据循环右移 2 位。

2. PLC 接线图

PLC 接线图如图 8-10 所示。

3. PLC 控制花样彩灯程序

PLC 控制花样彩灯程序如图 8-11 所示。

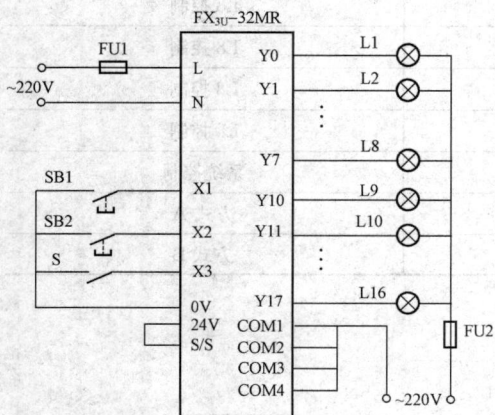

图 8-10 PLC 接线图

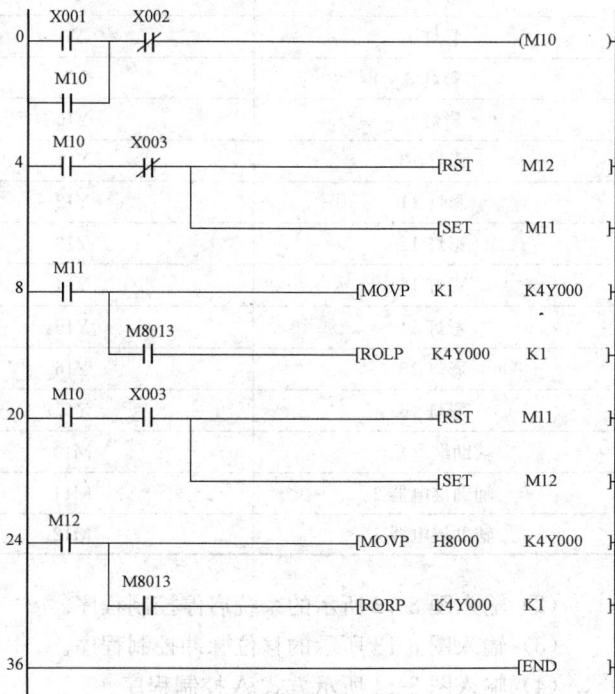

图 8-11 PLC 控制花样彩灯程序

143

![技能训练]

一、训练目标

（1）能够正确设计花样彩灯控制的 PLC 程序。

（2）能正确输入和传输 PLC 控制程序。

（3）能够独立完成花样彩灯控制线路的安装。

（4）按规定进行通电调试，出现故障时，应能根据设计要求进行检修，并使系统正常工作。

二、训练步骤与内容

1. 设计、输入 PLC 程序

（1）分配 PLC 输入、输出端。PLC 输入、输出端分配表见表 8-7。

表 8-7   PLC 输入、输出端分配

元件名称	软元件	作用
按钮 1	X1	启动
按钮 2	X2	停止
开关 S	X3	方式选择
彩灯 1	Y0	L1 控制
彩灯 2	Y1	L2 控制
彩灯 3	Y2	L3 控制
彩灯 4	Y3	L4 控制
彩灯 5	Y4	L5 控制
彩灯 6	Y5	L6 控制
彩灯 7	Y6	L7 控制
彩灯 8	Y7	L8 控制
彩灯 9	Y10	L8 控制
彩灯 10	Y11	L8 控制
彩灯 11	Y12	L8 控制
彩灯 12	Y13	L8 控制
彩灯 13	Y14	L8 控制
彩灯 14	Y15	L8 控制
彩灯 15	Y16	L8 控制
彩灯 16	Y17	L8 控制
辅助继电器 1	M10	系统控制
辅助继电器 2	M11	方式 A
辅助继电器 3	M12	方式 B

（2）输入图 8-12 所示的系统启停控制程序。

（3）输入图 8-13 所示的移位脉冲控制程序。

（4）输入图 8-14 所示方式 A 控制程序。

（5）输入图 8-15 所示的方式 B 控制程序。

任务
14

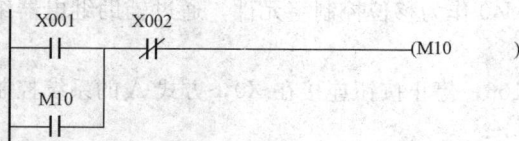

图 8-12 系统启停控制程序

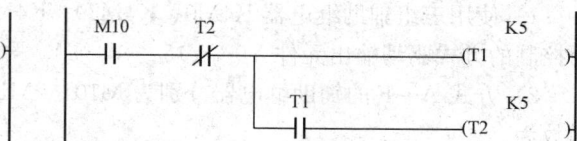

图 8-13 移位脉冲控制程序

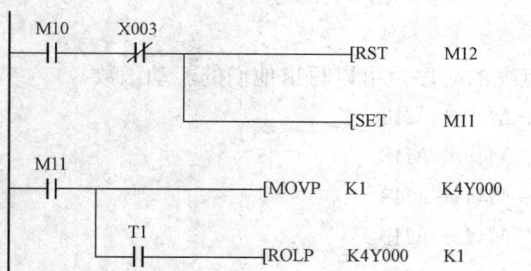

图 8-14 方式 A 控制程序

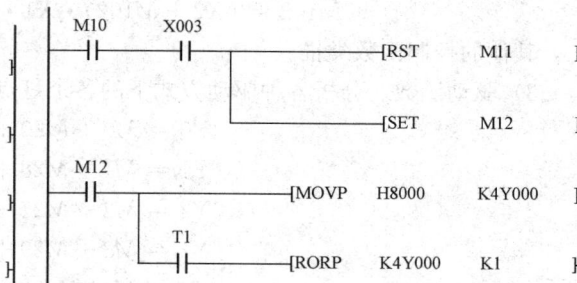

图 8-15 方式 B 控制程序

2. 系统安装与调试

（1）按图 8-10 接线。

（2）将 PLC 程序下载到 PLC。

（3）使 PLC 处于运行状态。

（4）按下启动按钮 SB1，观察 PLC 的输出点 Y0～Y17 的状态变化，观察彩灯的状态变化。

（5）按下停止按钮 SB2，观察观察 PLC 的输出点 Y0～Y17 的状态变化，观察彩灯的状态变化。

（6）闭合方式选择开关，按下启动按钮 SB1，观察 PLC 的输出点 Y0～Y17 的状态变化，观察彩灯的状态变化。

（7）按下停止按钮 SB2，观察 PLC 的输出点 Y0～Y17 的状态变化，观察彩灯的状态变化。

习 题 8

1. 若彩灯控制有 6 种方式 A、B、C、D、E、F，分别用 X1～X6 选择，方式之间互锁。

（1）选择 A 方式，16 只彩灯循环左移以间隔 1s 的速度逐个点亮 1s。

（2）选择 B 方式，16 只彩灯循环右移以间隔 1s 的速度逐个点亮 1s。

（3）选择 C 方式，16 只彩灯循环左移以间隔 1s 的速度，首先奇数灯逐个点亮 1s，然后偶数灯逐个点亮 1s。

（4）选择 D 方式，16 只彩灯循环右移以间隔 1s 的速度，首先偶数灯逐个点亮 1s，然后奇数灯逐个点亮 1s。

（5）选择 E 方式，16 只彩灯循环左移以间隔 1s 的速度，两个一组逐组点亮 1s。

（6）选择 F 方式，16 只彩灯循环右移以间隔 1s 的速度，两个一组逐组点亮 1s。

（7）按下停止按钮，所有彩灯熄灭。

使用 FX$_{3U}$ 系列的 PLC 实现 6 方式彩灯控制。

提示：

1）使用三组辅助继电器 K4M0、K4M20、K4M40 作为移位控制字元件，通过辅助继电器组合控制的方式驱动输出元件 Y0～Y15。

2）方式 A～F 的辅助继电器分别为 M101～M106，停止按钮连接在 X0，方式 A 的系统控制函数为

$$M101 = (X1 + M101) \cdot \overline{X2} \cdot \overline{X3} \cdot \overline{X4} \cdot \overline{X5} \cdot \overline{X6} \cdot \overline{X0}$$

方式 B 的系统控制函数为

$$M102 = (X2 + M102) \cdot \overline{X1} \cdot \overline{X3} \cdot \overline{X4} \cdot \overline{X5} \cdot \overline{X6} \cdot \overline{X0}$$

其他的控制函数类推。

3）驱动函数。分析各种驱动方式下的各个灯点亮的时序，可以写出他们的驱动函数

$$Y0 = M0 + M20 + M40 + M48$$
$$Y1 = M1 + M28 + M40 + M48$$
$$Y2 = M2 + M21 + M41 + M49$$
$$Y3 = M3 + M29 + M41 + M49$$
$$Y4 = M4 + M22 + M42 + M50$$
$$Y5 = M5 + M30 + M42 + M50$$
$$Y6 = M6 + M23 + M43 + M51$$
$$Y7 = M7 + M31 + M43 + M51$$
$$Y010 = M8 + M24 + M44 + M52$$
$$Y011 = M9 + M32 + M44 + M52$$
$$Y012 = M10 + M25 + M45 + M53$$
$$Y013 = M11 + M33 + M45 + M53$$
$$Y014 = M12 + M26 + M46 + M54$$
$$Y015 = M13 + M34 + M46 + M54$$
$$Y016 = M14 + M27 + M47 + M55$$
$$Y017 = M15 + M35 + M47 + M55$$

4）程序清单。

0 LD X001	15 ANI M106
1 OR M101	16 ANI X000
2 ANI M102	17 OUT M102
3 ANI M103	18 LD X003
4 ANI M104	19 OR M103
5 ANI M105	20 ANI M102
6 ANI M106	21 ANI M101
7 ANI X000	22 ANI M104
8 OUT M101	23 ANI M105
9 LD X002	24 ANI M106
10 OR M102	25 ANI X000
11 ANI M101	26 OUT M103
12 ANI M103	27 LD X004
13 ANI M104	28 OR M104
14 ANI M105	29 ANI M102

30 ANI M103
31 ANI M101
32 ANI M105
33 ANI M106
34 ANI X000
35 OUT M104
36 LD X005
37 OR M105
38 ANI M102
39 ANI M103
40 ANI M104
41 ANI M101
42 ANI M106
43 ANI X000
44 OUT M105
45 LD X006
46 OR M106
47 ANI M102
48 ANI M103
49 ANI M104
50 ANI M105
51 ANI M101
52 ANI X000
53 OUT M106
54 LD M101
55 MOVP K1 K4M0
60 ANI M8013
61 ROLP K4M0 K1
66 LD M102
67 MOVP H8000 K4M0
72 ANI M8013
73 RORP K4M0 K1
78 LD M103
79 MOVP K1 K4M20
84 ANI M8013
85 ROLP K4M20 K1
90 LD M104
91 MOVP H8000 K4M0
96 ANI M8013
97 RORP K4M20 K1
102 LD M105

103 MOVP K1 K4M40
108 ANI M8013
109 ROLP K4M40 K1
114 LD M106
115 MOVP H8000 K4M40
120 ANI M8013
121 RORP K4M40 K1
126 LD M0
127 OR M20
128 OR M40
129 OR M48
130 OUT Y000
131 LD M1
132 OR M28
133 OR M40
134 OR M48
135 OUT Y001
136 LD M2
137 OR M21
138 OR M41
139 OR M49
140 OUT Y002
141 LD M3
142 OR M29
143 OR M41
144 OR M49
145 OUT Y003
146 LD M4
147 OR M22
148 OR M42
149 OR M50
150 OUT Y004
151 LD M5
152 OR M30
153 OR M42
154 OR M50
155 OUT Y005
156 LD M6
157 OR M23
158 OR M43
159 OR M51

160 OUT Y006

161 LD M7

162 OR M31

163 OR M43

164 OR M51

165 OUT Y007

166 LD M8

167 OR M24

168 OR M44

169 OR M52

170 OUT Y010

171 LD M9

172 OR M32

173 OR M44

174 OR M52

175 OUT Y011

176 LD M10

177 OR M25

178 OR M45

179 OR M53

180 OUT Y012

181 LD M11

182 OR M33

183 OR M45

184 OR M53

185 OUT Y013

186 LD M12

187 OR M26

188 OR M46

189 OR M54

190 OUT Y014

191 LD M13

192 OR M34

193 OR M46

194 OR M54

195 OUT Y015

196 LD M14

197 OR M27

198 OR M47

199 OR M55

200 OUT Y016

201 LD M15

202 OR M35

203 OR M47

204 OR M55

205 OUT Y017

206 END

2. 使用 N80 系列的 PLC 实现 6 方式彩灯控制

3. 矩阵彩灯控制

控制要求:

(1) 64 只彩灯按 8 行 8 列排列。

(2) 彩灯可以按行、列或任意花样循环显示,也可显示数字或字符。

(3) 程序设计可以采用位左移 SFTL 或位右移 SFTR 指令控制行扫描线。

(4) 各行输出可以采用循环字传输的输出控制,数据可以采用变址寄存器提供。

项目九　电　梯　控　制

学习目标

（1）学会使用逻辑控制法设计 PLC 控制程序。

（2）学会应用三菱 PLC 的计数器加、减控制。

（3）学会使用旋转编码器。

（4）学会用 PLC 控制电梯。

任务 15　三层电梯控制

基础知识

一、任务分析

1. 控制要求

（1）当电梯停于一层或二层时，如果按 3AX 按钮呼叫，则电梯上升到三层，由行程开关 3LS 停止。

（2）当电梯停于三层或二层时，如果按 1AS 按钮呼叫，则电梯下降到一层，由行程开关 1LS 停止。

（3）当电梯停于一层时，如果按 2AS 按钮呼叫，则电梯上升到二层，由行程开关 2LS 停止。

（4）当电梯停于三层时，如果按 2AX 按钮呼叫，则电梯下降到二层，由行程开关 2LS 停止。

（5）当电梯停于一层时，如果按 2AS、3AX 按钮呼叫，则电梯先上升到二层，由行程开关 2LS 暂停 3s，继续上升到三层，由 3LS 停止。

（6）当电梯停于三层时，如果按 2AX、1AX 按钮呼叫，则电梯先下降到二层，由行程开关 2LS 暂停 3s，继续下降到一层，由 1LS 停止。

（7）电梯上升途中，任何反方向的下降按钮呼叫无效。电梯下降途中，任何反方向的上升按钮呼叫无效。

2. 逻辑控制设计法

逻辑控制设计法就是应用逻辑代数以逻辑控制组合的方法和形式设计 PLC 电气控制系统。

对于任何一个电气控制线路，线路的接通或断开，都是通过继电器的触点来实现的，故电气控制线路的各种功能必定取决于这些触点的断开、闭合两种逻辑控制状态。因此，电气控制线路从本质上来说是一种逻辑控制线路，它可用逻辑代数来表示。

PLC 的梯形图程序的基本形式也是逻辑运算与、或、非的逻辑组合，逻辑代数表达式与梯形图有一一对应关系，可以相互转化。

电路中常开触点用原变量表示，常闭触点用反变量表示。触点串联可用逻辑与表示，触点并联可用逻辑或表示，其他更复杂的电路，可用组合逻辑表示。

对于图 9-1 的梯形图，可以写出对应的逻辑控制函数表达式

$$Y1 = (X1 + Y1)\overline{X2}$$

对于逻辑控制函数表达式 $Y2 = (X1 \cdot M1 + X2 \cdot \overline{M1}) \cdot M3 \cdot \overline{M4}$，对应的梯形图如图 9-2 所示。

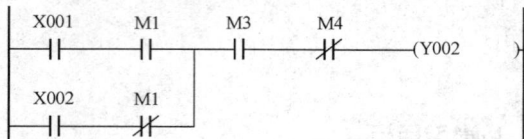

图 9-1　梯形图 1　　　　　　　　　　　图 9-2　梯形图 2

用逻辑设计法设计 PLC 程序的步骤如下。

（1）通过分析控制课题，明确控制任务和要求。

（2）将控制任务、要求转换为逻辑控制课题。

（3）列真值表分析输入、输出关系或直接写出逻辑控制函数。

（4）根据逻辑控制函数画出梯形图。

3. 三层电梯控制分析

电梯是典型的随机控制，如何进行随机控制，是学员重点学习的内容。采用逻辑设计法可以较好地解决随机控制问题。

三层电梯控制输入、输出均为开关量，按控制逻辑 $Y = (QA + Y) \cdot \overline{TA}$ 表达式，分析 QA 进入条件、TA 退出条件，可直接逐条进行逻辑控制设计。

输入、输出端分配见表 9-1。

表 9-1　　　　　　　　　　　　　　　输入、输出端分配

输　　入		输　　出	
一层上行呼叫 1AS	X1	上行输出	Y1
二层上行呼叫 2AS	X2	下行输出	Y2
二层下行呼叫 2AX	X3		
三层呼叫 3AX	X4		
一层行程开关 1LS	X11		
二层行程开关 2LS	X12		
三层行程开关 3LS	X13		

（1）当电梯停于一层或二层时，如果按 3AX 按钮呼叫，则电梯上升到三层，由行程开关 3LS 停止。

这一条逻辑控制中的输出为上升，其进入条件为 3AX 呼叫，且电梯停在一层或二层，用 1LS、2LS 表示停的位置，因此，进入条件可以表示为

$$(1LS + 2LS) \cdot 3AX = (X11 + X12) \cdot X4$$

退出条件为 3LS 动作，因此逻辑输出方程为

$$Y1 = [(1LS + 2LS)3AX + Y1] \cdot \overline{3LS} = [(X11 + X12)X4 + Y1] \cdot \overline{X13}$$

（2）当电梯停于三层或二层时，如果按 1AS 按钮呼叫，则电梯下降到一层，由行程开关 1LS 停止。

此条逻辑控制中输出为下降，其进入条件为

$$(2LS + 3LS) \cdot 1AS = (X12 + X13) \cdot X1$$

退出条件为 1LS 动作，逻辑输出方程为

$$Y2 = [(2LS + 3LS)1AS + Y2] \cdot \overline{1LS} = [(X12 + X13)X1 + Y2] \cdot \overline{X11}$$

（3）当电梯停于一层时，如果按 2AS 按钮呼叫，则电梯上升到二层，由行程开关 2LS 停止。

此条逻辑控制中输出为上升，其进入条件为

$$1LS \cdot 2AS = X11 \cdot X2$$

退出条件为 2LS 动作，逻辑输出方程为

$$Y1 = (1LS \cdot 2AS + Y1) \cdot \overline{2LS} = (X11 \cdot X2 + Y1) \cdot \overline{X12}$$

（4）当电梯停于三层时，如果按 2AX 按钮呼叫，则电梯下降到二层，由行程开关 2LS 停止。

此条逻辑控制中输出为下降，其进入条件为

$$3LS \cdot 2AX = X13 \cdot X3$$

退出条件为 2LS 动作，逻辑输出方程为

$$Y2 = (X13 \cdot X3 + Y2) \cdot \overline{X12}$$

（5）当电梯停于一层时，如果按 2AS、3AX 按钮呼叫，则电梯先上升到二层，由行程开关 2LS 暂停 3s，继续上升到三层，由 3LS 停止。

此条逻辑控制中输出为上升，为了控制电梯到二层后暂停 3s，要用定时器 T1，其进入条件为

$$1LS \cdot 2AS \cdot 3AX + T1 = X11 \cdot X1 \cdot X4 + T1$$

退出条件为 2LS 或 3LS 动作，逻辑输出方程为

$$Y1 = (X11 \cdot X1 \cdot X4 + T1 + Y1) \cdot \overline{X12 + X13} = (X11 \cdot X1 \cdot X4 + T1 + Y1) \cdot \overline{X12} \cdot \overline{X13}$$

（6）当电梯停于三层时，如果按 2AX、3AX 按钮呼叫，则电梯先下降到二层，由行程开关 2LS 暂停 3s，继续下降到一层，由 1LS 停止。

此条逻辑控制中输出为下降，为了控制电梯到二层后暂停 3s，要用定时器 T2，其进入条件为

$$3LS \cdot 2AX \cdot 1AS + T2 = X13 \cdot X3 \cdot X1 + T2$$

退出条件为 2LS 或 1LS 动作，逻辑输出方程为

$$Y2 = (X13 \cdot X3 \cdot X1 + T2 + Y2) \cdot \overline{X12 + X11} = (X13 \cdot X3 \cdot X1 + T2 + Y2) \cdot \overline{X12} \cdot \overline{X11}$$

（7）电梯上升途中，任何反方向的下降按钮呼叫无效。电梯下降途中，任何反方向的上升按钮呼叫无效。

为了实现电梯上升途中，任何反方向的下降按钮呼叫无效，只需在下降输出方程中串联 Y1 的"非"，即实现联锁，当 Y1 动作时，不允许 Y2 动作。为了在实现电梯下降途中任何反方向的上升按钮呼叫无效控制要求，可以通过在上升输出方程中串联 Y2 的"非"来实现。

由于 Y1、Y2 由多个逻辑表达式实现，画梯形图及编程不方便，使用辅助继电器 M31、M33、M35、M37 分别表示第 1、3、5 条控制要求的输出函数和 T1 的控制。使用辅助继电器 M32、M34、M36、M38 分别表示第 2、4、6 条控制要求的输出函数和 T2 的控制。

上升逻辑控制输出方程整理如下

$$M31 = [(X11 + X12)X4 + M31] \cdot \overline{X13}$$

$$M33 = (X11 \cdot X2 + M33) \cdot \overline{X12}$$

$$M35 = (X11 \cdot X2 \cdot X4 + T1 + M35) \cdot \overline{X12} \cdot \overline{X13}$$

为了达到电梯上行到二层时暂停 3s 定时时间到可以继续上升的控制要求，M35 应修改为进入优先式设计，控制逻辑按 $Y = QA + Y \cdot \overline{TA}$ 进入优先式表达式进行设计，即

$$M35 = X11 \cdot X2 \cdot X4 + T1 + M35 \cdot \overline{X12} \cdot \overline{X13}$$

$$M37 = (X12 \cdot M35 + M37) \cdot \overline{T1}$$

$$T1 = M37$$

$$Y1 = (M31 + M33 + M35) \cdot \overline{Y2}$$

下降逻辑输出方程整理如下

$$M32 = [(X12 + X13)X1 + M32] \cdot \overline{X11}$$

$$M34 = (X13 \cdot X2 + M34) \cdot \overline{X12}$$

$$M36 = (X13 \cdot X2 \cdot X1 + T2 + M36) \cdot \overline{X12} \cdot \overline{X11}$$

为了达到电梯下行到二层时暂停 3s 定时时间到可以继续下降的控制要求，M46 应修改为进入优先式设计，控制逻辑按 $Y = QA + Y \cdot \overline{TA}$ 进入优先式表达式进行设计，即

$$M36 = X13 \cdot X2 \cdot X1 + T2 + M36 \cdot \overline{X12} \cdot \overline{X11}$$

$$M38 = (X12 \cdot M36 + M38) \cdot \overline{T2}$$

$$T2 = M38$$

$$Y2 = (M32 + M34 + M36) \cdot \overline{Y1}$$

二、PLC 简易电梯控制

1. PLC 软元件分配

PLC 软元件分配见表 9-2。

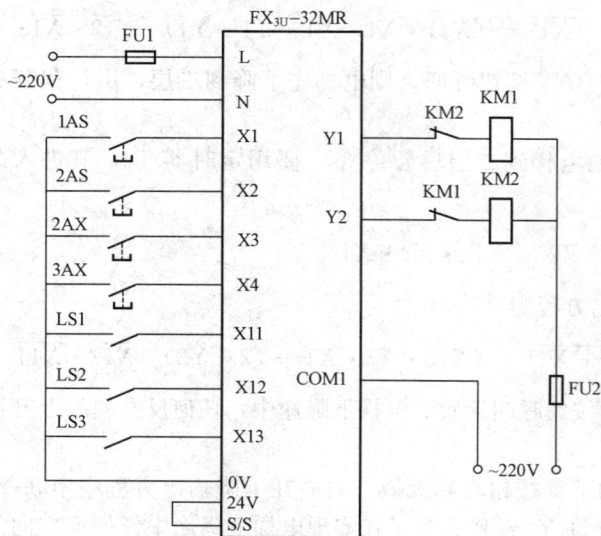

图 9-3　PLC 接线图

表 9-2　PLC 软元件分配

元件名称	PLC 软元件
一层上行呼叫 1AS	X1
二层上行呼叫 2AS	X2
二层下行呼叫 2AX	X3
三层呼叫 3AX	X4
一层行程开关 1LS	X11
二层行程开关 2LS	X12
三层行程开关 3LS	X13
上行输出	Y1
下行输出	Y2
定时器 1	T1
定时器 2	T2

2. PLC 接线图

PLC 接线图如图 9-3 所示。

3. 根据逻辑输出方程可画出三层电梯控制梯形图，上升运行的梯形图如图 9-4 所示，下降运行的梯形图如图 9-5 所示

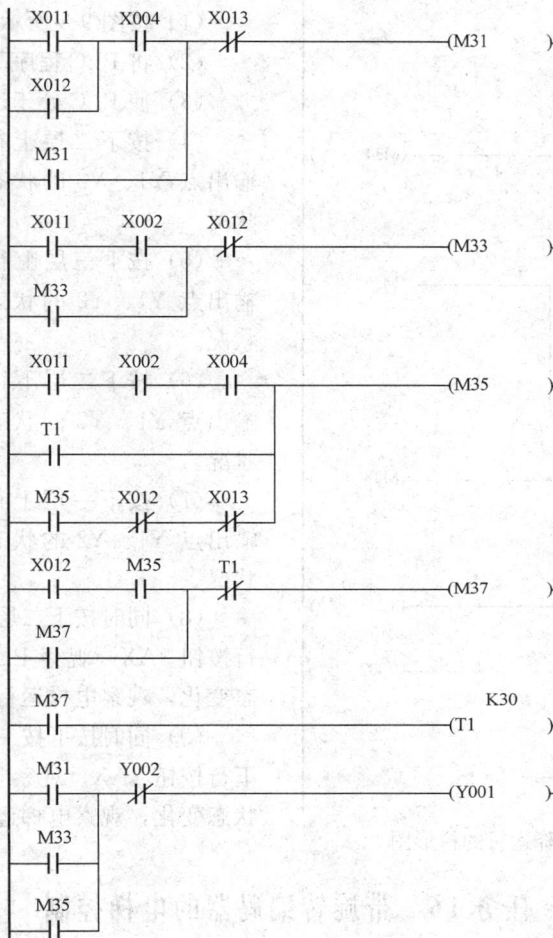

图 9-4　电梯上升运行的梯形图

技能训练

一、训练目标

(1) 能够正确设计三层简易电梯控制的 PLC 程序。

(2) 能正确输入和传输 PLC 控制程序。

(3) 能够独立完成三层简易电梯控制线路的安装。

(4) 按规定进行通电调试，出现故障时，应能根据设计要求进行检修，并使系统正常工作。

二、训练步骤与内容

1. 用基本指令设计、输入 PLC 程序

(1) 分配 PLC 输入、输出端。

(2) 配置 PLC 辅助继电器、定时器软元件。

(3) 根据控制要求写出三层简易电梯控制函数。

(4) 输入图 9-4 所示的梯形图程序。

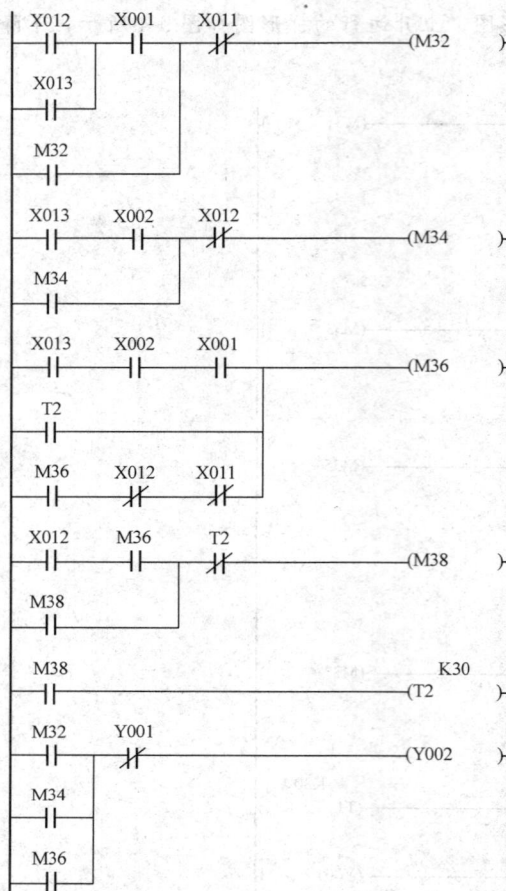

图 9-5　电梯下降运行的梯形图

（5）输入图 9-5 所示的梯形图程序。

2. 系统安装与调试

（1）按图 9-3 所示接线。

（2）将 PLC 程序下载到 PLC。

（3）使 PLC 处于运行状态。

（4）按下二层上行按钮 2AS，观察 PLC 输出点 Y1、Y2 的状态变化，观察电梯运行状况。

（5）按下三层上行按钮 3AX，观察 PLC 输出点 Y1、Y2 的状态变化，观察电梯运行状况。

（6）按下二层下行按钮 2AX，观察 PLC 输出点 Y1、Y2 的状态变化，观察电梯运行状况。

（7）按下一层上行按钮 1AS，观察 PLC 输出点 Y1、Y2 的状态变化，观察电梯运行状况。

（8）同时按下二层上行按钮 2AS、三层上行按钮 3AX，观察 PLC 输出点 Y1、Y2 的状态变化，观察电梯运行状况。

（9）同时按下按一层下行按钮 1AS、二层下行按钮 2AX，观察 PLC 输出点 Y1、Y2 的状态变化，观察电梯运行状况。

任务 16　带旋转编码器的电梯控制

基础知识

一、任务分析

1. 控制要求

（1）当电梯停于一层、二层时，如果用户在三楼按 3AX 下行呼叫按钮，则电梯上升到三层停止。

（2）当电梯停于三层或二层时，如果用户按 1AS 上行呼叫按钮，则电梯下降到一层停止。

（3）当电梯停于一层时，如果用户在二楼按 2AX 下行呼叫或 2AS 上行呼叫按钮，则电梯上升到二层停止。

（4）当电梯停于三层时，如果用户在二楼按 2AX 下行呼叫或 2AS 上行呼叫按钮，则电梯下降到二层停止。

（5）当电梯停于一层时，如果二层、三层同时呼叫，电梯上行至二层停止，延时 T1s 后继续上行至三层停止。

（6）当电梯停于三层时，如果二层、一层同时呼叫，电梯下行至二层停止，延时 T2s 后继续下行至一层停止。

(7) 电梯上行时，下行呼叫无效。电梯下行时，上行呼叫无效。

(8) 电梯经过各层楼时，电梯轿厢上的位置感应器动作，轿厢位置计数器计数。

(9) 电梯轿厢位置通过 LED 数码管显示。

(10) 电梯到达指定层楼时，先减速后平层，减速过程中，采用旋转编码器计数，减速脉冲数根据现场平层要求确定。

(11) 电梯具有快车速度（变频器对应频率 50Hz）、爬行速度（变频器对应频率 10Hz），当平层停车信号到来时，控制电梯运行的变频器的频率从 10Hz 减少到 0。

(12) 电梯具有上、下行延时起动和电梯运行方向指示。

2. 控制分析

(1) 呼叫信号的登记与消号。呼叫信号登记可以采用置位 SET 指令，到达指定楼层可以用复位 RST 指令。

(2) 轿厢位置指示。电梯运行经过各层楼时，轿厢上的感应器动作，触发轿厢位置计数器计数，上升时加计数，下降时减计数，通过七段译码指令 SEGD 进行译码显示。

(3) 电梯定向控制。将呼叫信号与电梯轿厢位置信号作比较，呼叫信号大于轿厢位置信号时，电梯定向为上行。呼叫信号小于轿厢位置信号时，电梯定向为下行。

上、下行信号分别驱动上下行指示灯指示电梯运行方向。

(4) 电梯运行控制。电梯定向完毕或电梯到达二层且有多层呼叫，延时 1s，电梯启动，上行时驱动上行输出继电器，控制电梯正转运行，带动电梯上行。下行时驱动下行输出继电器，控制电梯反转运行，带动电梯下行。

二、PLC 控制

1. PLC 软元件分配

(1) 输入输出点分配。输入输出点分配见表 9-3。

表 9-3　　　　　　　　　　　　　　输入、输出点分配

输　入		输　出	
高速计数脉冲输入	X0	1AS 呼叫指示灯	Y0
1 层呼叫 1AS	X1	2AX 呼叫指示灯	Y1
2 层上行呼叫 1AS	X2	2AS 呼叫指示灯	Y2
2 层下行呼叫 2AX	X3	3AX 呼叫指示灯	Y3
3 层呼叫 3AX	X4	上行指示灯	Y4
轿厢位置感应器	X5	下行指示灯	Y5
底层极限开关	X7	减速继电器	Y10
		上行运行	Y11
		下行运行	Y12
		数码管	Y20～Y26

(2) 其他软元件分配。辅助继电器、高速计数器分配见表 9-4。

表 9-4　　　　　　　　　　　　　辅助继电器、高速计数器

1AS 位置	M0	暂停信号	M5
2AX 位置	M1	存在呼叫信号	M10
2AS 位置	M2	定向上行	M11
3AX 位置	M3	定向下行	M12
同时二个呼叫信号	M4	减速运行	M16

续表

延时定时器	T1	层楼位置寄存器	D20
轿厢位置计数器	C200	高速计数器	C235
加减速计数控制	M8200		

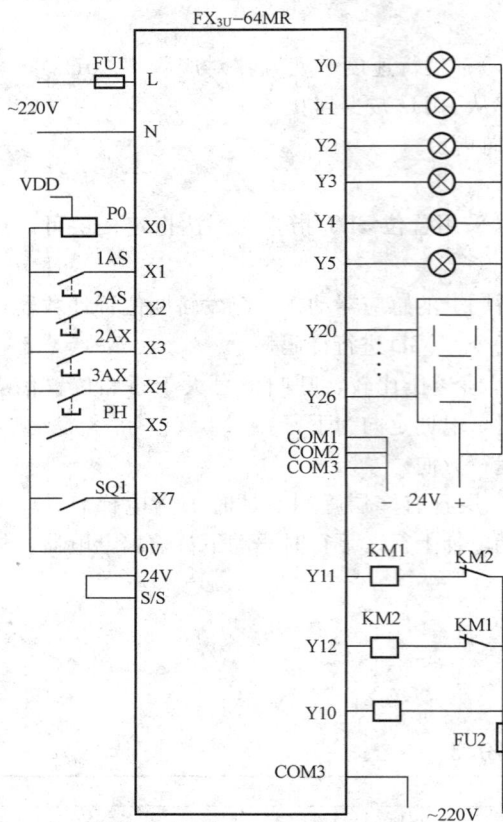

图 9-6　PLC 接线图

2. PLC 接线图

PLC 接线图如图 9-6 所示。

3. 变频器参数设置

第一段速度　　Pr. 4＝6Hz

加速时间　　Pr. 7＝2s

减速时间　　Pr. 8＝1s

直流制动频率　Pr. 10＝3Hz

直流制动时间　Pr. 11＝3s

快车速度　　　f＝50Hz（频率设定）

4. 电梯控制程序

（1）呼叫登记控制程序。呼叫登记控制梯形图如图 9-7 所示。

1AS 呼叫登记条件是：

按下 1AS 按钮。

1AS 呼叫限制登记条件是：

电梯位于 1 楼，即 1AS 位置辅助继电器 M0 为 ON。

2AS 上行呼叫有效，即 Y2 为 ON。

3AX 上行呼叫有效，即 Y4 为 ON。

2AS 呼叫登记条件是：

按下 2AS 按钮。

2AS 呼叫限制登记条件是：

电梯位于 2 楼，即 1AS 位置辅助继电器 M1 为 ON。

1AS 上行呼叫有效，即 Y1 为 ON。

3AX 上行呼叫有效，即 Y4 为 ON。

2AX 呼叫登记条件是：

按下 2AX 按钮。

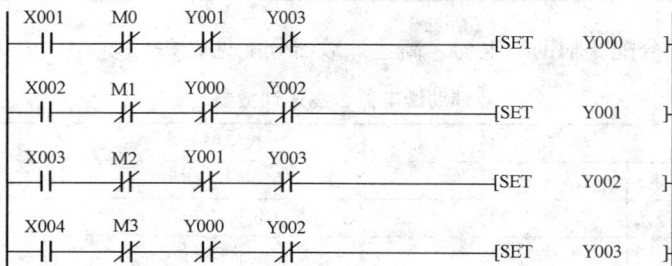

图 9-7　呼叫登记控制梯形图

2AX 呼叫限制登记条件是：

电梯位于 2 楼，即 2AX 位置辅助继电器 M2 为 ON。

1AS 上行呼叫有效，即 Y1 为 ON。

3AX 上行呼叫有效，即 Y4 为 ON。

3AX 呼叫登记条件是：

按下 3AX 按钮。

3AX 呼叫限制登记条件是：

电梯位于 3 楼，即 3AX 位置辅助继电器 M3 为 ON。

1AS 呼叫有效，即 Y2 为 ON。

2AX 下行呼叫有效，即 Y4 为 ON。

（2）呼叫信号的消号程序。各层楼呼叫信号的消号梯形图如图 9-8 所示。

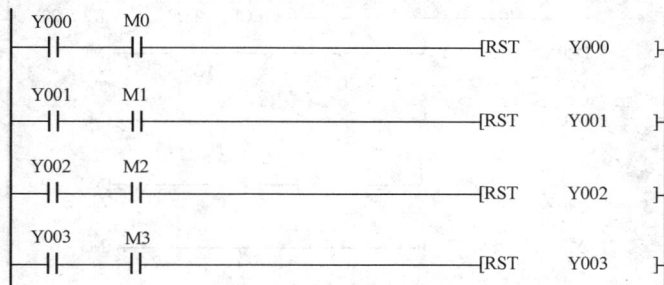

图 9-8　呼叫信号的消号梯形图

1AS 呼叫信号的消号条件是：

1AS 呼叫登记有效且电梯下行到 1 楼。

2AS 呼叫信号的消号条件是：

2AS 呼叫登记有效且电梯上行到 2 楼。

2AX 呼叫信号的消号条件是：

2AX 呼叫登记有效且电梯下行到 2 楼。

3AX 呼叫信号的消号条件是：

3AX 呼叫登记有效且电梯上行到 3 楼。

（3）层楼位置指示程序。层楼位置指示梯形图如图 9-9 所示。

电梯上下行计数由加减计数器 C200 完成，加减计数通过 M8200 控制，M8200 为 OFF 时，C200 减计数。M8200 为 ON 时，C200 加计数。层楼位置比 C200 的当前值多 1，将 C200＋1 送 D20，将 D20 数据七段译码送输出端显示。

轿厢位置辅助继电器由 D20 与数值 1、2、3 的比较触点指令的结果分别驱动。

（4）电梯定向控制程序。电梯定向控制梯形图如图 9-10 所示。

当电梯存在呼叫信号时，通过呼叫信号与层楼位置信号比较确定电梯的运行方向。呼叫信号大于层楼位置信号时，电梯定向为上行。呼叫信号小于层楼位置信号时，电梯定向为下行。

（5）电梯运行控制程序。电梯运行控制梯形图如图 9-11 所示。

电梯定向完成，延时 1s。

延时时间到，如果定向为上行，置位上行输出 Y11，驱动变频器带动交流电动机正转，拖动电梯轿厢上行。如果定向为下行，置位下行输出 Y12，驱动变频器带动交流电动机反转，拖动电梯轿厢下行。

任务
16

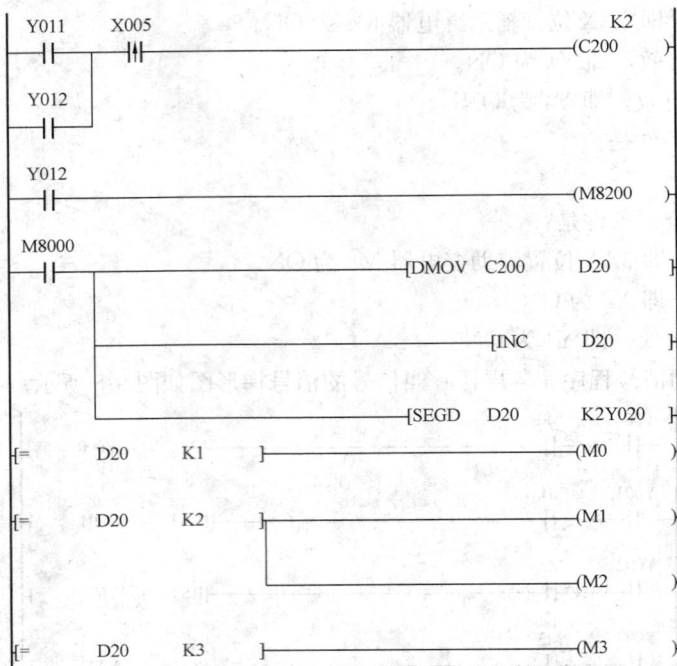

图 9-9　层楼位置指示梯形图

电梯运行到 1 楼，轿厢位置计数器 C200 为 0，层楼位置显示寄存器 D20 为 3，层楼位置辅助继电器 M0 为 ON。

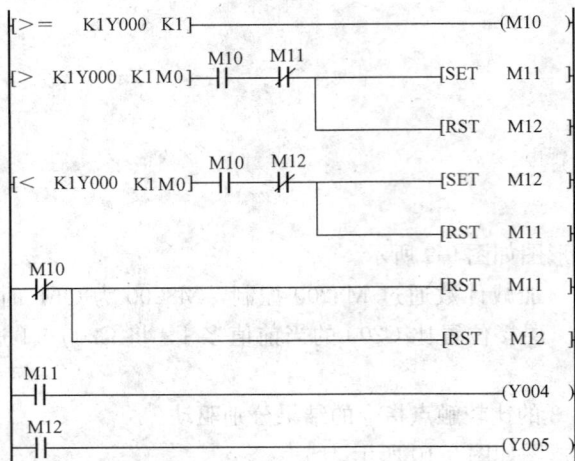

图 9-10　定向控制梯形图

电梯运行到 2 楼，轿厢位置计数器 C200 为 1，层楼位置显示寄存器 D20 为 2，层楼位置辅助继电器 M1、M2 为 ON。

电梯运行到 3 楼，轿厢位置计数器 C200 为 2，层楼位置显示寄存器 D20 为 3，层楼位置辅助继电器 M3 为 ON。

单 1 呼叫时，到达指定层楼位置，复位呼叫信号后产生减速平层信号，置位减速辅助继电器 M16，置位减速运行输出 Y10。

多层运行时，轿厢经过各层感应位置时，置位减速辅助继电器 M16，置位减速运行输出 Y10。

置位减速辅助继电器 M16 驱动高速计数器 C235 对接在输入端 X0 的旋转编码器送来的脉冲进行计数。

当 C235 计数脉冲数达到平层设定数时，C235 为 ON，复位 Y10～Y12，使电梯停车。

电梯停止后，复位 C235，复位 M10。

电梯运行到 1 楼，或触发 1 楼限位极限开关 X7，复位轿厢位置计数器 C200，复位高速计数器 C235。

```
Y000  Y002
 ├┤├──┤├─────────────────────────────[SET    M4 ]
Y001  Y003
 ├┤├──┤├
 M1   M4
 ├┤├──┤├─────────────────────────────(M5 )
 M0   M11  M12
 ├┤├──┤├──┤/├────────────────────────[RST    M4 ]
 M3
 ├┤├
 M11  Y011 Y012                                K10
 ├┤├──┤/├──┤/├────────────────────────────────(T1 )
 M12
 ├┤├
 M5
 ├┤├
 T1   M11
 ├┤├──┤├─────────────────────────────[SET    Y011 ]
 T1   M12
 ├┤├──┤├─────────────────────────────[SET    Y012 ]
Y011 Y012
 ├┤/├─┤/├────────────────────────────[RST    C235 ]
                                      [RST    M10 ]
Y011  M10  X005
 ├┤├──┤/├──┤├────────────────────────[SET    M16 ]
Y012
 ├┤├                                  [SET    Y010 ]
 M5
 ├┤├
 M16                                          K16000
 ├┤├─────────────────────────────────────────(C235 )
C235
 ├┤├─────────────────────────────────[ZRST  Y010  Y012 ]
                                      [RST    M16 ]
X007
 ├┤├─────────────────────────────────[RST    C235 ]
 M0
 ├┤├─────────────────────────────────[RST    C200 ]
```

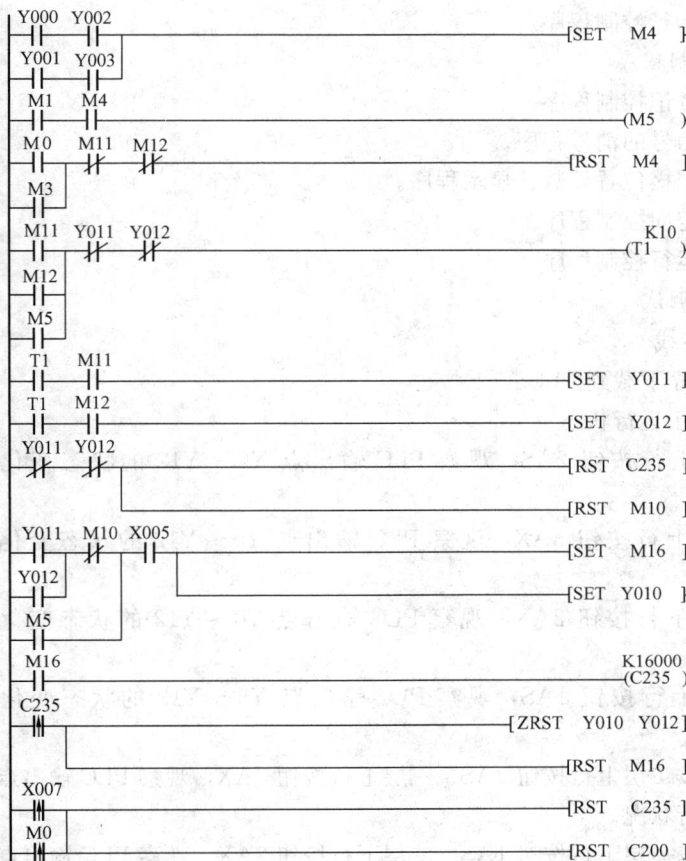

图 9-11　运行控制梯形图

技能训练

一、训练目标

（1）能够正确设计带旋转编码器电梯控制的 PLC 程序。

（2）能正确输入和传输 PLC 控制程序。

（3）能够独立完成带旋转编码器电梯控制线路的安装。

（4）按规定进行通电调试，出现故障时，应能根据设计要求进行检修，并使系统正常工作。

二、训练步骤与内容

1. 根据控制要求设计带旋转编码器电梯控制程序

（1）分配 PLC 输入、输出端。

（2）配置 PLC 辅助继电器、定时器、计数器、数据寄存器等软元件。

（3）设计呼叫登记控制程序。

（4）设计呼叫信号的消号程序。

（5）设计电梯层楼位置计数、显示程序。

（6）设计电梯定向控制程序。

（7）设计电梯运行控制程序。

2. 输入电梯控制程序

（1）输入呼叫登记控制程序。

（2）输入呼叫信号的消号程序。

（3）输入电梯层楼位置计数、显示程序。

（4）输入电梯定向控制程序。

（5）输入电梯运行控制程序。

3. 系统安装与调试

（1）按图 9-6 接线。

（2）将 PLC 程序下载到 PLC。

（3）使 PLC 处于运行状态。

（4）按下二层上行按钮 2AS，观察 PLC 输出点 Y0～Y12 的状态变化，观察电梯运行状况。

（5）按下三层上行按钮 3AX，观察 PLC 输出点 Y0～Y12 的状态变化，观察电梯运行状况。

（6）按下二层下行按钮 2AX，观察 PLC 输出点 Y0～Y12 的状态变化，观察电梯运行状况。

（7）按下一层上行按钮 1AS，观察 PLC 输出点 Y0～Y12 的状态变化，观察电梯运行状况。

（8）同时按下按二层上行按钮 2AS、三层上行按钮 3AX，观察 PLC 输出点 Y0～Y10 的状态变化，观察电梯运行状况。

（9）同时按下按一层下行按钮 1AS、二层下行按钮 2AX，观察 PLC 输出点 Y0～Y12 的状态变化，观察电梯运行状况。

习 题 9

1. 设计 7 层站电梯控制程序

控制要求：

（1）电梯具有轿内指令呼梯信号。

（2）电梯厅外具有上、下行呼梯信号。

（3）内指令信号优先，上、下行呼梯信号互锁，即上行呼梯时，下行呼梯无效。下行呼梯时，上行呼梯无效。

（4）电梯各层楼设有层楼位置感应器。

（5）电梯轿厢位置通过数码管显示。

（6）电梯开、关门均设有限位开关。

（7）电梯具有上行平层、门区平层、下行平层感应器。

（8）电梯具有自动选层、换速控制。

（9）电梯具有启动加速、匀速运行、减速运行、平层停车控制。

2. 设计 7 层站电梯控带旋转编码器的电梯控制程序

控制要求：

（1）电梯具有轿内指令呼梯信号。

（2）电梯厅外具有上、下行呼梯信号。

（3）内指令信号优先，上、下行呼梯信号互锁，即上行呼梯时，下行呼梯无效。下行呼梯时，上行呼梯无效。

（4）电梯轿厢位置通过数码管显示。

（5）电梯开、关门均设有限位开关。

（6）电梯具有上行平层、门区平层、下行平层感应器。

（7）电梯具有自动选层、换速控制。

（8）电梯平层减速由旋转编码器、高速计数器控制。

（9）电梯具有启动加速、匀速运行、减速运行、平层停车控制。

项目十　机床控制

学习目标

(1) 学会用 PLC 改造使用继电器的旧设备。

(2) 学会分析通用机床的电气控制线路。

(3) 学会用 PLC 控制通用机床。

(4) 学会分析平面磨床的电气控制线路。

(5) 学会用 PLC 控制平面磨床。

任务 17　通用机床控制

基础知识

一、任务分析

1. 通用车床 CA6140 的电气控制原理图

通用车床 CA6140 的电气控制原理如图 10-1 所示。

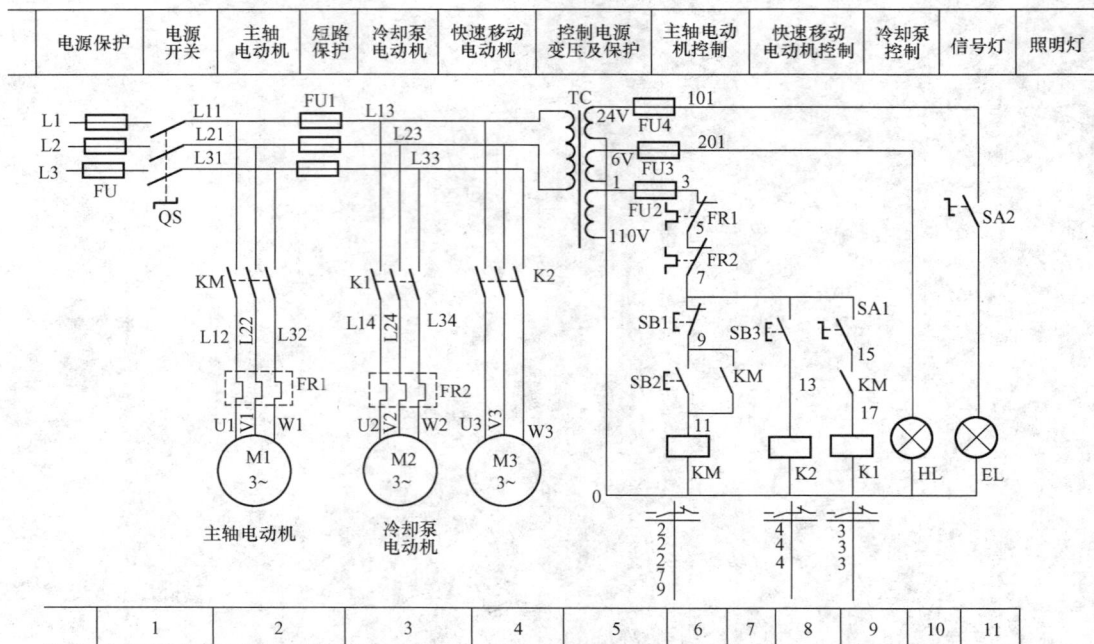

图 10-1　通用车床 CA6140 的电气控制原理图

图 10-1 中电气元件的作用见表 10-1。

表 10-1 通用车床 CA6140 的电气元件作用

元件代号	元件作用	元件代号	元件作用
SB1	主轴电动机停止按钮	KM1	主轴电动机控制接触器
SB2	主轴电动机启动按钮	K1	冷却泵电动机控制继电器
SB3	快速移动电动机点动控制	K2	快速移动电动机控制继电器
SA1	冷却泵电动机手动控制	HL	机床电源指示灯
FR1	主轴电动机过载短路保护		
FR2	冷却泵电动机过载短路保护		

2. 通用车床 CA6140 控制要求

（1）按下启动按钮 SB2，主轴电动机控制接触器得电，主轴电动机启动运行。

（2）按下停止按钮 SB1，主轴电动机控制接触器失电，主轴电动机停止。

（3）主轴电动机启动后，扳动冷却泵电动机手动控制开关 SA1 至闭合位置，冷却泵电动机控制继电器 K1 得电，冷却泵电动机启动运行。

（4）主轴电动机启动后，扳动冷却泵电动机手动控制开关 SA1 至断开位置，冷却泵电动机控制继电器 K1 失电，冷却泵电动机停止。

（5）按下点动控制按钮 SB3，快速移动电动机控制继电器得电，快速移动电动机启动运行。

（6）松开点动控制按钮 SB3，快速移动电动机控制继电器失电，快速移动电动机停止。

（7）过载、短路保护热继电器 FR1、FR2 任何一个触点断开，接触器 KM1、继电器 K1、继电器 K2 断电，所有电动机停止。

3. 控制分析

主轴电动机控制函数

$$KM1 = (SB2 + KM1) \cdot \overline{SB1} \cdot \overline{FR1} \cdot \overline{FR2}$$

冷却泵电动机控制函数

$$K1 = SB3 \cdot \overline{FR1} \cdot \overline{FR2}$$

快速移动电动机控制函数

$$K2 = KM1 \cdot SA1 \cdot \overline{FR1} \cdot \overline{FR2}$$

二、用 PLC 控制通用机床

1. 通用机床 CA6140 的 PLC 控制

（1）PLC 输入、输出端分配。PLC 的输入、输出 I/O 分配见表 10-2。

表 10-2 I/O 分配

元件名称	元件代号	变量地址	元件名称	元件代号	变量地址
停止按钮	SB1	X1	接触器 1	KM1	Y1
启动按钮	SB2	X2	接触器 2	KM2	Y2
点动按钮	SB3	X3	接触器 3	KM3	Y3
手动控制	SA1	X4			
热继电器 1	FR1	X5			
热继电器 2	FR2	X6			

电气控制线路图中 K1、K2 在 PLC 控制中分别用 KM2、KM3 取代。

（2）PLC 接线图。PLC 接线图如图 10-2 所示。

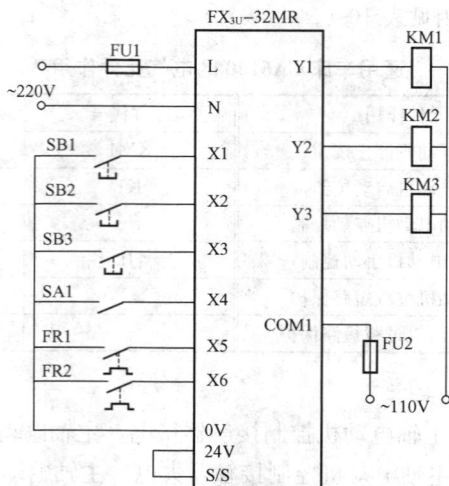

图 10-2　PLC 接线图

2. PLC 控制程序

PLC 控制函数

$$Y1 = (X2 + Y1) \cdot \overline{X1} \cdot \overline{X5} \cdot \overline{X6}$$
$$Y2 = X3 \cdot \overline{X5} \cdot \overline{X6}$$
$$Y3 = Y1 \cdot X4 \cdot \overline{X5} \cdot \overline{X6}$$

技能训练

一、训练目标

（1）能够正确设计通用车床 CA6140 控制的 PLC 程序。

（2）能正确输入和传输 PLC 控制程序。

（3）能够独立完成通用车床 CA6140 电气线路的安装。

（4）按规定进行通电调试，出现故障时，应能根据设计要求进行检修，并使系统正常工作。

二、训练步骤与内容

1. 设计、输入 PLC 程序

（1）根据主轴电动机控制函数设计 PLC 控制函数，并画出梯形图程序。

（2）输入主轴电动机控制的 PLC 程序。

（3）根据冷却泵电动机控制函数设计 PLC 控制函数，并画出梯形图程序。

（4）输入冷却泵电动机控制的 PLC 程序。

（5）根据快速移动电动机控制函数设计 PLC 控制函数，并画出梯形图程序。

（6）输入快速移动电动机控制的 PLC 程序。

（7）输入完成的 PLC 通用机床控制梯形图如图 10-3 所示。

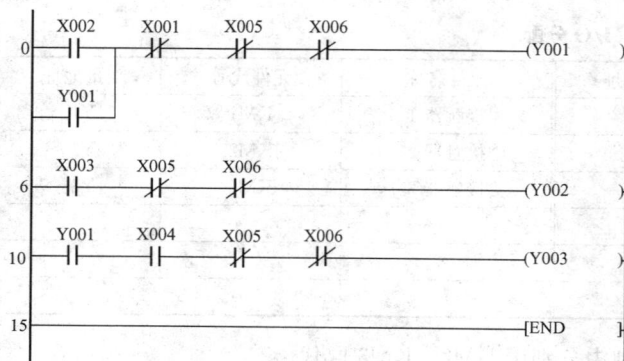

图 10-3　PLC 通用机床控制梯形图

2. 系统安装与调试

（1）主电路按图 10-1 所示的主电路接线。

（2）PLC 按图 10-2 接线。

（3）将 PLC 程序下载到 PLC。

（4）使 PLC 处于运行状态。

（5）按下主轴电动机启动按钮 SB2，观察 PLC 输出点 Y1，观察主轴电动机的运行。

（6）按下快速移动电动机点动按钮 SB3，观察 PLC 输出点 Y2，观察快速移动电动机的运行。

（7）松开快速移动电动机点动按钮 SB3，观察 PLC 输出点 Y2，观察快速移动电动机的运行。

（8）扳动冷却泵电动机手动控制转换开关至闭合位置，观察 PLC 输出点 Y3，观察冷却泵电动机的运行。

（9）扳动冷却泵电动机手动控制转换开关至断开位置，观察 PLC 输出点 Y3，观察冷却泵电动机的运行。

（10）按下主轴电动机停止按钮 SB1，观察 PLC 输出点 Y1，观察主轴电动机的运行。

任务 18　平 面 磨 床 控 制

基础知识

一、任务分析

1. 通用平面磨床 M7120 的电气控制原理图

通用平面磨床 M7120 的电气控制原理如图 10-4 所示。

图 10-4 中电气元件的作用见表 10-3。

表 10-3　　　　　　　　　　通用车床 CA6140 的电气元件作用

元件代号	元件作用	元件代号	元件作用
KV	电压继电器	SB1	系统停止按钮
SB2	液压泵电动机停止按钮	SB3	液压泵电动机启动按钮
SB4	砂轮电动机停止按钮	SB5	砂轮电动机启动按钮
SB6	砂轮升降电动机上升按钮	SB7	砂轮升降电动机下降按钮
SB8	电磁吸盘充磁按钮	SB9	电磁吸盘停止充磁按钮
SB10	电磁吸盘去磁按钮	SB11	冷却泵电动机启动按钮
SB12	冷却泵电动机停止按钮	FR1	液压泵过载保护
FR2	砂轮电动机过载保护	FR3	冷却泵电动机过载保护
KM1	液压泵电动机控制接触器	KM2	砂轮电动机控制接触器
KM3	砂轮上升控制接触器	KM4	砂轮下降控制接触器
KM5	电磁吸盘充磁控制接触器	KM6	电磁吸盘去磁控制接触器
KM7	冷却泵电动机控制接触器		

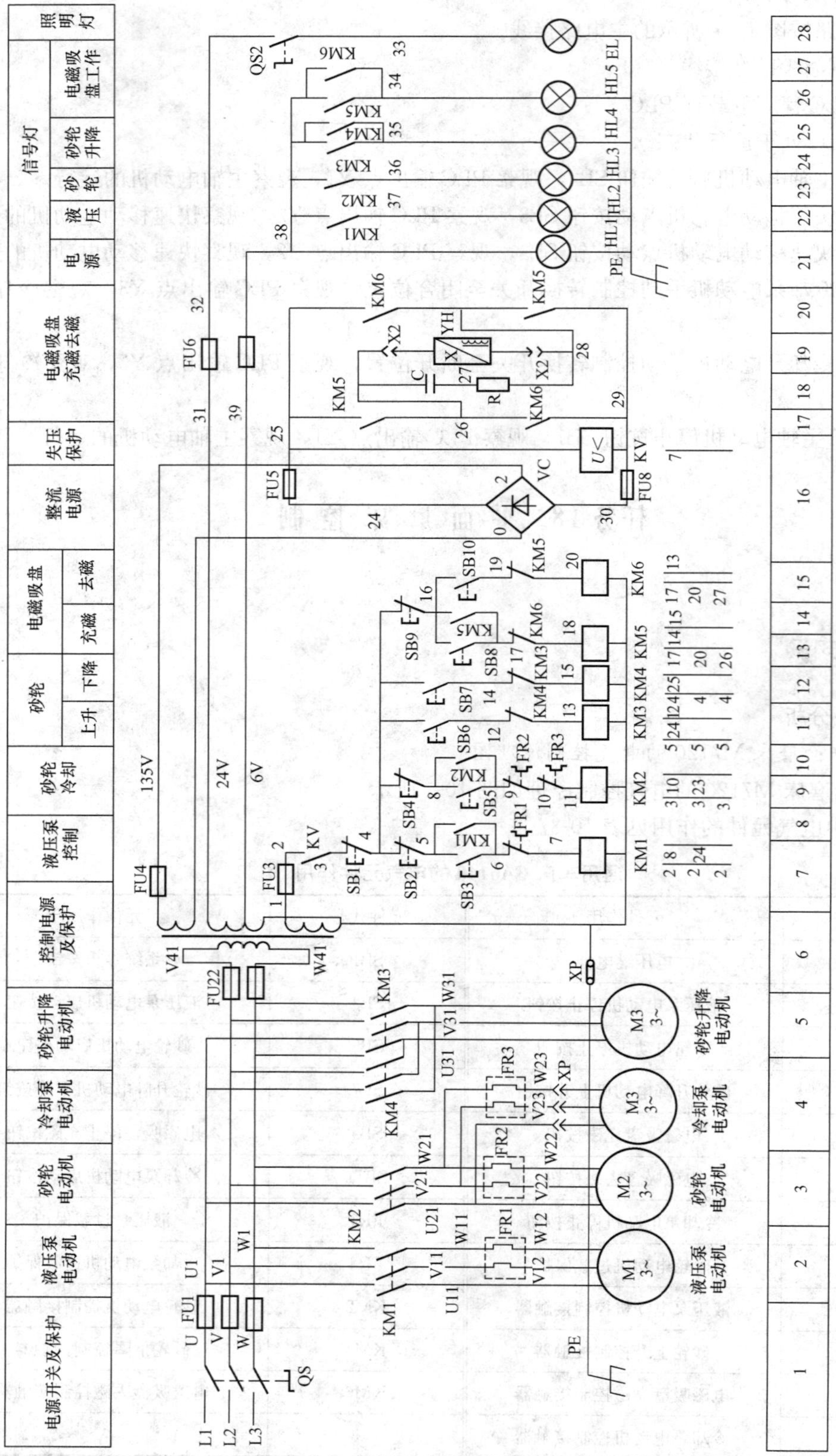

任务
18

图10-4 平面磨床 M7120 的电气控制原理图

2. 通用平面磨床 M7120 的控制要求

（1）合上电源总开关 QS，电压继电器得电，电压继电器常开触点闭合，接通控制电路电源。

（2）按下液压泵电动机启动按钮 SB3，液压泵电动机控制接触器 KM1 得电，液压泵电动机启动运行。

（3）按下液压泵电动机停止按钮 SB2，液压泵电动机控制接触器 KM1 失电，液压泵电动机停止。

（4）按下砂轮电动机启动按钮 SB5，砂轮电动机控制接触器 KM2 得电，砂轮电动机启动运行。

（5）按下砂轮电动机停止按钮 SB4，砂轮电动机控制接触器 KM2 失电，砂轮电动机停止。

（6）砂轮电动机启动后，可以通过插、拔插接件 KP 控制冷却泵电动机的运行和停止。

（7）按下砂轮升降电动机上升按钮 SB6，接通砂轮上升控制接触器 KM3，砂轮升降电动机正转，砂轮升降。

（8）按下砂轮升降电动机下降按钮 SB7，接通砂轮下降控制接触器 KM4，砂轮升降电动机反转，砂轮下降。

（9）按下电磁吸盘充磁按钮 SB8，电磁吸盘充磁控制接触器 KM5 得电，电磁吸盘充磁。

（10）按下电磁吸盘停止充磁按钮 SB9，电磁吸盘充磁控制接触器 KM5 失电，电磁吸盘停止充磁。

（11）按下电磁吸盘去按钮 SB10，电磁吸盘去磁控制接触器 KM6 得电，电磁吸盘点动去磁。

（12）松开电磁吸盘去按钮 SB10，电磁吸盘去磁控制接触器 KM6 失电，电磁吸盘停止去磁。

（13）过载、短路保护热继电器 FR1 触点断开，接触器 KM1 失电，液压泵电动断电，液压泵电动机得到过载、短路保护。

（14）FR1、FR2 任何一个触点断开，接触器 KM2 失电，砂轮电动机和冷却泵电动机断电，砂轮电动机和冷却泵电动机得到过载、短路保护。

二、用 PLC 控制通用平面磨床

（1）PLC 输入、输出端分配。PLC 的输入、输出 I/O 分配见表 10-4。

表 10-4　　　　　　　　　　PLC 的 I/O 分配

输 入		输 出	
元件代号	输入点	元件代号	输出点
KV	X0	KM1	Y1
SB1	X1	KM2	Y2
SB2	X2	KM3	Y3
SB3	X3	KM4	Y4
SB4	X4	KM5	Y5
SB5	X5	KM6	Y6
SB6	X6	KM7	Y7
SB7	X7		
SB8	X10		
SB9	X11		
SB10	X12		
SB11	X13		
SB12	X14		
FR1	X15		
FR2	X16		
FR3	X17		

(2) PLC 接线图。PLC 接线图如图 10-5 所示。

(3) PLC 控制程序。

$$Y1 = (X3 + Y1) \cdot \overline{X1} \cdot \overline{X2} \cdot \overline{X15} \cdot X0$$

$$Y2 = (X5 + Y2) \cdot \overline{X1} \cdot \overline{X4} \cdot \overline{X16} \cdot \overline{X17} \cdot X0$$

$$Y3 = X6 \cdot X0 \cdot \overline{X1} \cdot \overline{Y4} \cdot \overline{X7}$$

$$Y4 = X7 \cdot X0 \cdot \overline{X1} \cdot \overline{Y3} \cdot \overline{X6}$$

$$Y5 = (X10 + Y5) \cdot X0 \cdot \overline{X1} \cdot \overline{X11} \cdot \overline{Y6}$$

$$Y6 = X12 \cdot X0 \cdot \overline{X1} \cdot \overline{X11} \cdot \overline{Y5}$$

$$Y7 = (X13 + Y7) \cdot \overline{X14} \cdot Y2 \cdot \overline{X17}$$

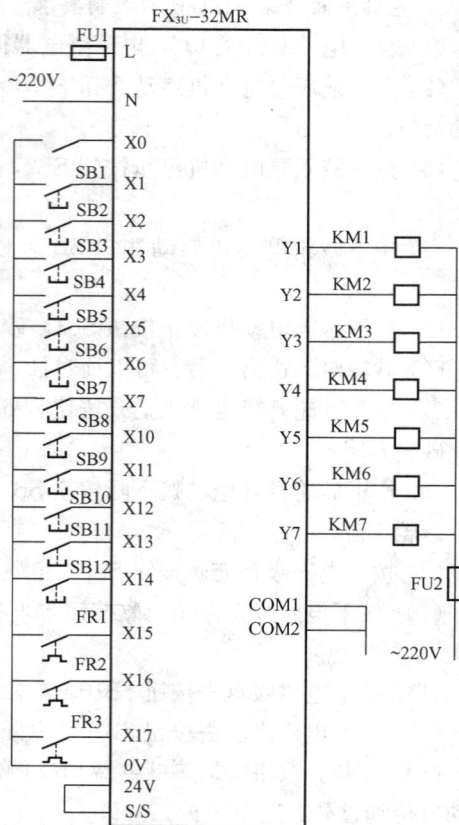

图 10-5　PLC 接线图

技能训练

一、训练目标

(1) 能够正确设计通用平面磨床 M7120 控制的 PLC 程序。

(2) 能正确输入和传输 PLC 控制程序。

(3) 能够独立完成通用平面磨床 M7120 电气线路的安装。

(4) 按规定进行通电调试，出现故障时，应能根据设计要求进行检修，并使系统正常工作。

二、训练步骤与内容

1. 设计、输入 PLC 程序

(1) 根据液压泵电动机的控制要求设计 PLC 控制函数，并画出梯形图程序。

(2) 输入液压泵电动机控制的 PLC 程序。

(3) 根据砂轮电动机控制要求设计 PLC 控制函数，并画出梯形图程序。

(4) 输入砂轮电动机控制的 PLC 程序。

(5) 根据砂轮升降电动机上升的控制要求设计 PLC 控制函数，并画出梯形图程序。

(6) 输入砂轮升降电动机上升控制的 PLC 程序。

(7) 根据砂轮升降电动机下降的控制要求设计 PLC 控制函数，并画出梯形图程序。

(8) 输入砂轮升降电动机下降控制的 PLC 程序。

(9) 根据电磁吸盘充磁的控制要求设计 PLC 控制函数，并画出梯形图程序。

(10) 输入电磁吸盘充磁控制的 PLC 程序。

(11) 根据电磁吸盘去磁的控制要求设计 PLC 控制函数，并画出梯形图程序。

(12) 输入电磁吸盘去磁控制的 PLC 程序。

(13) 根据冷却泵电动机的控制要求设计 PLC 控制函数，并画出梯形图程序。

(14) 输入冷却泵电动机控制的 PLC 程。

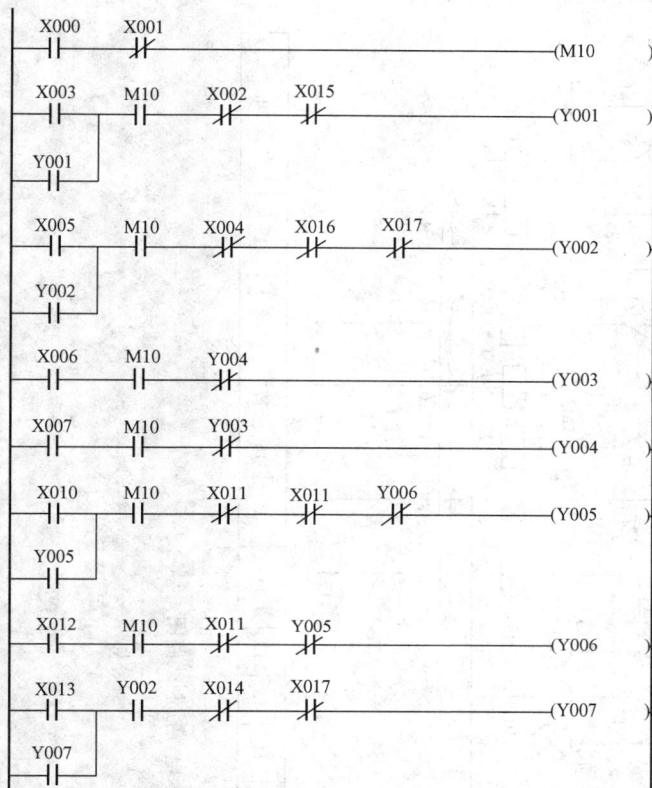

图 10-6　PLC 通用平面磨床控制梯形图

（15）输入完成的 PLC 通用平面磨床控制梯形图如图 10-6 所示。

2. 系统安装与调试

（1）主电路按图 10-4 所示主电路接线。

（2）PLC 按图 10-5 接线。

（3）将 PLC 程序下载到 PLC。

（4）使 PLC 处于运行状态。

（5）按下液压泵电动机启动按钮 SB3，观察 PLC 输出点 Y1，观察主液压泵电动机的运行。

（6）按下液压泵电动机停止按钮 SB2，观察 PLC 输出点 Y1，观察主液压泵电动机的运行。

（7）按下砂轮电动机启动控制按钮 SB5，观察 PLC 输出点 Y2，观察砂轮电动机的运行。

（8）按下砂轮电动机停止控制按钮 SB4，观察 PLC 输出点 Y2，观察砂轮电动机的运行。

（9）按下砂轮升降电动机上升控制按钮 SB6，观察 PLC 输出点 Y3，观察砂轮升降电动机的运行。

（10）按下砂轮升降电动机下降控制按钮 SB7，观察 PLC 输出点 Y4，观察砂轮升降电动机的运行。

（11）按下总停止按钮 SB1，观察系统运行状况。

（12）按电磁吸盘充磁启动控制按钮 SB8，观察 PLC 输出点 Y5，观察线圈 YH 的工作。

（13）按下电磁吸盘充磁停止控制按钮 SB9，观察 PLC 输出点 Y5，观察线圈 YH 的工作。

（14）按电磁吸盘去磁控制按钮 SB10，观察 PLC 输出点 Y6，观察线圈 YH 的工作。

（15）松开电磁吸盘去磁控制按钮 SB10，观察 PLC 输出点 Y6，观察线圈 YH 的工作。

（16）按下冷却泵电动机启动按钮 SB11，观察 PLC 输出点 Y7，观察主冷却泵电动机的运行。

（17）按下冷却泵电动机停止按钮 SB12，观察 PLC 输出点 Y7，观察主冷却泵电动机的运行。

习 题 10

1. 当停止按钮、热继电器触点采用常闭输入时，相应的控制函数如何写？相应的 PLC 程序如何编制？

2. Z3050 型摇臂钻床电气控制线路如图 10-7 所示，请根据摇臂钻床电气线路的控制要求，设计摇臂钻床电气控制的 PLC 程序。

3. X62W 铣床电气控制线路如图 10-8 所示，请根据铣床电气线路的控制要求，设计铣床电气控制的 PLC 程序。

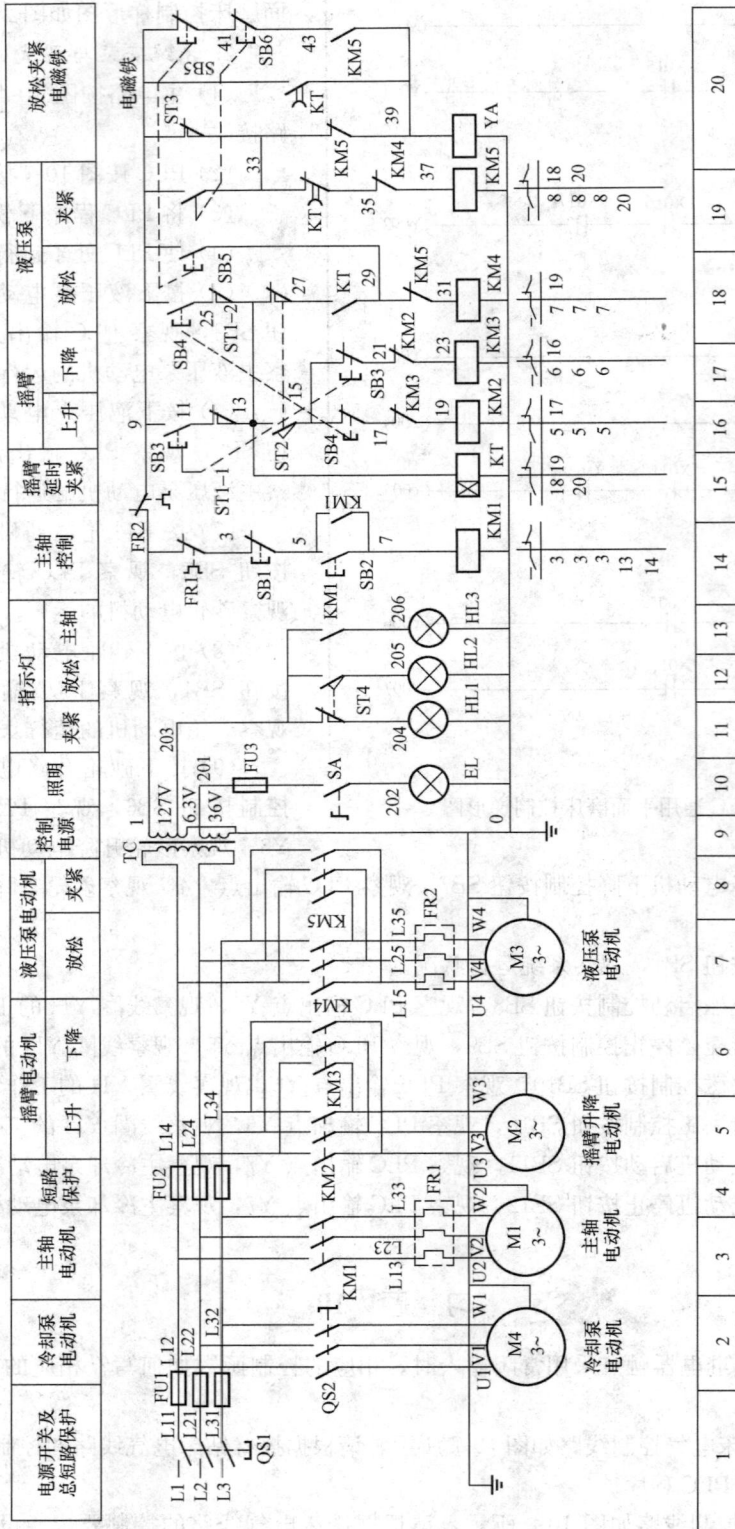

图 10-7 摇臂钻床电气控制线路图

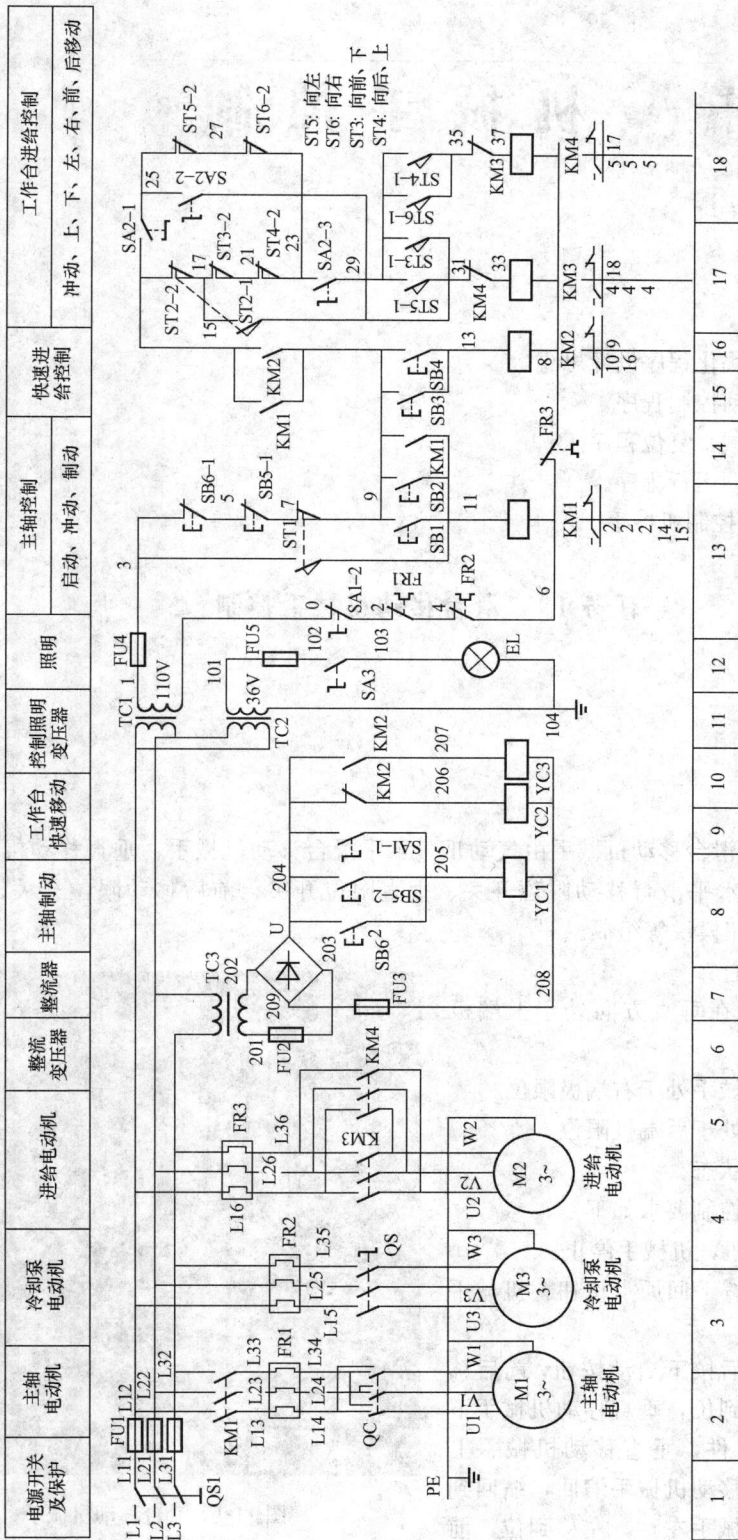

图 10-8 铣床电气控制线路图

171

项目十一　机　械　手　控　制

学习目标

（1）学会应用模块化程序设计思想。
（2）学会设计手动控制程序。
（3）学会设计机械手复位程序。
（4）学会设计自动运行程序。
（5）学会用 PLC 控制机械手。

任务 19　滑台移动机械手控制

基础知识

一、任务分析

1. 控制要求

如图 11-1 所示，滑台移动机械手由气动爪、水平滑台移动机械手、垂直移动机械手、前后移动机械手、阀岛、水平滑台移动限位开关、垂直限位开关、前后移动限位开关、FX$_{3U}$ 系列 PLC、电源模块、按钮模块等组成。

机械手的原点位置：

垂直移动机械手在垂直方向处于上端极限位。

水平滑台移动机械手处于右端极限位。

前后移动机械手处于后端极限位。

气动爪处于放松状态。

滑台移动机械手控制要求如下：

（1）按下停止按钮，机械手停止。

（2）停止状态下按下回原点按钮，机械手回原点。

（3）回原点结束后按下启动按钮，前后移动机械手前移，前移到位，垂直移动机械手下移，到位后，夹紧工件，垂直移动机械手上移。上移到位，前后移动机械手缩回，缩回到位，水平滑台移动机械手左移，左移到位，前后移动机械手前移，前移到位，垂直移动机械手下降，下降到位，放松工件，垂直移动机械手上

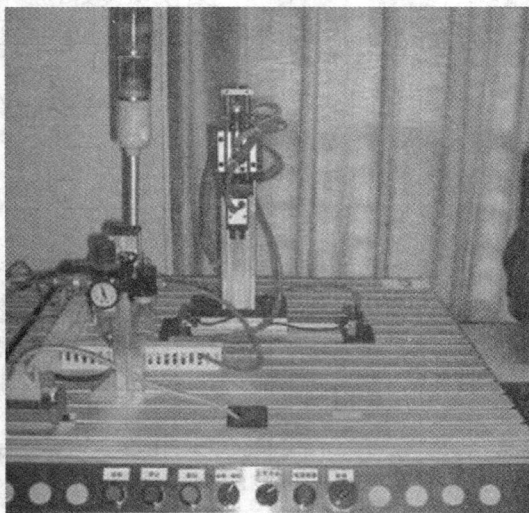

图 11-1　滑台移动机械手

升，到位后，前后移动机械手缩回，缩回到位，水平移动机械手右移，右移到位，完成一次单循环。

（4）如果是自动循环运行，以上流程结束后，再自动重复步骤（3）开始的流程。

2. 自动运行的状态转移图

自动运行的状态转移图如图 11-2 所示。

二、用 PLC 控制滑台移动机械手

1. PLC 软元件分配

PLC 输入、输出 I/O 分配见表 11-1。

表 11-1　　　　　PLC 输入、输出 I/O 分配

元件名称	软元件	作用
按钮 1	X1	启动按钮
按钮 2	X2	停止按钮
按钮 3	X3	回原位按钮
开关 1	X4	选择开关
限位开关 1	X11	下限位
限位开关 2	X12	上限位
限位开关 3	X13	右限位
限位开关 4	X14	左限位
限位开关 5	X15	伸出限位
限位开关 6	X16	缩回限位
指示灯 1	Y10	红灯
指示灯 2	Y11	绿灯
电磁阀 1	Y1	右移
电磁阀 2	Y2	左移
电磁阀 3	Y3	下降
电磁阀 4	Y4	上升
电磁阀 5	Y5	伸出
电磁阀 6	Y6	缩回
电磁阀 7	Y7	夹紧

其他软元件分配见表 11-2。

表 11-2　　　　　其他软元件分配

元件名称	软元件	作用
状态 0	S0	初始
状态 10	S10	前移
状态 11	S11	下降
状态 12	S12	夹紧
状态 13	S13	上升
状态 14	S14	缩回
状态 15	S15	左移
状态 16	S16	前移
状态 17	S17	下降
状态 18	S18	放松
状态 19	S19	上升
状态 20	S20	缩回
状态 21	S21	右移
状态 22	S22	选择

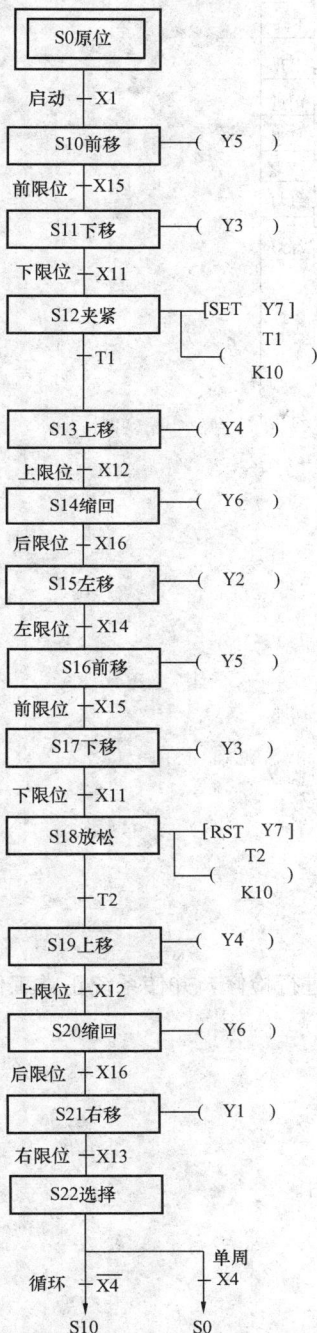

图 11-2　自动运行的状态转移图

2. PLC 接线图

PLC 接线图如图 11-3 所示。

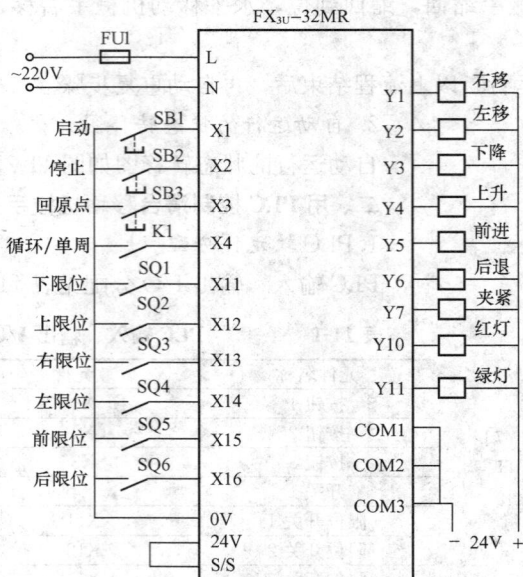

图 11-3　PLC 接线图

3．根据控制要求设计 PLC 控制程序

（1）设计滑台移动机械手停止程序。

（2）设计滑台移动机械手复位程序。

（3）设计滑台移动机械手自动运行控制程序。

技能训练

一、训练目标

（1）能够正确设计滑台移动机械手控制的 PLC 程序。

（2）能正确输入和传输 PLC 控制程序。

（3）能够独立完成滑台移动机械手控制线路的安装。

（4）按规定进行通电调试，出现故障时，应能根据设计要求进行检修，并使系统正常工作。

二、训练步骤与内容

1．设计 PLC 程序

（1）分配 PLC 输入、输出端。

（2）配置 PLC 状态软元件。

（3）根据控制要求，画出滑台移动机械手自动运行状态转移图。

（4）设计滑台移动机械手回原点程序。

（5）设计滑台移动机械手停止程序。

2．输入 PLC 程序

（1）启动 GPPW 编程软件。

（2）点击新建工程快捷按钮，弹出新建工程对话框。

（3）在新建工程对话框中，选择 PLC 系列为"FXCPU"。选择 PLC 类型为"FX$_{3U}$（C）"。选择程序类型为"SFC"。并指定程序保存的路径、工程名。

（4）点击"确定"按钮，弹出是否创建新工程对话框，点击"是"按钮，创建新工程，进入图 11-4 所示的主程序块列表编辑界面。

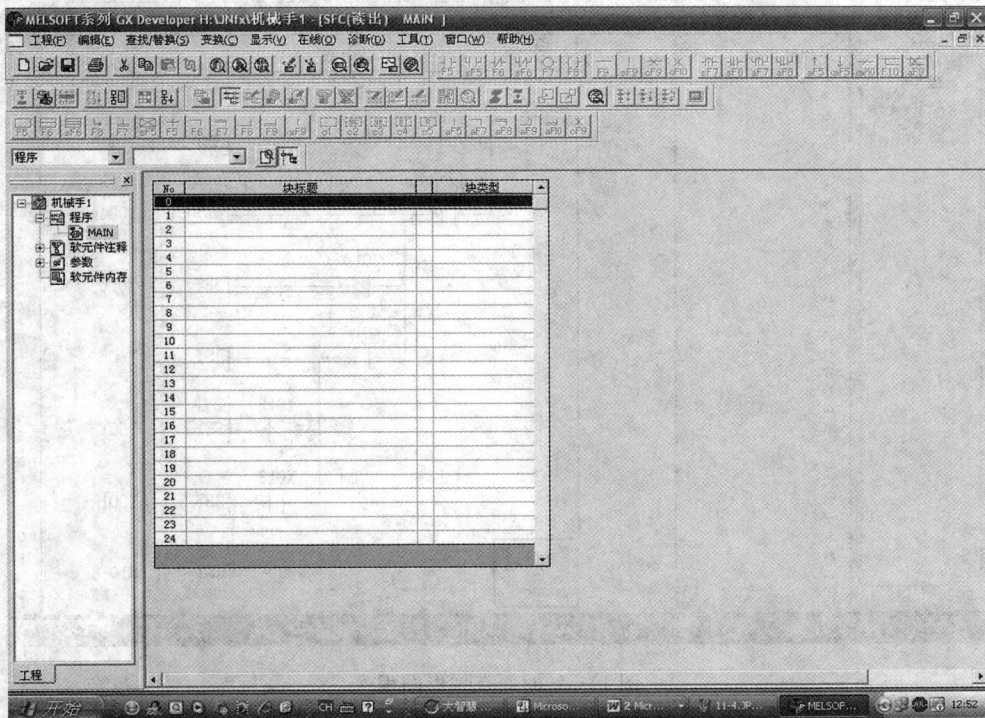

图 11-4　主程序块列表编辑界面

（5）双击块列表第 0 行，弹出块信息设置对话框。

（6）在对话框中设置块 0 的块类型为"梯形图块"，点击"执行"按钮，进入块 0 梯形图编辑界面。

（7）点击右边的梯形图编辑区，输入图 11-5 所示的回原点梯形图程序。

（8）输入图 11-6 所示的停止复位程序。

（9）输入图 11-7 所示的初始状态 S0 的驱动程序。

（10）如图 11-8 所示，点击执行"显示"菜单下的"块列表显示"子菜单命令，或双击工程数据列表区程序目录下 MAIN 项，弹出块列表显示界面。

（11）双击块列表显示表格的第二行，弹出块信息设置对话框。

（12）设置块 1 的块类型为"SFC"块，点击"执行"按钮，进入图 11-9 所示的块 1 的 SFC 编辑界面。

（13）编辑光标移到第四行，按"F5"功能键，弹出图 11-10 所示的步"SFC 符号输入"对话框，默认该步的步号 10，按"确定"按钮，完成步 10 功能块的输入。

（14）光标自动跳到第五行，按"F5"功能键，弹出图 11-11 所示的转移的"SFC 符号输入"对话框，默认该转移的转移号 1，按"确定"按钮，完成转移 1 的输入。

（15）重复上述步骤，输入步 STEP 11～STEP 22 和转移 TR2～TR12 的输入。

（16）光标自动跳到第 41 行，按"F6"功能键，弹出图 11-12 所示的选择分支"SFC 符号输入"对话框，默认该选择分支的转移分支号 1，按"确定"按钮，完成选择分支 1 的输入。

175

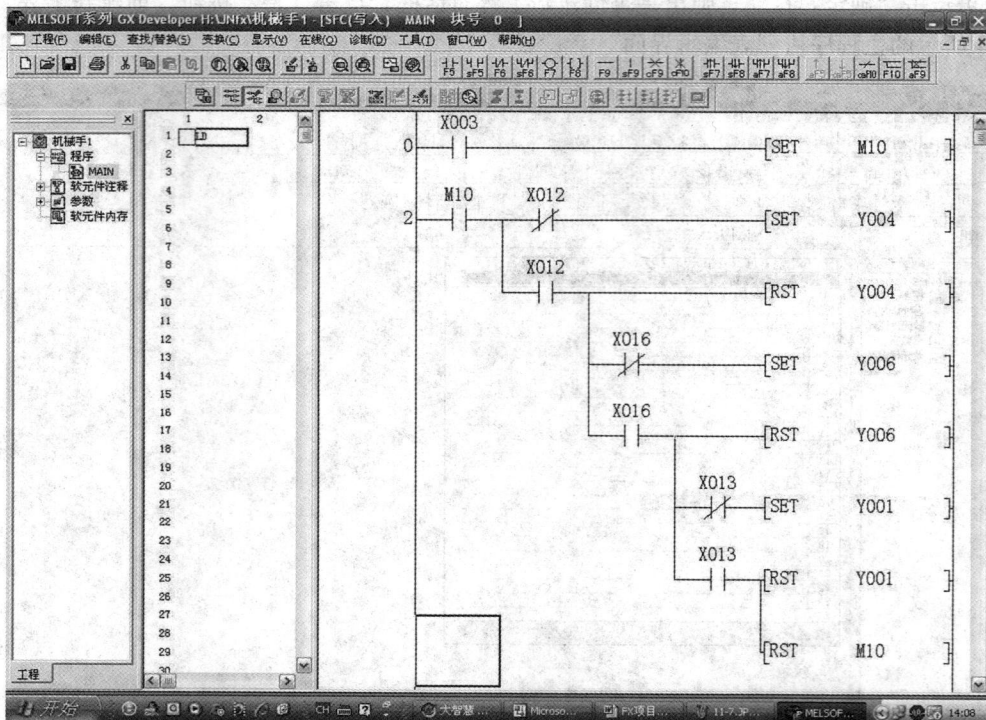

图 11-5 回原点梯形图程序

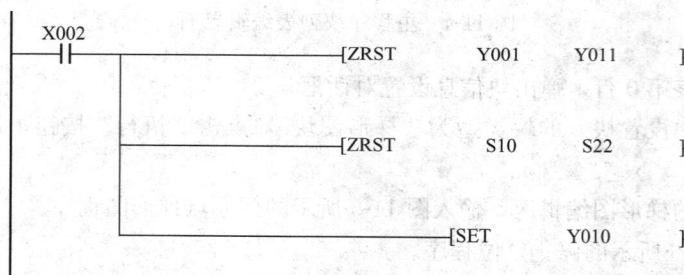

图 11-6 停止复位程序

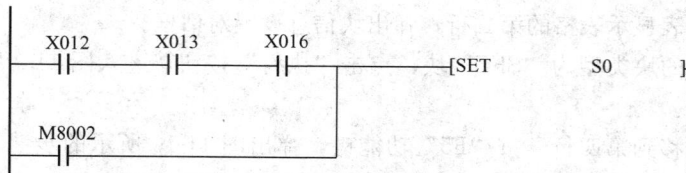

图 11-7 状态 S0 程序

(17) 在第 42 行第 1 列，输入转移 13。

(18) 光标自动跳到第 43 行，按"F8"功能键，弹出图 11-13 所示的跳转 JUMP "SFC 符号输入"对话框，在步属性栏输入跳转的目标步号 10，按"确定"按钮，完成跳转到步 10 的输入。

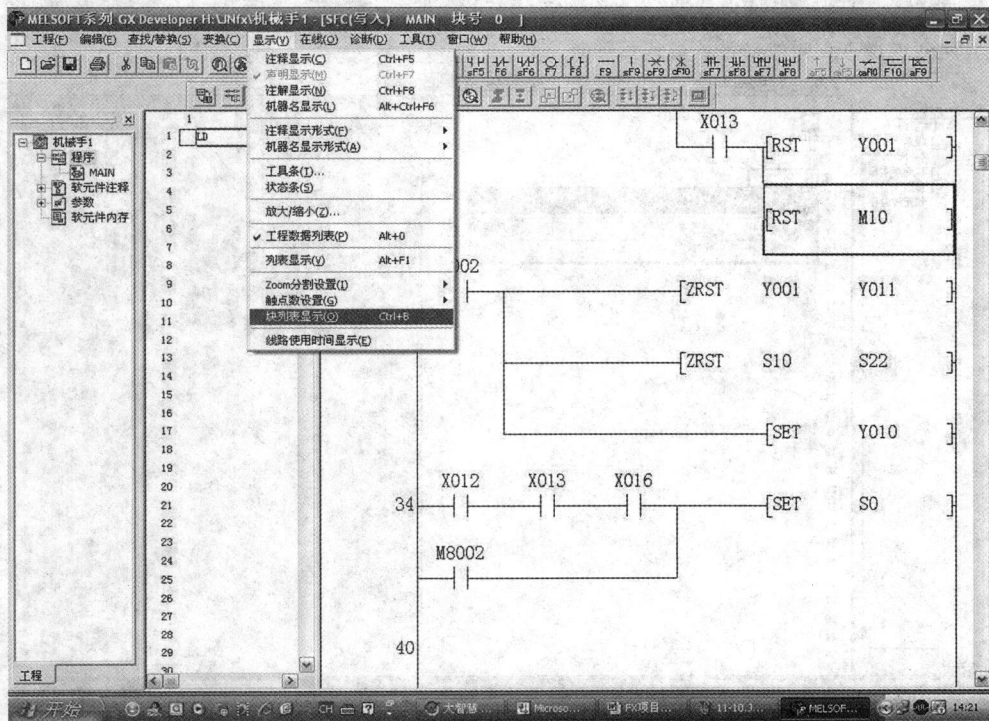

图 11-8　块列表显示

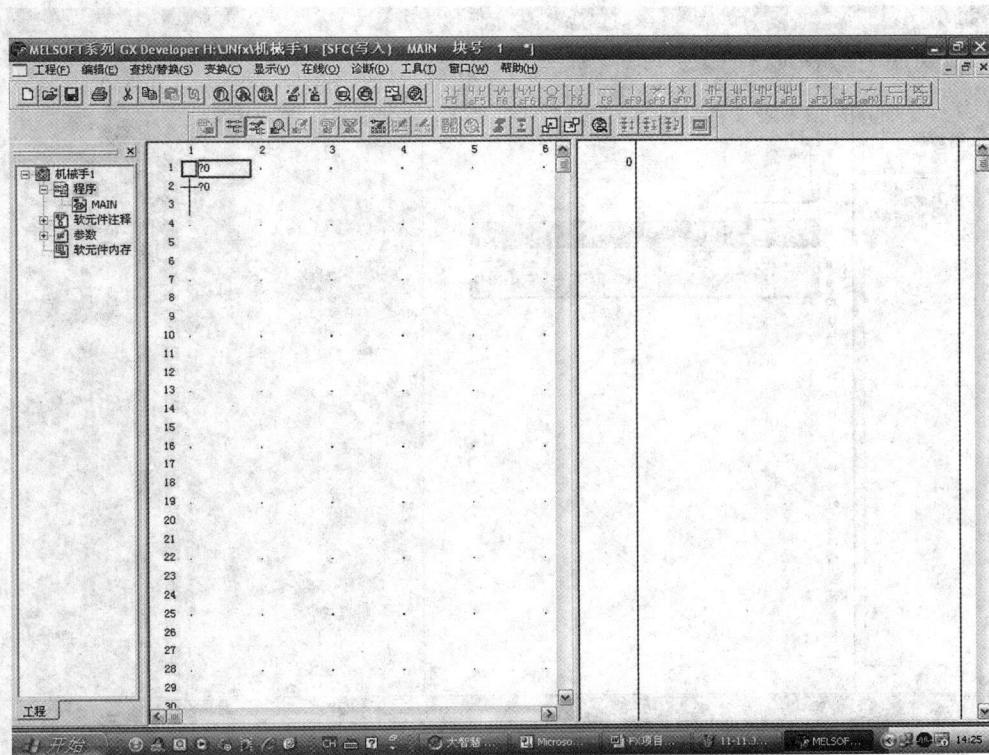

图 11-9　块 1 的 SFC 编辑界面

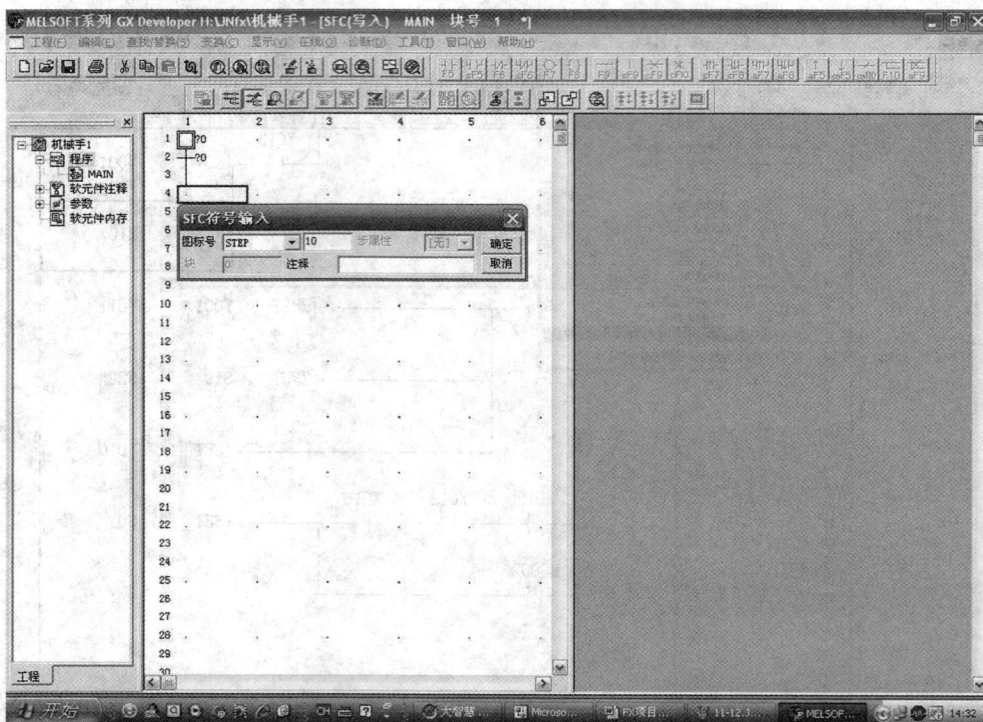

图 11-10　步 10 功能块的输入

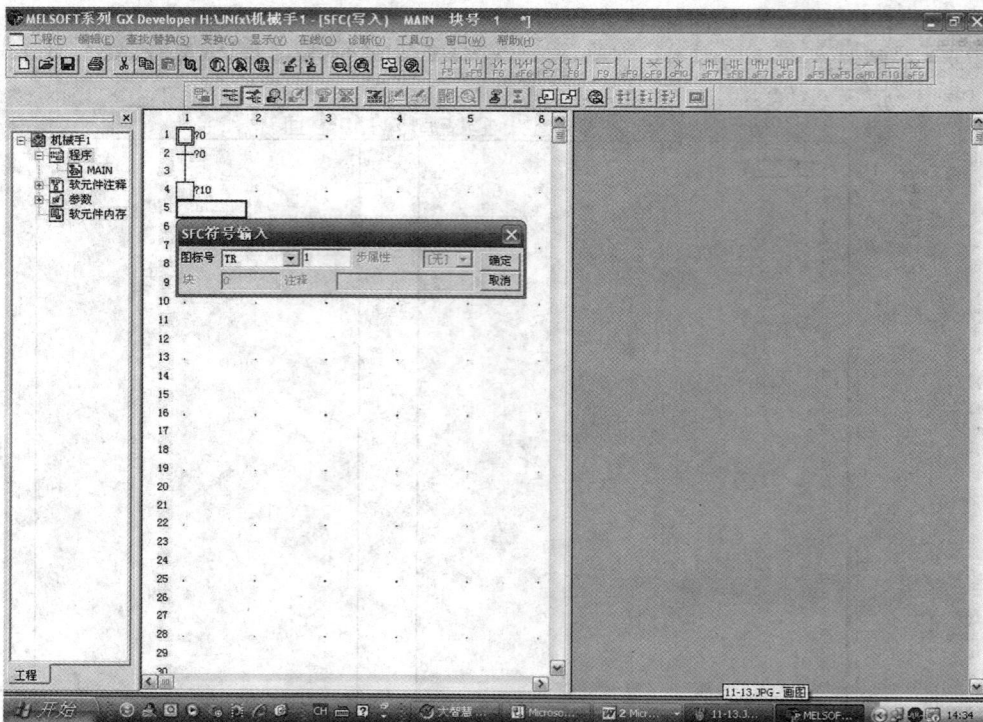

图 11-11　转移 1 的输入

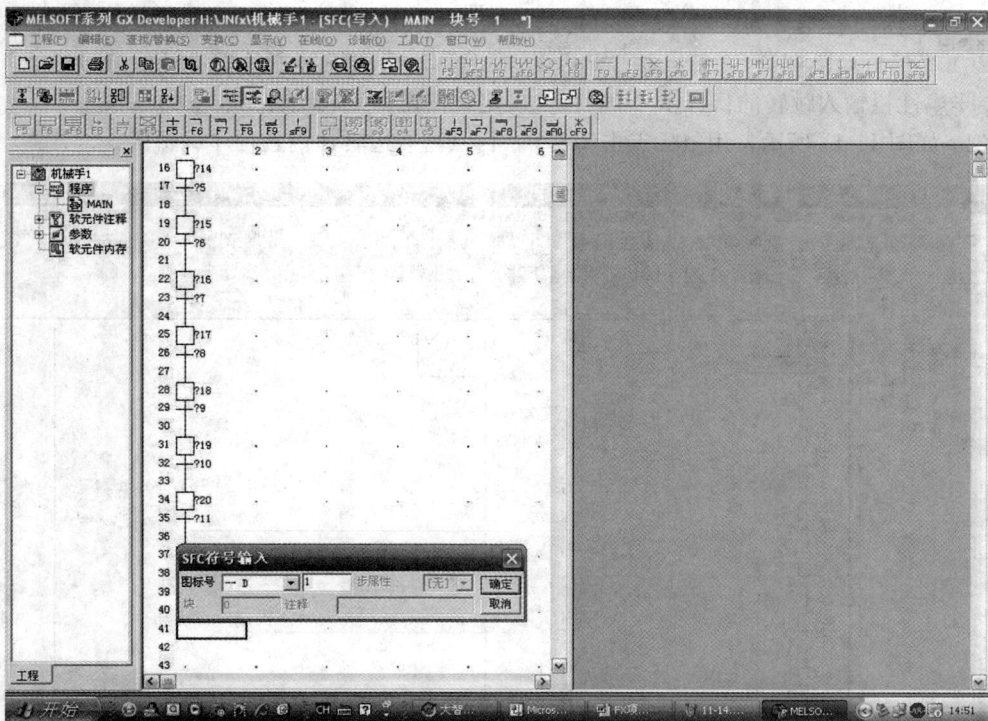

图 11-12　选择分支输入

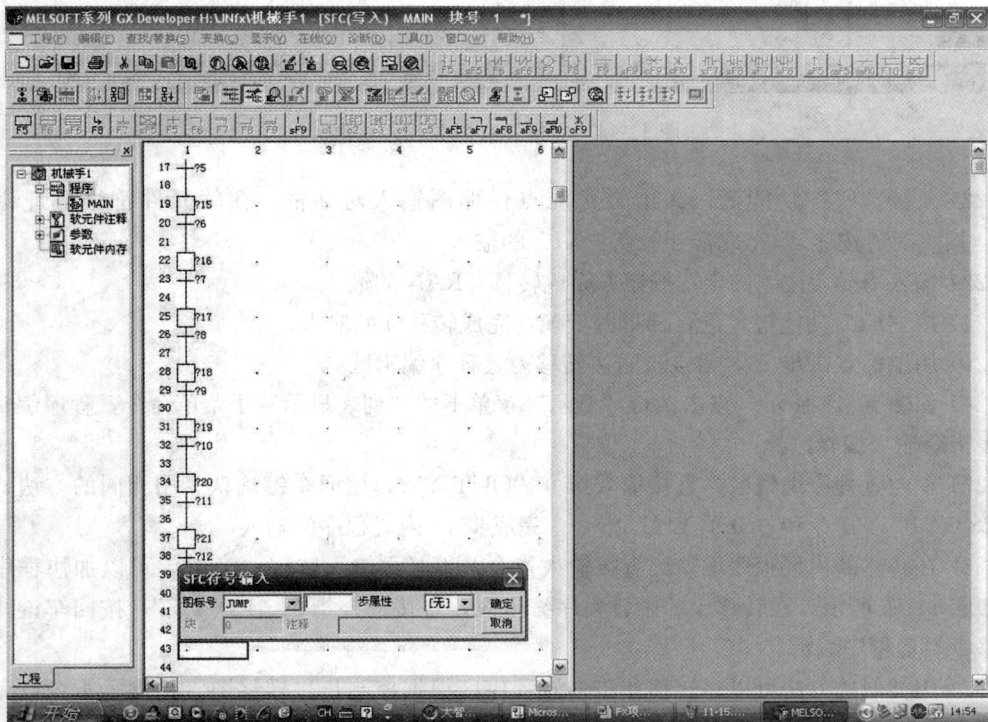

图 11-13　跳转到步 10 的输入

（19）在第 42 行第 2 列，输入转移 14。

（20）光标自动跳到第 43 行，按"F8"功能键，弹出的跳转 JUMP"SFC 符号输入"对话框，在步属性栏输入跳转的目标步号 0，按"确定"按钮，完成跳转到步 0 的输入。

（21）如图 11-14 所示，用鼠标点击转移 0，再点击右边转移内置程序编辑区。

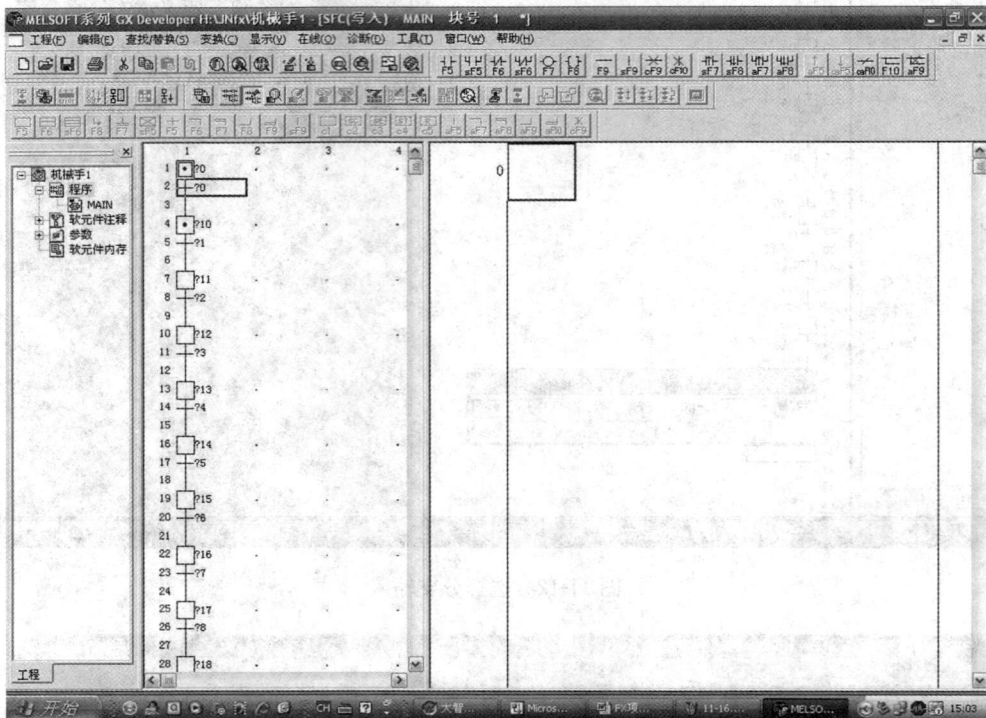

图 11-14　右边转移内置程序编辑区

（22）按按"F5"功能键，弹出常开触点梯形图输入对话框，在软元件符号地址栏输入"X1"，按"确定按钮，"完成常开触点"X1"的输入。

（23）输入 tran，按"确定"按钮，完成转移 TRAN 的输入。

（24）按"F4"功能键，进行梯形图变换，完成转移 0 的输入。

（25）用鼠标点击步 10，再点击右边转移内置程序编辑区。

（26）如图 11-15 所示，点击执行"显示"菜单下的"列表显示"子菜单命令，程序编辑区变为列表指令输入编辑区。

（27）在内置程序编辑区，直接输入指令"OUT Y5"，按回车键确认。用相同的方法，再输入"RST Y10"指令和"SET Y11"指令，完成步 10 内置程序的输入。

（28）在转移的内置程序编辑区直接输入指令，不必再输入转移"tran"，可以加快程序的编辑，如图 11-16 所示，在转移 1 的内置程序编辑区，直接输入指令"LD X15"，按回车键，完成了转移 1 内置程序编辑。

（29）用类似的方法可以在转移和步内置程序区根据控制步进转移图直接输入指令，完成其他转移和步内置程序的编辑。

3. 系统安装与调试

（1）根据 PLC 输入、输出端 I/O 分配画出 PLC 接线图。

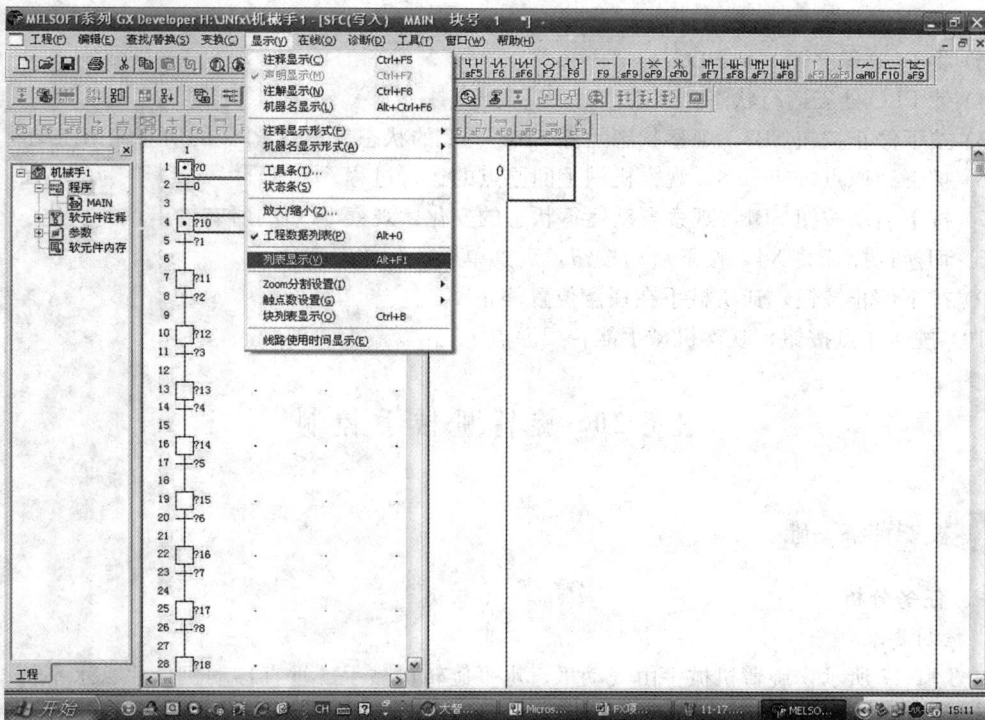

图 11-15 执行"列表显示"命令

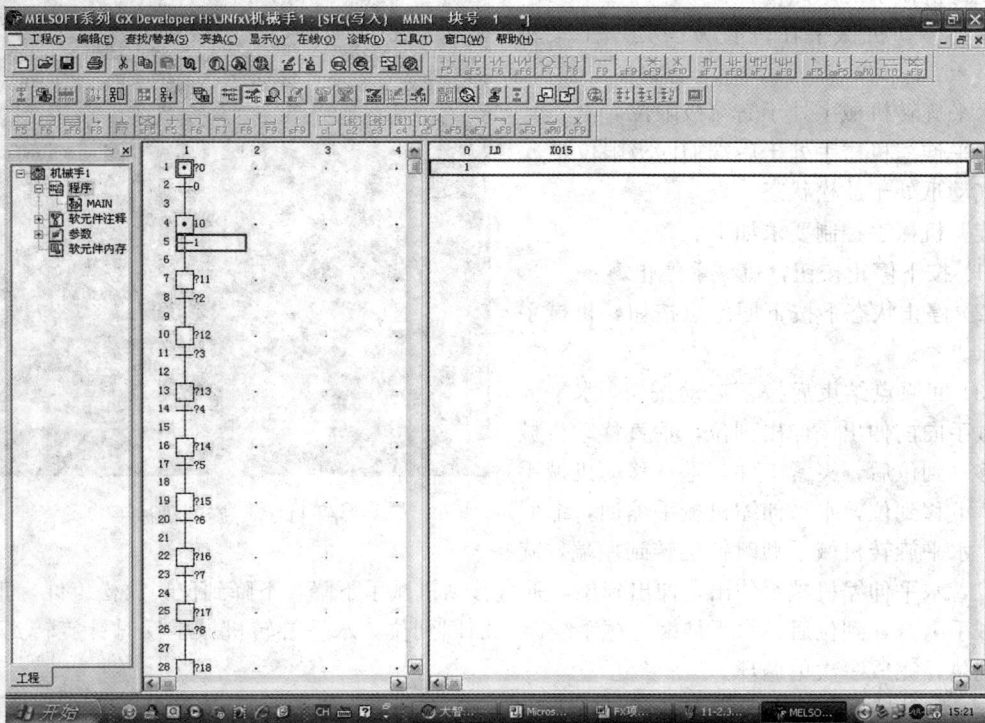

图 11-16 直接输入指令

（2）按 PLC 接线图接线。

（3）将 PLC 程序下载到 PLC。

（4）使 PLC 处于运行状态。

（5）按下停止按钮 SB2，观察状态元件 S10～S22 的状态。观察 PLC 的所有输出点的状态。

（6）按下回原点按钮 SB3，观察机械手回原点的运行过程。

（7）按下启动按钮 SB1，观察自动运行状态的变化，观察 PLC 的所有输出点的变化。

（8）切换选择开关 X4，按下启动按钮，观察单周运行状态变化。

（9）按下停止按钮，让机械手在任意位置停止。

（10）按回原点按钮，观察机械手能否回原点。

任务 20 旋臂机械手控制

技能训练基础

一、任务分析

1. 控制要求

如图 11-17 所示，旋臂机械手由气动爪、水平旋转机械手、垂直移动机械手、水平伸缩机械手、阀岛、水平旋转限位开关、垂直限位开关、水平伸缩限位开关、FX_{3U}系列 PLC、电源模块、按钮模块等组成。

旋臂机械手的原点位置：

垂直移动机械手在垂直方向处于上端极限位。

水平旋转机械手处于右端极限位。

水平伸缩机械手处于后端缩回极限位。

气动爪处于放松状态。

旋臂机械手控制要求如下。

（1）按下停止按钮，机械手停止。

（2）停止状态下按下回原点按钮，机械手回原点。

（3）回原点结束后按下启动按钮，水平伸缩机械手向前伸出，伸出到位，垂直移动机械手下移，到位后，夹紧工件，垂直移动机械手上移。上移到位，水平伸缩机械手缩回，缩回到位，水平旋转机械手顺时针旋转到左端，旋

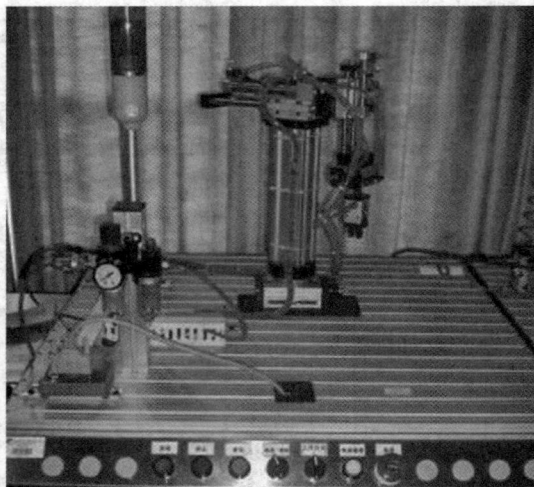

图 11-17 旋臂机械手

转到位，水平伸缩机械手伸出，伸出到位，垂直移动机械手下降，下降到位，放松工件，垂直移动机械手上升，到位后，水平伸缩机械手缩回，缩回到位，水平旋转机械手反时针旋转到右端，旋转到位，完成一次单循环。

（4）如果是自动循环运行，以上流程结束后，再自动重复步骤（3）开始的流程。

2. 自动运行的状态转移图

自动运行的状态转移图如图 11-18 所示。

二、用 PLC 控制旋臂机械手

1. 自动运行的状态转移图

（1）PLC 输入、输出 I/O 分配见表 11-3。

表 11-3 PLC 输入、输出 I/O 分配

元件名称	软元件	作用
按钮 1	X1	启动按钮
按钮 2	X2	停止按钮
按钮 3	X3	回原位按钮
开关 S1	X4	选择开关
限位开关 1	X10	下限位
限位开关 2	X11	上限位
限位开关 4	X12	伸出限位
限位开关 5	X13	缩回限位
限位开关 5	X14	右旋限位
限位开关 6	X15	左旋限位
指示灯 1	Y10	红灯
指示灯 2	Y11	绿灯
电磁阀 1	Y1	伸出
电磁阀 2	Y2	缩回
电磁阀 3	Y3	下降
电磁阀 4	Y4	上升
电磁阀 5	Y5	右旋
电磁阀 6	Y6	左旋
电磁阀 7	Y7	夹紧

（2）状态元件分配。其他软元件分配见表 11-4。

表 11-4 其他软元件分配

元件名称	软元件	作用
状态 0	S0	初始
状态 10	S10	伸出
状态 11	S11	下降
状态 12	S12	夹紧
状态 13	S13	上升
状态 14	S14	缩回
状态 15	S15	左转
状态 16	S16	伸出
状态 17	S17	下降
状态 18	S18	放松
状态 19	S19	上升
状态 20	S20	缩回
状态 21	S21	右转
状态 22	S22	选择

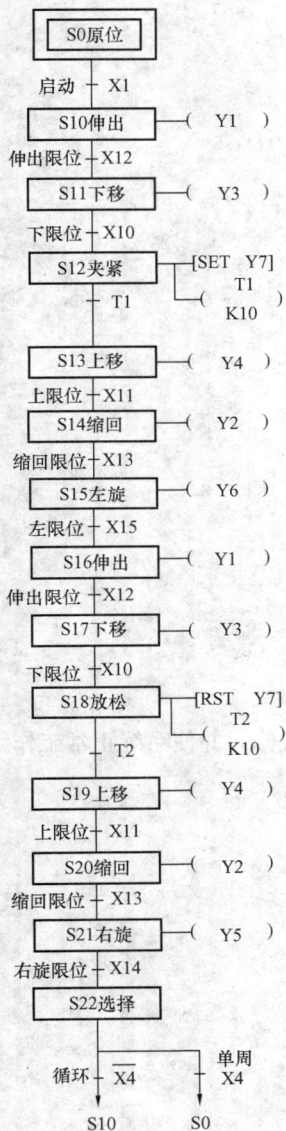

图 11-18 自动运行的状态转移图

2. 旋臂机械手 PLC 控制接线图

PLC 接线图如图 11-19 所示。

3. 根据控制要求设计 PLC 控制程序

（1）设计旋臂机械手停止程序。

（2）设计旋臂机械手复位程序。

（3）设计旋臂机械手自动运行控制程序。

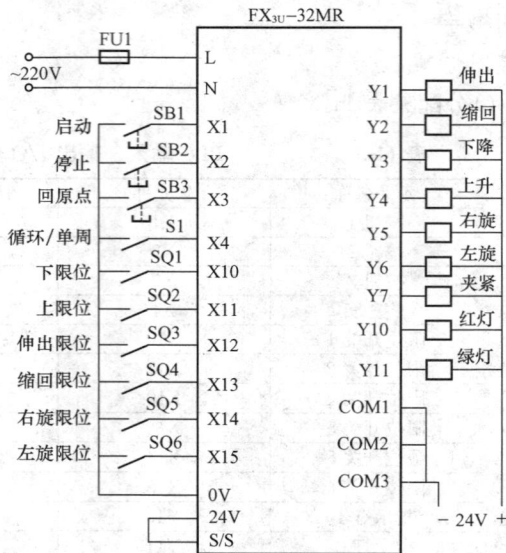

图 11-19 PLC 接线图

技能训练

一、训练目标

（1）能够正确设计旋臂机械手控制的 PLC 程序。

（2）能正确输入和传输 PLC 控制程序。

（3）能够独立完成旋臂机械手控制线路的安装。

（4）按规定进行通电调试，出现故障时，应能根据设计要求进行检修，并使系统正常工作。

二、训练步骤与内容

1. 设计 PLC 程序

（1）分配 PLC 输入、输出端。

（2）配置 PLC 状态软元件。

（3）根据控制要求，画出旋臂机械手控制的自动运行状态转移图。

（4）设计旋臂机械手控制的回原点程序。

（5）设计旋臂机械手控制的停止程序。

2. 输入 PLC 程序

（1）启动 GPPW 编程软件。

（2）点击新建工程快捷按钮，弹出新建工程对话框。

（3）在新建工程对话框中，选择 PLC 系列为"FXCPU"。选择 PLC 类型为"FX₃U（C）"。选择程序类型为"SFC"。并指定程序保存的路径、工程名。

（4）在梯形图块输入停止控制程序。

（5）在梯形图块输入回原点控制程序。

（6）在梯形图块输入驱动状态 S0 的程序。

（7）在 SFC 块根据自动运行状态转移图输入自动运行控制程序。

3. 系统安装与调试

（1）根据 PLC 输入、输出端 I/O 分配画出 PLC 接线图。

（2）按图 11-19 PLC 接线图接线。

（3）将 PLC 程序下载到 PLC。

（4）使 PLC 处于运行状态。

（5）按下停止按钮 SB2，观察状态元件 S10～S22 的状态。观察 PLC 的所有输出点的状态。

（6）按下回原点按钮 SB3，观察机械手回原点的运行过程。

（7）按下启动按钮 SB1，观察自动运行状态的变化，观察 PLC 的所有输出点的变化。

（8）切换选择开关 X4，按下启动按钮，观察单周运行状态变化。

（9）按下停止按钮，让机械手在任意位置停止。

（10）按回原点按钮，观察机械手能否回原点。

习 题 11

1. 将滑台移动机械手 SFC 顺控功能图程序转换为梯形图程序。

2. 根据滑台移动机械手 PLC 控制梯形图，画出自动运行的状态转移图。

3. 使用 MOV 指令和触点比较指令，设计滑台移动机械手控制程序。

提示：

（1）使用数据寄存器 D10 作比较基准寄存器，使用辅助继电器 M99～Mn 做状态元件，M99 设置为 S0，M100 等设置为 S10～Sn。

（2）如果存在多个分支，就使用多个数据寄存器作各分支的比较基准寄存器。

（3）通过触点比较指令，驱动辅助继电器 M99～Mn，或直接作步进状态触点。

（4）通过 MOV 指令实现状态转移，例如要转移到 S11，可以使用 MOV K11 D10。

4. 使用加、减法指令和触点比较指令，设计滑台移动机械手控制程序。

5. 在滑台移动机械手控制中，短按一次停止按钮，设置暂停功能，再短按一次停止按钮，步进程序继续运行，长按停止（时间超过 1s）按钮，执行停止功能。

项目十二 步进电动机控制

学习目标

(1) 学习步进电动机基础知识。

(2) 学会使用晶体管输出型 PLC。

(3) 学会应用三菱 PLC 的定位指令。

(4) 学会用 PLC 控制步进电动机。

(5) 学会用步进电动机和 PLC 定位控制机械手。

任务 21 控制步进电动机

基础知识

一、任务分析

1. 控制要求

(1) 步进电动机采用四相 8 拍运行时序，快速运行为 20 步/s，慢速运行为 2 步/s。

(2) 按下正向运行按钮，步进电动机正向低速运行。

(3) 按下反向运行按钮，步进电动机反向低速运行。

(4) 按下停止按钮，步进电动机停止。

(5) 接通快速运行开关，按下正向运行按钮，步进电动机正向高速运行。

(6) 接通快速运行开关，按下反向运行按钮，步进电动机反向高速运行。

2. 步进电动机的工作原理

步进电动机是将电脉冲信号转变为角位移或线位移的开环控制元件。

在非超载的情况下，电动机的转速、停止的位置只取决于脉冲信号的频率和脉冲数，而不受负载变化的影响，即给电动机加一个脉冲信号，电动机则转过一个步距角。这一线性关系的存在，加上步进电动机只有周期性的误差而无累积误差等特点。使得在速度、位置等控制领域用步进电动机来控制变得非常简单。

四相步进电动机，采用单极性直流电源供电。只要对步进电动机的各相绕组按合适的时序通电，就能使步进电动机步进转动。图 12-1 是该

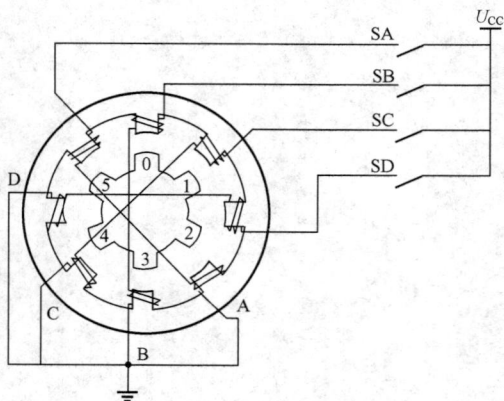

图 12-1 步进电动机工作原理

四相反应式步进电动机工作原理示意图。

开始时，开关 SB 接通电源，SA、SC、SD 断开，B 相磁极和转子 0、3 号齿对齐，同时，转子的 1、4 号齿就和 C、D 相绕组磁极产生错齿，2、5 号齿就和 D、A 相绕组磁极产生错齿。

当开关 SC 接通电源，SB、SA、SD 断开时，由于 C 相绕组的磁力线和 1、4 号齿之间磁力线的作用，使转子转动，1、4 号齿和 C 相绕组的磁极对齐。而 0、3 号齿和 A、B 相绕组产生错齿，2、5 号齿就和 A、D 相绕组磁极产生错齿。依次类推，A、B、C、D 四相绕组轮流供电，则转子会沿着 A、B、C、D 方向转动。

3. 步进电动机的控制

四相步进电动机按照通电顺序的不同，可分为单四拍、双四拍、八拍三种工作方式。单四拍与双四拍的步距角相等，但单四拍的转动力矩小。八拍工作方式的步距角是单四拍与双四拍的一半，因此，八拍工作方式既可以保持较高的转动力矩又可以提高控制精度。

单四拍工作方式的电源通电时序：步进电动机按 A→B→C→D→A 时序循环通电时，步进电动机正转。步进电动机按 A→D→C→B→A 时序循环通电时，步进电动机反转。

双四拍工作方式的电源通电时序：步进电动机按 AB→BC→CD→DA→AB 时序循环通电时，步进电动机正转。步进电动机按 AD→DC→CB→BA→AD 时序循环通电时，步进电动机反转。

八拍工作方式的电源通电时序：步进电动机按 A→AB→B→BC→C→CD→D→DA→A 时序循环通电时，步进电动机正转。步进电动机按 A→AD→D→DC→C→CB→B→BA→A 时序循环通电时，步进电动机反转。

二、PLC 移位指令

1. 位右移指令

位右移、位左移指令的助记符、指令代码、操作数、程序步见表 12-1。

表 12-1 位移位指令

指令名称	助记符	指令代码	操作数				程序步
			S·	D·	n1	n2	
位右移	SFTR SFTR (P)	FNC34 ▼ (16)	X、Y、M、S	Y、M、S	K、H		SFTR、SFTR P 9 步
位左移	SFTL SFTL (P)	FNC35 ▼ (16)	X、Y、M、S	Y、M、S	K、H		SFTL、SFTL P 9 步

位右移指令是对 n1 位 [D·] 所指定的位元件进行 n2 位 [S·] 所指定位元件的位右移，其说明如图 12-2 所示。当 X10 为 ON 时，[D·] 指定的位元件（M0～M15）各位数据连同 [S·] 内（X0～X3）4 位数据向右移 4 位，（X0～X3）4 位数据从高端移入，（M0～M3）4 位数据从低端移出。

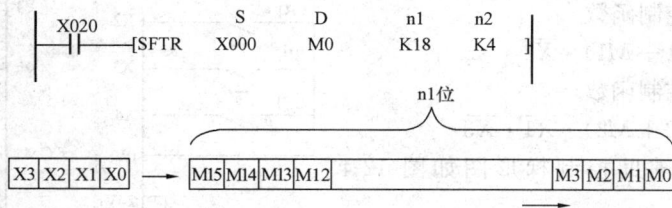

图 12-2 位右移指令

2. 位左移指令

位左移指令是对 n1 位 [D·] 所指定的位元件进行 n2 位 [S·] 所指定位元件的位左移。数据从低端移入，n2 位数据从高端移出。

三、PLC 步进电动机控制

1. PLC 输入输出点分配

PLC 输入输出点分配见表 12-2。

表 12-2　　　　　　　　　　PLC 输入输出点分配

输　入			输　出		
元件名称	符号	输入点	元件名称	符号	输出点
正向启动按钮	SB1	X1	A 相线圈驱动	QA	Y0
反向启动按钮	SB2	X2	B 相线圈驱动	QB	Y1
停止按钮	SB3	X3	C 相线圈驱动	QC	Y2
速度控制开关	S1	X4	D 相线圈驱动	QD	Y3

2. PLC 其他软元件分配

PLC 其他软元件分配见表 12-3。

表 12-3　　　　　　　　　PLC 其他软元件分配

软 元 件	符　号	元 件 作 用
辅助继电器 1	M1	正向运行
辅助继电器 2	M2	反向运行
辅助继电器 3	M3	移位脉冲
辅助继电器 4	M4	移位数据
辅助继电器 10~17	M10~M17	时序控制
定时器 1	T210	脉冲定时
定时器 2	T211	脉冲定时
定时参数 1	D10	定时器 1 设定值
定时参数 2	D11	定时器 2 设定值

3. PLC 接线图

PLC 步进电动机控制接线图如图 12-3 所示。

4. 根据控制要求设计步进电动机控制程序

（1）设计正、反向运行辅助控制程序。分析正、反向运行辅助控制要求，应用继电器启停控制函数设计正、反向运行辅助控制程序。

正向运行辅助控制函数

$$M1 = (X1 + M1) \cdot \overline{X2} \cdot \overline{X3}$$

反向运行辅助控制函数

$$M2 = (X2 + M2) \cdot \overline{X1} \cdot \overline{X3}$$

正、反向运行辅助控制梯形图如图 12-4 所示。

（2）设计快速、慢速运行定时参数传输程序。快速运行的时钟脉冲周期是 50ms，因此定

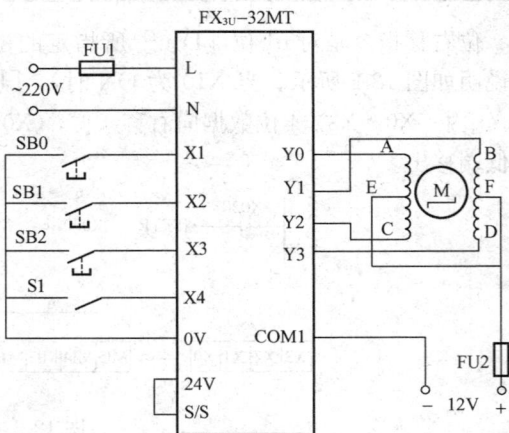

图 12-3　PLC 步进电动机控制接线图

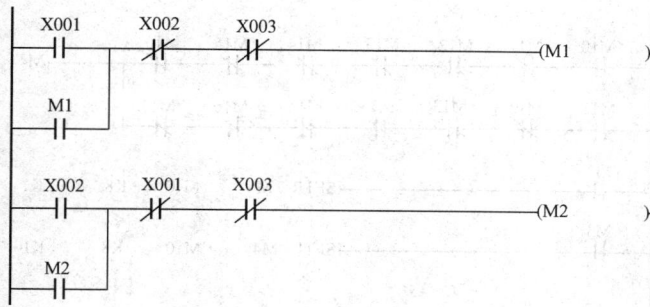

图 12-4　正、反向运行辅助控制梯形图

时参数分别取 2、3。慢速运行的时钟脉冲周期是 500ms，因此定时参数分别取 20、30。

快速、慢速运行定时参数传输梯形图如图 12-5 所示。

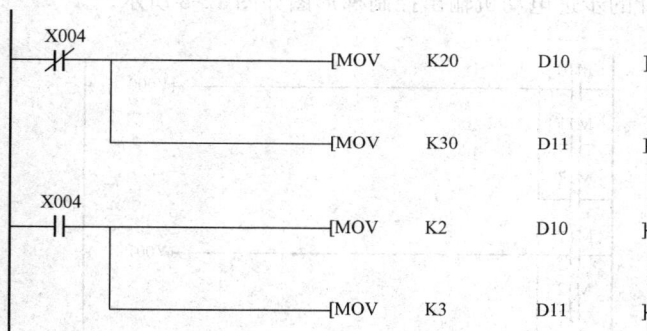

图 12-5　快速、慢速运行定时参数传输梯形图

（3）设计移位时序脉冲产生程序。移位时序脉冲产生的梯形图如图 12-6 所示。

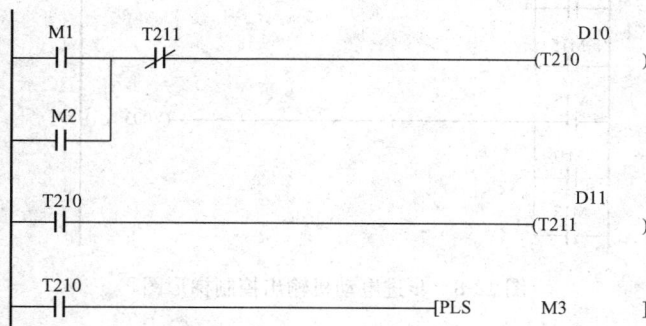

图 12-6　移位时序脉冲产生梯形图

（4）设计移位时序控制程序。正向移位时序控制采用位左移指令，反向移位时序控制采用位右移指令，移位时序控制梯形图如图 12-7 所示。

（5）设计 PLC 步进电动机输出控制程序。

根据 PLC 步进电动机输出控制控制要求，写出步进输出控制函数

$$Y0 = M10 + M11 + M17$$
$$Y1 = M11 + M12 + M13$$

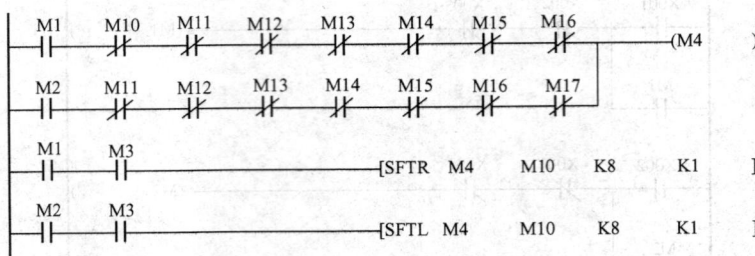

图 12-7　移位时序控制梯形图

$$Y2 = M13 + M14 + M15$$
$$Y0 = M15 + M16 + M17$$

根据控制函数设计的步进电动机输出控制梯形图如图 12-8 所示。

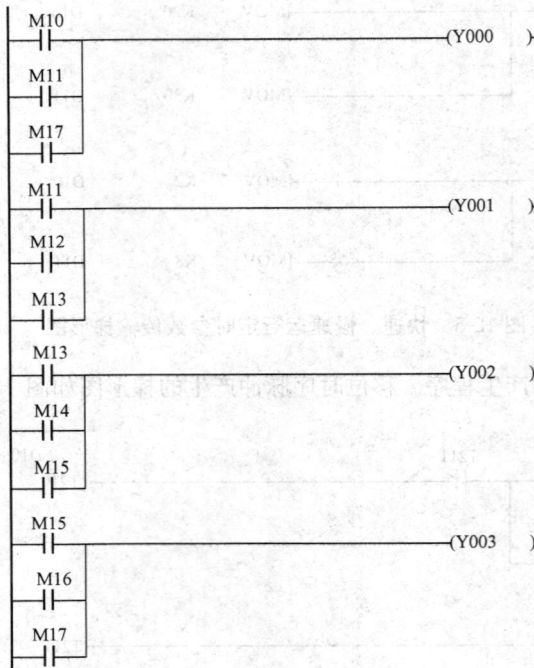

图 12-8　步进电动机输出控制梯形图

技能训练

一、训练目标

（1）能够正确设计步进电动机控制的 PLC 程序。

（2）能正确输入和传输 PLC 控制程序。

（3）能够独立完成步进电动机控制线路的安装。

（4）按规定进行通电调试，出现故障时，应能根据设计要求进行检修，并使系统正常工作。

二、训练步骤与内容

1. 设计 PLC 步进电动机控制程序

(1) 确定 PLC 输入、输出点。

(2) 配置 PLC 辅助继电器、定时器。

(3) 设计正、反向运行辅助控制程序。

(4) 设计快速、慢速运行定时参数传输程序。

(5) 设计移位时序脉冲产生程序。

(6) 设计移位时序控制程序。

(7) 设计 PLC 步进电动机输出控制程序。

2. 安装、调试与运行

(1) 按图 12-3 所示接线图接线。

(2) 将步进电动机控制程序下载到 PLC。

(3) 使 PLC 处于运行状态。

(4) 按下正向运行启动按钮 SB1，观察 PLC 输出 Y0～Y3 的变化，观察步进电动机的正向低速运行。

(5) 按下反向运行启动按钮 SB2，观察 PLC 输出 Y0～Y3 的变化，观察步进电动机的反向低速运行。

(6) 按下停止按钮 SB3，观察步进电动机是否停止。

(7) 接通快速运行开关 S1，按下正向运行启动按钮 SB1，观察 PLC 输出 Y0～Y3 的变化，观察步进电动机的正向快速运行。

(8) 接通快速运行开关 S1，按下反向运行启动按钮 SB2，观察 PLC 输出 Y0～Y3 的变化，观察步进电动机的反向快速运行。

(9) 按下停止按钮 SB3，观察步进电动机是否停止。

(10) 使 PLC 处于 STOP 状态，修改定时器的设置参数，并下载程序到 PLC。

(11) 重新运行 PLC，并依次执行步骤（4）～步骤（9）的操作，观察 PLC 输出点的变化，观察步进电动机的运行。

任务 22　步进电动机定位机械手控制

📖 基础知识

一、任务分析

1. 控制要求

步进电动机定位机械手由步进电动机驱动器驱动步进电动机控制的水平机械手、气缸控制的垂直机械手、气缸控制的气动爪、阀岛、PLC、电源模块等组成。

滚珠丝杠由步进电动机驱动，通过步进电动机驱动器，每 200 脉冲驱动步进电动机带动丝杠移动 1mm。

步进电动机控制的机械手的原位：

水平机械手处于缩回位（机械零点前 6cm 处），垂直机械手位于上端极限位，气动爪处于放松状态。

机械手的控制要求如下。

（1）按下回原点按钮，机械手回原点。

（2）按下启动按钮，由垂直移动气缸控制垂直机械手的向下移动，下移到位，气动爪夹紧工件，延时 1s，垂直机械手上移，上移到位，由步进电动机控制水平机械手沿水平方向伸出 20cm，伸出到位，垂直机械手下移。下移到位。释放工件，延时 1s，垂直机械手上移，上移到位，水平机械手缩回 20cm，缩回到位，完成一次单循环。如果是自动循环工作，重复上述工艺过程。

（3）按下停止按钮，机械手停止。

2. 步进电动机驱动器

白山 Q2HB44MA（B）为等角度恒力矩细分型驱动器，驱动电压 DC12～40V，适配 6 或 8 出线、电流在 4A 以下、外径 42～86mm 的各种型号的两相混合式步进电动机。该驱动器内部采用独特的控制电路，用此电路可以使电动机噪声减小，电动机运行更平稳，电动机的高速性能可提高 30% 以上，而驱动器的发热可减少 50%。广泛运用于雕刻机、激光打标机等分辨率较高的小型数控设备上。

白山步进电动机驱动的特点如下。

（1）高性能、低价格。

（2）设有 12/8 挡等角度恒力矩细分，最高 200 细分采用独特的控制电路。

（3）最高反应频率可达 200kpps。

（4）步进脉冲停止超过 100ms 时，电动机线圈自动减半。

（5）双极恒流斩波方式。

（6）驱动电流从 0.5A/相到 4A/相连续可调。

（7）单电源输入，电压范围：DC12～40V。

白山步进电动机驱动器接线图如图 12-9 所示。

二、PLC 定位指令

以下介绍的指令只适用于 FX₃U、FX₃U（C）系列的 PLC，目的是使这两种 PLC 可以不借助其他扩展设备就可以实现简单的点位控制。

1. 点位控制指令

（1）当前绝对值位置读取指令。当前绝对值位置读取指令的助记符、指令代码、操作数、程序步见表 12-4。

表 12-4　　　　　　　　　　　　　　当前绝对值位置读取指令

指令名称	助记符	指令代码	操 作 数			程序步
			S·	D1·	D2·	
当前绝对值位置读取	ABS	FNC155（32）	X、Y、M、S	Y、M、S	KnY、KnM KnS、T、C、D、V、Z	DABS 13 步

当前绝对值位置读取指令读取当前绝对值位置，将其送到〔D2·〕指定的目标寄存器。使用说明如图 12-10 所示。

使用 ABS 指令，PLC 应与有绝对位置功能的设备相连接。

〔S·〕指定来自伺服放大器信号输入点的首地址，占用三点。

〔D1·〕指定送到伺服放大器信号控制信号输出点的首地址，占用三点。

〔D2·〕指定从伺服放大器读取的绝对位置存放的目标寄存器，因当前绝对值位置必定存入 Y0、Y1、Y2 输出对应的当前寄存器对（D8340，D8341）、（D8350，D8351）、（D8360，D8361），

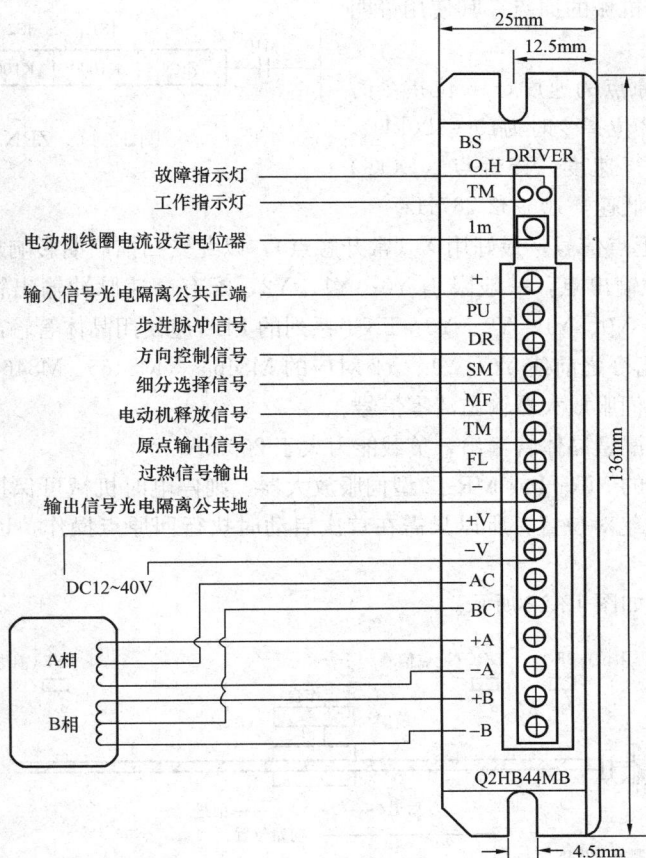

图 12-9　白山步进电动机驱动器接线图

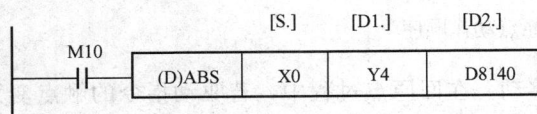

图 12-10　ABS 指令

所以，当输出为 Y0 时，通常〔D2·〕直接指定 D8340。

当执行条件由 OFF 变为 ON 时，开始读入绝对位置。读取完成后，完成标志 M8029 为 ON。若读入过程中执行条件为 OFF，则读取动作停止。

（2）回原点指令。可编程控制器执行定位控制指令后，当前值寄存器的数据会增加或减少。当可编程控制器断电后，当前值寄存器会清零。由此造成机械零位与当前值寄存器的数据不吻合，重新上电时，必须使用原点复归指令进行原点回归。

回原点指令的助记符、指令代码、操作数、程序步见表 12-5。

表 12-5　　　　　　　　　　　　　　　回原点指令

指令名称	助记符	指令代码	操 作 数				程序步
			S1·	S2·	S3·	D·	
回原点	ZRN	FNC156 (16/32)	K、H、KnX、KnY、KnM、KnS、T、C、D、V、Z	K、H、KnX、KnY、KnM、KnS、T、C、D、V、Z	X、Y、M、S	K、H	ZRN 9 步 DZRN 17 步

193

回原点指令校准机械的原点，其使用说明如图 12-11 所示。

[S1·] 指定回原点的速度，16 位指令时为 10～32 767Hz，32 位指令时为 10～100kHz。

[S2·] 指定爬行速度，接近点（DOG）信号为 ON 后的爬行低速，10～32 767Hz。

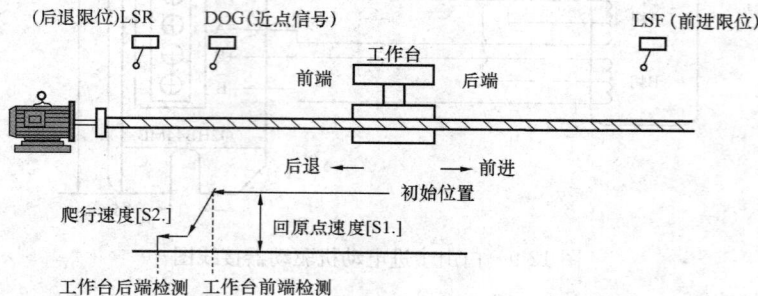

图 12-11　ZRN 指令

[S3·] 指定接近点信号，最好用 X（常开触点），以免受扫描周期影响加大原点误差。

[D·] 指定脉冲输出点，一般限于 Y0、Y1、Y2，配有高速脉冲输出特殊功能模块 FX$_{3U}$-2HSY-ADP 时，限于 Y0、Y1、Y2、Y3。FX$_{3U}$ 系列的 PLC 应使用晶体管输出单元。

若在执行 ZRN 指令之前使 Y0、Y1、Y2 对应的 M8464、M8465、M8466 置 1，可使 PLC 在回原点操作完成后向伺服放大器输出清零信号。

清零信号必须以漏型晶体管输出，负载能力大于 200mA。

若配用三菱公司的 MR-H 或 MR-J2 型伺服放大器，则停电时机械可保持其当前位置，可用 ABS 指令读取机械的绝对位置，所以只需在首次启动时执行回原点操作，以后即使断电后再启动也不必再回原点。

回原点动作顺序如图 12-12 所示。

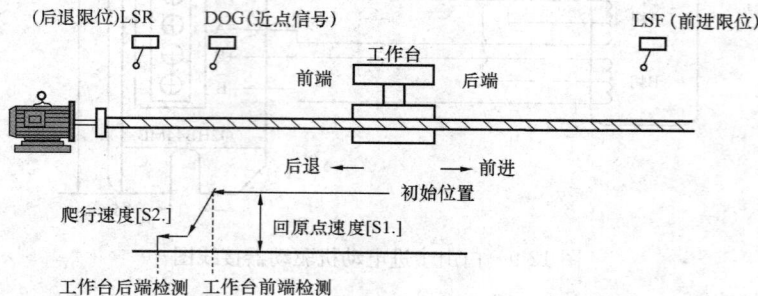

图 12-12　回原点动作顺序

1）驱动回原点指令后，以回原点速度开始移动。在回原点过程中，若驱动指令的触点变为 OFF 状态，机械将不经减速而立即停止。

在指令驱动触点 OFF 后，在脉冲输出中监控标志（Y0 对应 M8340，Y1 对应 M8350，Y2 对应 M8360）仍为 ON 期间，将不接受回原点指令的再次驱动。

2）当接近点信号（DOG）由 OFF 变为 ON 时，减速至爬行速度。

3）当接近点信号（DOG）由 ON 变为 OFF 时，停止脉冲输出，向当前寄存器中写入 0。

4）指令执行完毕，指令执行结束标志 M8029 为 ON 一个周期。

5）执行中出现错误，指令执行异常结束标志 M8329 为 ON 一个周期。

相关的软元件如下。

[D8341，D8340]：Y0 输出的当前寄存器对；

[D8351，D8350]：Y1 输出的当前寄存器对；

[D8361，D8360]：Y2 输出的当前寄存器对；

M8349：Y0 脉冲输出停止（立即停止）；

M8359：Y1 脉冲输出停止（立即停止）；

M8369：Y2 脉冲输出停止（立即停止）；

M8340：Y0 脉冲输出中监控（BUSY/READY）；

M8350：Y1 脉冲输出中监控（BUSY/READY）；

M8360：Y2 脉冲输出中监控（BUSY/READY）；

M8029：指令执行结束标志；

M8329：指令执行异常结束标志。

（3）变速脉冲指令。变速脉冲指令的助记符、指令代码、操作数、程序步见表 12-6。

表 12-6　　　　　　　　　　　　　　　　变速脉冲指令

指令名称	助记符	指令代码	操 作 数			程序步
			S·	D1·	D2·	
变速脉冲	PLSV	FNC157 （16/32）	K、H、KnX、KnY、KnM、 KnS、T、C、D、V、Z	Y	Y、M、S	PLSV 9 步 DPLSV 13 步

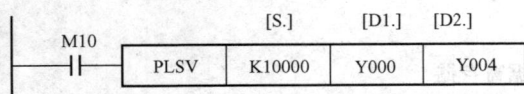

图 12-13　变速脉冲指令

变速脉冲指令是带旋转方向控制的变速脉冲输出指令，其使用说明如图 12-13 所示。

［S·］指定输出脉冲频率：16 位指令时为 10～32 767Hz，32 位指令时为 10～100kHz。

［D1·］指定脉冲输出点，一般限于 Y0、Y1、Y2，配有高速脉冲输出特殊功能模块 FX₃U-2HSY-ADP 时，限于 Y0、Y1、Y2、Y3。FX₃U 系列的 PLC 应使用晶体管输出单元。

［D2·］指定旋转方向输出点：（D2·）=ON，正转，（D2·）=OFF，反转。

在脉冲输出过程中，可自由改变输出脉冲频率，所以称为变速脉冲输出。

在启动/停止时，没有加/减速过程，如需软启动/停止，可利用 RAMP 斜坡信号指令改变 ［S·］ 的值。

在脉冲输出过程中，若驱动指令的触点变为 OFF 状态，不经减速而立即停止脉冲输出。

在指令驱动触点 OFF 后，在脉冲输出中监控标志（Y0 对应 M8340，Y1 对应 M8350，Y2 对应 M8360）仍为 ON 期间，不可再次驱动脉冲输出指令。

旋转方向的正、反由脉冲输出频率 ［S·］ 的正、负号决定。

指令执行完毕，指令执行结束标志 M8029 为 ON 一个周期。

执行执行中出现错误，指令执行异常结束标志 M8329 为 ON 一个周期。

1）相关特殊继电器说明见表 12-7。

表 12-7　　　　　　　　　　　　　　相关特殊继电器

软元件编号				名　称	属　性
Y0	Y1	Y2	Y3*		
M8029				指令执行结束标志	读出专用
M8329				指令执行异常结束标志	读出专用
M8338				加减速动作**	
M8340	M8350	M8360	M8370	脉冲输出中监控（BUSY/READY）	读出专用
M8341	M8351	M8361	M8371	清零信号输出功能有效**	可驱动
M8342	M8352	M8362	M8372	原点回归方向指定**	可驱动
M8343	M8353	M8363	M8373	正转极限	可驱动

任务
22

续表

软元件编号 Y0	Y1	Y2	Y3*	名　称	属　性
M8344	M8354	M8364	M8374	反转极限	可驱动
M8345	M8355	M8365	M8375	近点信号逻辑反转**	可驱动
M8346	M8356	M8366	M8376	零点信号逻辑反转**	可驱动
M8348	M8358	M8368	M8378	定位指令执行中	读出专用
M8349	M8359	M8369	M8379	脉冲输出停止**	可驱动
M8464	M845	M8466	M8467	清零信号软元件指定功能有效**	可驱动

* 在 FX₃U 系列 PLC 上连接 2 台高速脉冲输出特殊功能模块 FX₃U-2HSY-ADP 时，与脉冲输出端 Y003 有关的软元件有效。

** 由 RUN 转 STOP 时，清零。

2）相关特殊数据寄存器说明见表 12-8。

表 12-8　　　　　　　　相关特殊数据寄存器

软元件编号 Y000		Y001		Y002		Y003*		名称	数据长度	初始值
D8340	低位	D8350	低位	D8360	低位	D8370	低位	当前值寄存器	32 位	0
D8341	高位	D8351	高位	D8361	高位	D8371	高位			
D8342		D8352		D8362		D8372		基底速度	16 位	0
D8343	低位	D8353	低位	D8363	低位	D8373	低位	最高速度	32 位	100 000
D8344	高位	D8354	高位	D8364	高位	D8374	高位			
D8345		D8355		D8365		D8375		爬行速度	16 位	1000
D8346	低位	D8356	低位	D8366	低位	D8376	低位	原点回归速度	32 位	5000
D8347	高位	D8357	高位	D8367	高位	D8377	高位			
D8348		D8358		D8368		D8378		加速时间	16 位	100
D8349		D8359		D8369		D8379		减速时间	16 位	100
D8464		D8465		D8466		D8467		清零信号软元件指定	16 位	—

注　速度单位为 Hz，加减速时间单位为 ms。

* 在 FX₃U 系列 PLC 上连接 2 台高速脉冲输出特殊功能模块 FX₃U-2HSY-ADP 时，与脉冲输出端 Y003 有关的软元件有效。

（4）增量驱动指令。增量驱动指令的助记符、指令代码、操作数、程序步见表 12-9。

表 12-9　　　　　　　　增量驱动指令

指令名称	助记符	指令代码	操作数 S1·	S2·	D1·	D2·	程序步
增量驱动	DRVI	FNC158 (16/32)	K、H、KnX、KnY、KnM、KnS、T、C、D、V、Z	K、H、KnX、KnY、KnM、KnS、T、C、D、V、Z	Y	Y、M、S	DRVI 9 步 DDVRI 17 步

增量驱动指令是单速、增量驱动方式脉冲输出指令，其使用说明如图 12-14 所示。

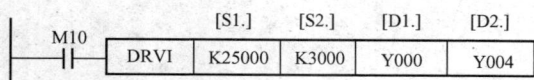

图 12-14　增量驱动指令

[S1·] 指定输出脉冲数：

16 位指令时为 -32768～+32767。

32 位指令时为 -999999～+999999。

[S2·] 指定输出脉冲频率：16 位指令时为 10～32 767Hz，32 位指令时为 10～100kHz。

[D1·] 指定脉冲输出点，一般限于 Y0、Y1、Y2，配有高速脉冲输出特殊功能模块 FX$_{3U}$-2HSY-ADP 时，限于 Y0、Y1、Y2、Y3。FX$_{3U}$ 系列的 PLC 应使用晶体管输出单元。

[D2·] 指定旋转方向输出点：(D2·)＝ON，正转，(D2·)＝OFF，反转。

指令执行中输出脉冲以增量方式存入寄存器对。

输出点 Y0 对应 (D8341，D8340)；

输出点 Y1 对应 (D8351，D8350)；

输出点 Y2 对应 (D8361，D8360)。

正转时数值增加，反转时数值减少。

若驱动指令的触点变为 OFF 状态，将减速停止，但完成标志 M8029 不动作。

在指令驱动触点 OFF 后，在脉冲输出中监控标志（Y0 对应 M8340，Y1 对应 M8350，Y2 对应 M8360）仍为 ON 期间，不可再次驱动脉冲输出指令。

指令执行完毕，指令执行结束标志 M8029 为 ON 一个周期。

执行执行中出现错误，指令执行异常结束标志 M8329 为 ON 一个周期。

增量驱动中 [S1·] 指定的输出脉冲数是指由当前位置到目标位置应输出的脉冲数，即当前位置与目标位置之间的距离（以脉冲为单位），如图 12-15 所示，脉冲数的 +/- 表示运动方向。

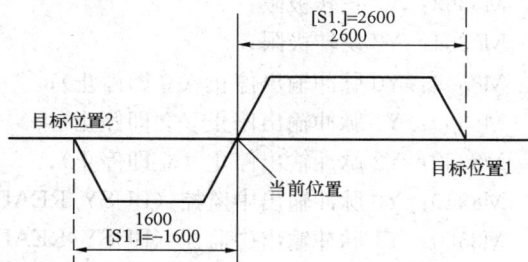

图 12-15　增量脉冲计算说明

增量驱动设置值与速度曲线如图 12-16 所示。

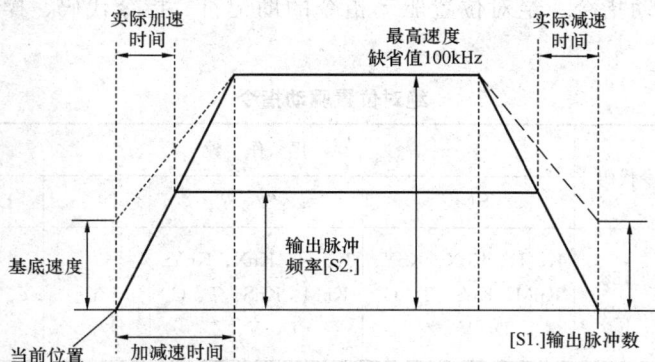

图 12-16　增量驱动设置值与速度曲线

相关的软元件如下。

[D8341，D8340]：Y0 输出的当前寄存器对；

[D8351，D8350]：Y1 输出的当前寄存器对；

[D8361，D8360]：Y2 输出的当前寄存器对；

D8342：Y0 输出的基底速度；

D8352：Y1 输出的基底速度；

D8362：Y2 输出的基底速度；

[D8344，D8343]：Y0 输出的最高速度；

[D8354，D8353]：Y1 输出的最高速度；

[D8364，D8363]：Y2 输出的最高速度；

D8348：Y0 输出的加速时间设定寄存器；

D8349：Y0 输出的减速时间设定寄存器；

D8358：Y1 输出的加速时间设定寄存器；

D8359：Y1 输出的减速时间设定寄存器；

D8368：Y2 输出的加速时间设定寄存器；

D8369：Y3 输出的减速时间设定寄存器；

M8343：Y0 正转极限；

M8344：Y0 反转极限；

M8353：Y1 正转极限；

M8354：Y1 反转极限；

M8363：Y2 正转极限；

M8364：Y2 反转极限；

M8349：Y0 脉冲输出停止（立即停止）；

M8359：Y1 脉冲输出停止（立即停止）；

M8369：Y2 脉冲输出停止（立即停止）；

M8340：Y0 脉冲输出中监控（BUSY/READY）；

M8350：Y1 脉冲输出中监控（BUSY/READY）；

M8360：Y2 脉冲输出中监控（BUSY/READY）；

M8029：指令执行结束标志；

M8329：指令执行异常结束标志。

（5）绝对位置驱动指令。绝对位置驱动指令的助记符、指令代码、操作数、程序步见表 12-10。

表 12-10　　　　　　　　　　　　　　绝对位置驱动指令

指令名称	助记符	指令代码	操 作 数				程序步
			S1·	S2·	D1·	D2·	
绝对位置驱动	DRVA	FNC158 (16/32)	K、H、KnX、KnY、KnM、KnS、T、C、D、V、Z	K、H、KnX、KnY、KnM、KnS、T、C、D、V、Z	Y	Y、M、S	DRVA 9 步 DDVRA 17 步

DRVA 指令是单速、绝对位置驱动方式脉冲输出指令，其使用说明如图 12-17 所示。

[S1·] 指定目标绝对位置：

16 位指令时为 -3276810～+32767。

32 位指令时为 -999999～+999999。

[S2·] 指定输出脉冲频率：16 位指令时

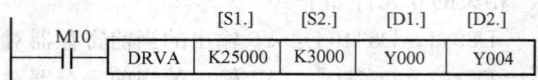

图 12-17　绝对位置驱动指令

为 10～32 767Hz，32 位指令时为 10～100kHz。

[D1·] 指定脉冲输出点，一般限于 Y0、Y1、Y2，配有高速脉冲输出特殊功能模块 FX3U-2HSY-ADP 时，限于 Y0、Y1、Y2、Y3。FX3U 系列的 PLC 应使用晶体管输出单元。

[D2·] 指定旋转方向输出点：(D2·) ＝ON，正转，(D2·) ＝OFF，反转。

指令执行中，当前绝对位置存入当前寄存器对。

输出点 Y0 对应 (D8341，D8340)；

输出点 Y1 对应 (D8351，D8350)；

输出点 Y2 对应 (D8361，D8360)。

指令执行中改变操作元件的内容，在下一次执行时生效。

若驱动指令的触点变为 OFF 状态，将减速停止，但完成标志 M8029 不动作。

在指令驱动触点 OFF 后，在脉冲输出中监控标志（Y0 对应 M8340，Y1 对应 M8350，Y2 对应 M8360）仍为 ON 期间，不可再次驱动脉冲输出指令。

指令执行完毕，指令执行结束标志 M8029 为 ON 一个周期。

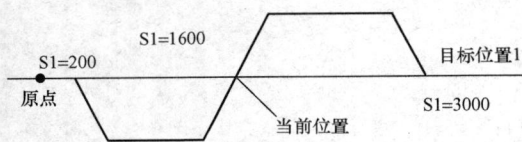

图 12-18 绝对位置脉冲计算

执行中出现错误，指令执行异常结束标志 M8329 为 ON 一个周期。

绝对位置驱动方式中，[S1·] 指定的目标绝对位置是目标位置与原点的距离，如图 12-18 所示。

绝对位置驱动方式设置值与驱动曲线如图 12-19 所示。

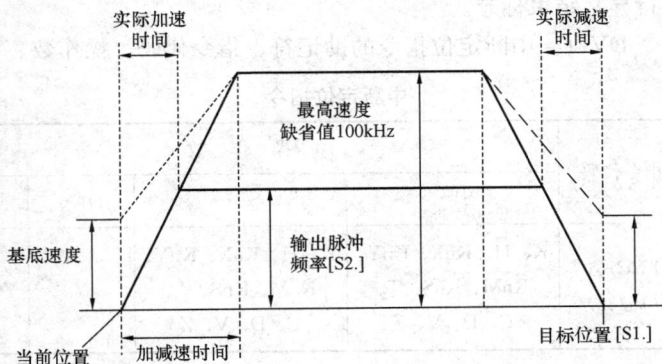

图 12-19 绝对位置驱动方式设置值与驱动曲线

相关的软元件如下。

[D8341，D8340]：Y0 输出的当前寄存器对；

[D8351，D8350]：Y1 输出的当前寄存器对；

[D8361，D8360]：Y2 输出的当前寄存器对；

D8342：Y0 输出的基底速度；

D8352：Y1 输出的基底速度；

D8362：Y2 输出的基底速度；

[D8344，D8343]：Y0 输出的最高速度；

[D8354，D8353]：Y1 输出的最高速度；

[D8364，D8363]：Y2 输出的最高速度；

D8348：Y0 输出的加速时间设定寄存器；

D8349：Y0 输出的减速时间设定寄存器；

D8358：Y1 输出的加速时间设定寄存器；

D8359：Y1 输出的减速时间设定寄存器；

D8368：Y2 输出的加速时间设定寄存器；

D8369：Y3 输出的减速时间设定寄存器；

M8343：Y0 正转极限；

M8344：Y0 反转极限；

M8353：Y1 正转极限；

M8354：Y1 反转极限；

M8363：Y2 正转极限；

M8364：Y2 反转极限；

M8349：Y0 脉冲输出停止（立即停止）；

M8359：Y1 脉冲输出停止（立即停止）；

M8369：Y2 脉冲输出停止（立即停止）；

M8340：Y0 脉冲输出中监控（BUSY/READY）；

M8350：Y1 脉冲输出中监控（BUSY/READY）；

M8360：Y2 脉冲输出中监控（BUSY/READY）；

M8029：指令执行结束标志；

M8329：指令执行异常结束标志。

（6）中断定位指令 DVIT。中断定位指令的助记符、指令代码、操作数、程序步见表 12-11。

表 12-11　　　　　　　　　　中断定位指令

指令名称	助记符	指令代码	操 作 数				程序步
			S1·	S2·	D1·	D2·	
中断定位	DVIT	FNC151 (16/32)	K、H、KnX、KnY、KnM、KnS、T、C、D、V、Z	K、H、KnX、KnY、KnM、KnS、T、C、D、V、Z	Y	Y、M、S	DVIT 9 步 D DVIT 17 步

DVIT 指令是单速中断定位脉冲输出指令，其使用说明如图 12-20 所示。

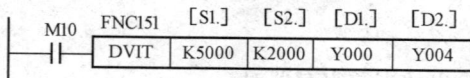

图 12-20　中断定位

[S1·] 指定中断后的脉冲输出数。

[S2·] 指定输出脉冲频率。

[D1·] 指定脉冲输出点，一般限于 Y0、Y1、Y2，配有高速脉冲输出特殊功能模块 FX₃ᵤ-2HSY-ADP 时，限于 Y0、Y1、Y2、Y3。FX₃ᵤ 系列的 PLC 应使用晶体管输出单元。

[D2·] 指定旋转方向输出点：（D2·）=ON，正转，（D2·）=OFF，反转。

1）相关特殊继电器说明见表 12-12。

表 12-12 相关特殊继电器

软元件编号				名　称	属性
Y0	Y1	Y2	Y3*		
M8029				指令执行结束标志	读出专用
M8329				指令执行异常结束标志	读出专用
M8336				中断输入指令功能有效**	
M8340	M8350	M8360	M8370	脉冲输出中监控（BUSY/READY）	读出专用
M8341	M8351	M8361	M8371	清零信号输出功能有效**	可驱动
M8343	M8353	M8363	M8373	正转极限	可驱动
M8344	M8354	M8364	M8374	反转极限	可驱动
M346	M8356	M8366	M8376	中断信号逻辑反转**	可驱动
M8348	M8358	M8368	M8378	定位指令执行中	读出专用
M8349	M8359	M8369	M8379	脉冲输出停止**	可驱动
M8460	M8461	M8462	M8463	用户中断输入指令**	可驱动
M8464	M845	M8466	M8467	清零信号软元件指定功能有效**	可驱动

* 在 FX₃U 系列 PLC 上连接 2 台高速脉冲输出特殊功能模块 FX₃U-2HSY-ADP 时，与脉冲输出端 Y003 有关的软元件有效。

** 由 RUN 转 STOP 时，清零。

2）相关特殊数据寄存器说明见表 12-13。

表 12-13 相关特殊数据寄存器

软元件编号								名称	数据长度	初始值
Y000		Y001		Y002		Y003*				
D8336								中断输入指定		
D8340	低位	D8350	低位	D8360	低位	D8370	低位	当前值寄存器	32 位	0
D8341	高位	D8351	高位	D8361	高位	D8371	高位			
D8342		D8352		D8362		D8372		基底速度	16 位	0
D8343	低位	D8353	低位	D8363	低位	D8373	低位	最高速度	32 位	100 000
D8344	高位	D8354	高位	D8364	高位	D8374	高位			
D8345		D8355		D8365		D8375		爬行速度	16 位	1000
D8346	低位	D8356	低位	D8366	低位	D8376	低位	原点回归速度	32 位	5000
D8347	高位	D8357	高位	D8367	高位	D8377	高位			
D8348		D8358		D8368		D8378		加速时间	16 位	100
D8349		D8359		D8369		D8379		减速时间	16 位	100
D8464		D8465		D8466		D8467		清零信号软元件指定	16 位	—

注 速度单位为 Hz，加减速时间单位为 ms。

* 在 FX₃U 系列 PLC 上连接 2 台高速脉冲输出特殊功能模块 FX₃U-2HSY-ADP 时，与脉冲输出端 Y003 有关的软元件有效。

3）根据 D1 中的脉冲输出，中断输入信号见表 12-14。

任务22

表 12-14　　　　　　　　　　　　中断输入信号

脉冲输出元件	中 断 输 入	
	不使用中断指定功能 M8336＝OFF	使用中断指定功能 M8336＝ON
Y000	X000	
Y001	X001	
Y002	X002	D8336＝H○○○○ ＊＊
Y003 ＊	X003	

＊　　在 FX₃ᵤ 系列 PLC 上连接 2 台高速脉冲输出特殊功能模块 FX₃ᵤ-2HSY-ADP 时，与脉冲输出端 Y003 有关的软元件有效。

＊＊　通过 M8336 为 ON，在 D8336 中指定作为中断输入的信号 X000～X007 或者指定用户中断指令的软元件，D8336 的设置如图 12-21 所示。

每一位中断的设定值见表 12-15。

表 12-15　　　　　　　　　　　　中断设定值

设定值	设定内容
0～7	设定 X000～X007 为中断输入信号
8	对应脉冲输出 Y0、Y1、Y2、Y3，设定 M8460、M8461、M8462、M8463 为中断输入信号
9～E	发生运行错误，出错代码为 K6763，指令不运行
F	不指定中断输入信号软元件

4）中断输入信号逻辑变更。通过中断信号逻辑反转标志位的 ON/OFF 来指定中断输入信号逻辑。对应脉冲输出 Y0、Y1、Y2、Y3 的中断标志 M8347、M8357、M8367、M8377 为 OFF 时，中断输入信号为正逻辑（输入为 ON，中断信号为 ON），为 ON 时，采用负逻辑（输入为 OFF，中断信号为 ON）。

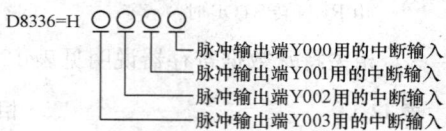

D8336＝H○○○○
脉冲输出端 Y000 用的中断输入
脉冲输出端 Y001 用的中断输入
脉冲输出端 Y002 用的中断输入
脉冲输出端 Y003 用的中断输入

图 12-21　D8336 的设置

对于 M8460、M8461、M8462、M8463 被设定为中断输入信号，不能指定逻辑，M8460、M8461、M8462、M8463 为 ON，对应的中断信号为 ON。

（7）带 DOG 搜索的原点回归指令 DSZR。带 DOG 搜索的原点回归指令的助记符、指令代码、操作数、程序步见表 12-16。

表 12-16　　　　　　　　　　　　带 DOG 搜索的原点回归指令

指令名称	助记符	指令代码	操 作 数				程序步
			S1 ·	S2 ·	D1 ·	D2 ·	
带 DOG 搜索的原点回归	DSZR	FNC150 (16)	X、Y、M、S	X	Y	Y、M、S	DSZR 9 步

［S1·］指定输入近点信号 DOG 的软元件编号。

［S2·］指定零点输入信号的软元件编号。

［D1·］指定脉冲输出点，一般限于 Y0、Y1、Y2，配有高速脉冲输出特殊功能模块 FX₃ᵤ-2HSY-ADP 时，限于 Y0、Y1、Y2、Y3。FX₃ᵤ 系列的 PLC 应使用晶体管输出单元。

［D2·］指定旋转方向输出点：（D2·）＝ON，正转，（D2·）＝OFF，反转。

可编程控制器执行定位控制指令后，当前值寄存器的数据会增加或减少。当可编程控制器断电后，当前值寄存器会清零。由此造成机械零位与当前值寄存器的数据不吻合，重新上电时，必须使用原点复归 DSZR/ZRN 指令进行原点回归。

带 DOG 搜索的原点回归指令 DSZR 相对于回原点指令 ZRN 增加了接近点 DOG 搜索功能，增加了 DOG 信号逻辑反转功能，增加了使用零点信号原点回归功能，增加了零点信号逻辑反转功能。

(8) DSZR 指令说明。

1) DSZR 指令相关的特殊辅助继电器见表 12-17。

表 12-17　　　　　　　　　　　　　　　相关特殊继电器

软元件编号				名　　　称	属性
Y0	Y1	Y2	Y3 *		
M8029				指令执行结束标志	读出专用
M8329				指令执行异常结束标志	读出专用
M8340	M8350	M8360	M8370	脉冲输出中监控（BUSY/READY）	读出专用
M8341	M8351	M8361	M8371	清零信号输出功能有效**	可驱动
M8342	M8352	M8362	M8372	原点回归方向指定**	可驱动
M8343	M8353	M8363	M8373	正转极限	可驱动
M8344	M8354	M8364	M8374	反转极限	可驱动
M8345	M8355	M8365	M8375	近点信号逻辑反转**	可驱动
M8346	M8356	M8366	M8376	零点信号逻辑反转**	可驱动
M8348	M8358	M8368	M8378	定位指令执行中	读出专用
M8349	M8359	M8369	M8379	脉冲输出停止**	可驱动
M8464	M845	M8466	M8467	清零信号软元件指定功能有效**	可驱动

* 在 FX₃U 系列 PLC 上连接 2 台高速脉冲输出特殊功能模块 FX₃U-2HSY-ADP 时，与脉冲输出端 Y003 有关的软元件有效。

** 由 RUN 转 STOP 时，清零。

2) 相关特殊数据寄存器说明见表 12-18。

表 12-18　　　　　　　　　　　　　　　相关特殊数据寄存器

软元件编号								名称	数据长度	初始值
Y000		Y001		Y002		Y003 *				
D8340	低位	D8350	低位	D8360	低位	D8370	低位	当前值寄存器	32 位	0
D8341	高位	D8351	高位	D8361	高位	D8371	高位			
D8342		D8352		D8362		D8372		基底速度	16 位	0
D8343	低位	D8353	低位	D8363	低位	D8373	低位	最高速度	32 位	100 000
D8344	高位	D8354	高位	D8364	高位	D8374	高位			
D8345		D8355		D8365		D8375		爬行速度	16 位	1000
D8346	低位	D8356	低位	D8366	低位	D8376	低位	原点回归速度	32 位	5000
D8347	高位	D8357	高位	D8367	高位	D8377	高位			
D8348		D8358		D8368		D8378		加速时间	16 位	100
D8349		D8359		D8369		D8379		减速时间	16 位	100
D8464		D8465		D8466		D8467		清零信号软元件指定	16 位	—

注　速度单位为 Hz，加减速时间单位为 ms。

* 在 FX₃U 系列 PLC 上连接 2 台高速脉冲输出特殊功能模块 FX₃U-2HSY-ADP 时，与脉冲输出端 Y003 有关的软元件有效。

3）近点信号逻辑反转标志。通过近点信号逻辑反转标志位的 ON/OFF 来指定近点 DOG 输入信号逻辑。对应脉冲输出 Y0、Y1、Y2、Y3 的近点信号逻辑反转标志 M8345、M8355、M8365、M8375 为 OFF 时，近点 DOG 输入信号为正逻辑（输入为 ON，近点 DOG 信号为 ON），近点信号逻辑反转标志为 ON 时，采用负逻辑（输入为 OFF，近点 DOG 信号为 ON）。

4）零点信号逻辑反转标志。通过零点信号逻辑反转标志位的 ON/OFF 来指定零点输入信号逻辑。对应脉冲输出 Y0、Y1、Y2、Y3 的零点信号逻辑反转标志 M8346、M8356、M8366、M8376 为 OFF 时，零点输入信号为正逻辑（输入为 ON，零点信号为 ON），零点信号逻辑反转标志为 ON 时，采用负逻辑（输入为 OFF，零点信号为 ON）。

如果零点信号与近点信号指定为相同的输入，那么零点信号按近点信号的逻辑动作。这时，DSZR 指令与回零点 ZRN 指令一样，不使用零点信号，而是按近点 DOG 信号的前端和后端信号执行动作。

5）原点回归方向。通过原点回归方向信号标志位的 ON/OFF 来指定原点回归方向。对应脉冲输出 Y0、Y1、Y2、Y3 的原点回归方向标志 M8342、M8352、M8362、M8372 为 OFF 时，向反转方向做原点回归，原点回归方向标志为 ON 时，向正转方向做原点回归。

6）清零信号输出。该指令具有在原点位置停止后，输出清零信号功能。

需要在原点位置停止后输出清零信号，可以将清零信号输出功能有效标志位置 ON，即对应脉冲输出 Y0、Y1、Y2、Y3，使清零信号输出功能有效标志位 M8341、M8351、M8361、M8371 为 ON。

不使用清零信号指定功能时，直接由指令中 D2 指定的软元件发出清零信号，一般对应脉冲输出 Y0、Y1、Y2、Y3，通常由 Y4、Y5、Y6、Y7 发出清零信号。

使用清零信号指定功能时，对应脉冲输出 Y0、Y1、Y2、Y3 的清零信号软元件指定功能有效标志 M8464、M8465、M8466、M8467 为 ON，由 D8464、D8465、D8466、D8467 指定清零输出软元件。

7）原点回归速度。原点回归速度由表 12-19 中的软元件决定。

表 12-19   **原点回归中的软元件**

脉冲输出元件	基底速度	原点回归速度	最高速度	初始值
Y000	D8342	D8347，D8346	D8344，D8343	
Y001	D8352	D8357，D8356	D8354，D8353	50 000Hz
Y002	D8362	D8367，D8366	D8344，D8363	
Y003	D8372	D8377，D8376	D8374，D8373	

一般要求基底速度＜原点回归速度＜最高速度，如果原点回归速度大于最高速度，按最高速度运行，如果原点回归速度小于基底速度，按基底速度运行。

8）爬行速度。爬行速度由表 12-20 中的软元件决定。

表 12-20   **原点回归中的软元件**

脉冲输出元件	基底速度	爬行速度	最高速度	初始值
Y000	D8342	D8345	D8344，D8343	
Y001	D8352	D8355	D8354，D8353	1000Hz
Y002	D8362	D8365	D8344，D8363	
Y003	D8372	D8375	D8374，D8373	

一般要求基底速度＜爬行速度＜最高速度，如果爬行速度大于最高速度，按最高速度运行，如果爬行速度小于基底速度，按基底速度运行。

（9）DSZR指令动作。以Y000脉冲输出为例，说明带DOG搜索的原点回归指令原点回归过程。如果使用了其他的脉冲输出端，请根据输出端号，改变相关元件标志位。

1）指定原点回归方向，根据原点回归方向标志M8342的ON/OFF确定原点回归方向。

2）执行原点回归指令DSZR。

3）指令执行标志M8348为ON。

4）向原点回归方向，以D8347、D8346指定的原点回归速度移动。

5）一旦近点DOG（近点信号逻辑反转标志M8345为OFF）为ON，就开始减速，直到减速到爬行速度。

6）近点DOG信号由ON到OFF后，一旦检测到零点信号由OFF到ON，则立即停止脉冲输出。

7）如果清零信号功能标志M8341为ON，在脉冲输出停止1ms以内，清零信号Y004在〔20ms＋一个运行周期〕时间内保持为ON。

8）当前值寄存器D8341、D8340清零。

9）指令执行结束标志M8029为ON，结束原点回归。

10）指令执行中，如果指令执行立即停止M8049为ON，立即停止原点回归。

DSZR指令的原点回归过程如图12-22所示。

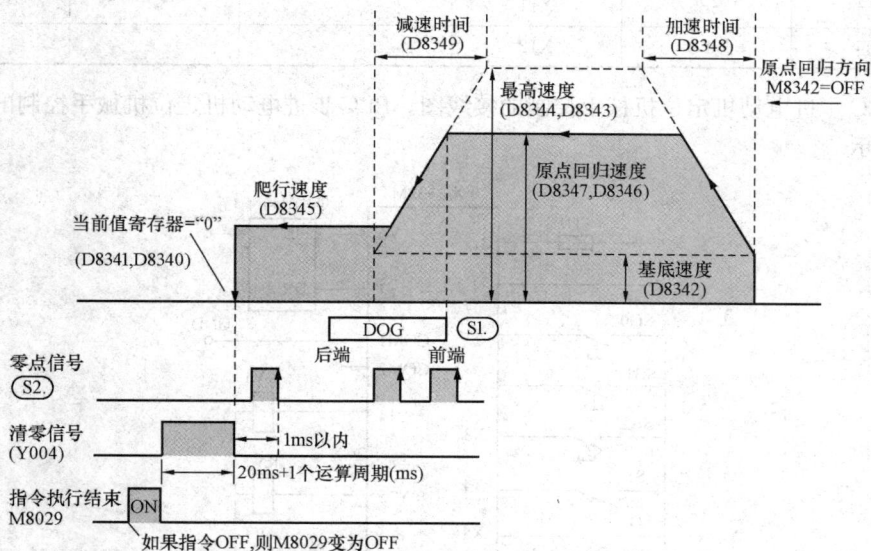

图12-22 DSZR指令的原点回归过程

2.点位控制指令应用

点位控制指令均可以多次使用，但应注意如下事项。

（1）不可出现双线圈现象。

（2）当执行条件OFF后，必须等该指令目标元件对应的脉冲输出中监控标志OFF后再经一个扫描周期才可以再次驱动同一指令。

（3）为了按上面的要求编程，最好使用STL步进顺控程序编辑程序。

（4）由于PLSY、PLSR指令的目标元件是Y0或Y1与DVRI指令的目标元件相同，最好使用 DVRI 指令代替 PLSY、PLSR 指令。

（5）Y0、Y1、Y2 作高速输出的性能指标如下：电压为 5～24V；电流为 10～100mA；输出脉冲频率为小于 100kHz。

三、PLC 步进电动机定位机械手控制

（1）PLC 输入、输出点分配。PLC 输入、输出点见表 12-21。

表 12-21　　　　　　　　　　　　　PLC 输入、输出点分配

输　　入			输　　出		
元件名称	符号	输入点	元件名称	符号	输出点
机械原点	SQ0	X0	脉冲输出	PU1	Y0
启动按钮	SB1	X1	步进电动机方向	DR1	Y2
停止按钮	SB2	X2	下移电磁阀	KV1	Y4
回原点按钮	SB3	X3	上移电磁阀	KV2	Y5
手动/自动	S1	X4	夹紧电磁阀	KV3	Y6
下限位开关	SQ1	X5	运行指示灯	HL1	Y10
上限位开关	SQ2	X6	停止指示灯	HL2	Y11
单周/连续	S2	X7			
回零点	SB4	X10			
手动伸出	SB5	X11			
手动缩回	SB6	X12			

（2）PLC 步进电动机定位机械手控制的接线图。PLC 步进电动机定位机械手控制的接线图如图 12-23 所示。

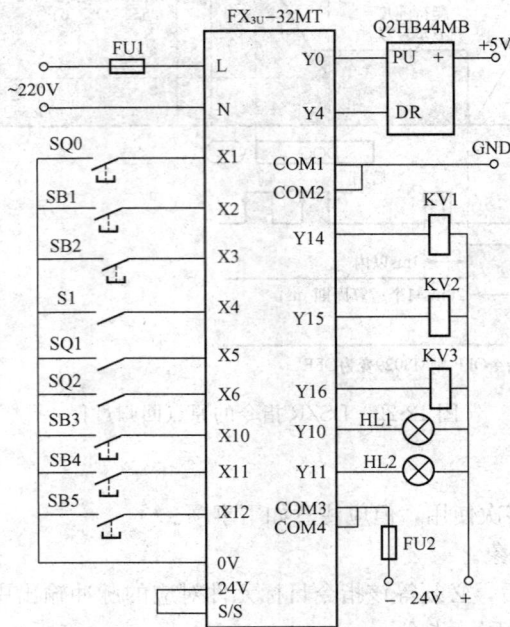

图 12-23　PLC 控制的接线图

（3）PLC 步进电动机定位机械手控制自动运行状态转移图。PLC 步进电动机定位机械手控制自动循环运行状态转移图如图 12-24 所示。

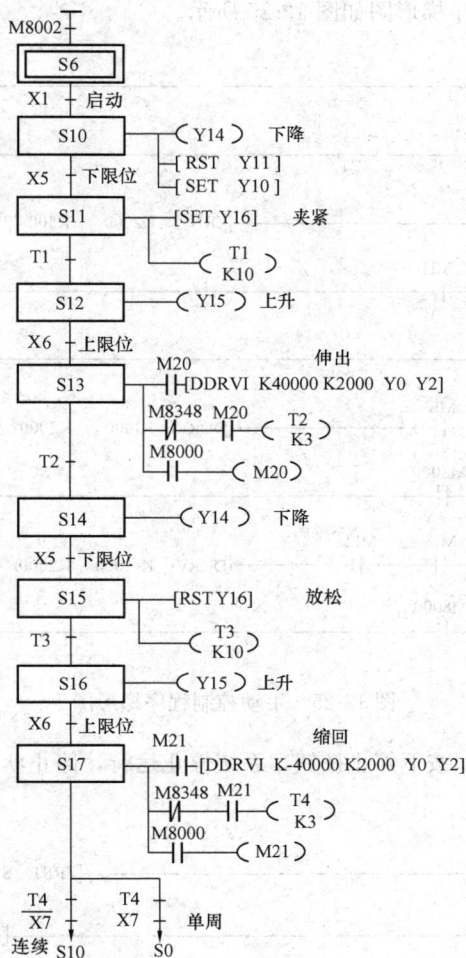

图 12-24　自动循环运行状态转移图

技能训练

一、训练目标

（1）能够正确设计步进电动机定位机械手控制的 PLC 程序。

（2）能正确输入和传输 PLC 控制程序。

（3）能够独立完成步进电动机定位机械手控制线路的安装。

（4）按规定进行通电调试，出现故障时，应能根据设计要求进行检修，并使系统正常工作。

二、训练步骤与内容

1. 设计 PLC 步进电动机定位机械手控制程序

（1）确定 PLC 输入、输出点。

（2）配置 PLC 辅助继电器、定时器。

（3）设计步进电动机手动控制程序。

步进电动机手动控制时，按下回零点按钮，步进电动机自动回零点。

按下伸出按钮，步进电动机带动丝杠正转，水平机械手向前移动。

步进电动机手动控制程序梯形图如图 12-25 所示。

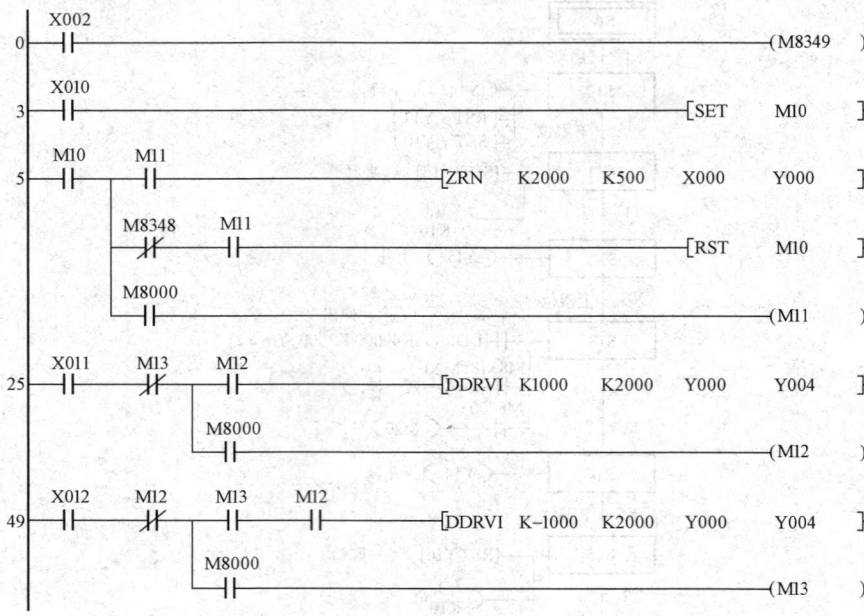

图 12-25　手动控制程序梯形图

（4）设计系统停止程序。按下停止按钮，系统停止运行，停止状态指示灯亮。停止控制梯形图如图 12-26 所示。

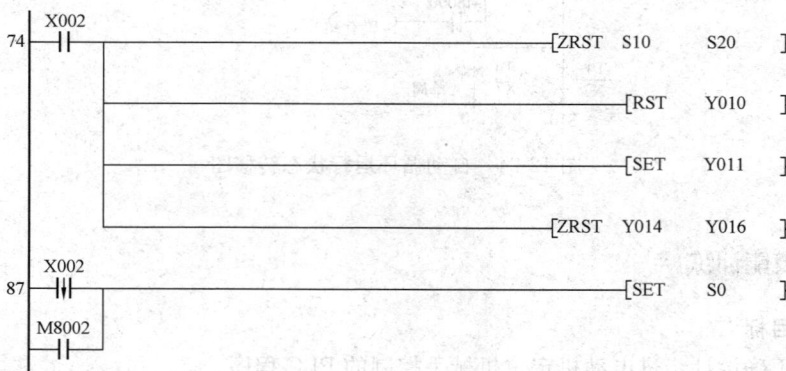

图 12-26　停止控制梯形图

（5）回原点控制程序。按下回原点按钮，垂直机械手上升，上升到上限位停止。水平机械手通过步进电动机驱动，运行到原点停止。回原点控制梯形图如图 12-27 所示。

（6）设计自动运行控制程序。根据 PLC 步进电动机定位机械手控制自动运行状态转移图，设计并输入 PLC 步进电动机定位机械手自动运行控制程序。

2. 安装、调试与运行

（1）按图 12-22 所示控制接线图接线。

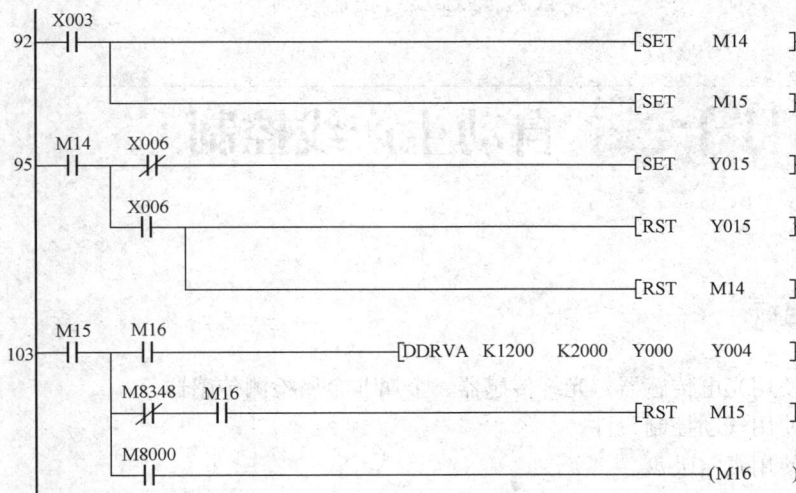

图 12-27 回原点控制梯形图

（2）将步进电动机定位机械手控制程序下载到 PLC。

（3）使 PLC 处于运行状态。

（4）切换到手动运行状态。

（5）按下步进电动机回零点按钮 SB3，观察步进电动机回零点过程。

（6）按下手动伸出按钮 SB4，观察步进电动机的运行，观察水平机械手的运行。

（7）按下手动缩回按钮 SB5，观察步进电动机的运行，观察水平机械手的运行。

（8）按下回原点按钮 SB3，观察系统回原点过程。

（9）按下停止按钮 SB2，观察系统是否停止。

（10）切换到自动运行状态。

（11）按下启动按钮 SB1，观察 PLC 输出 Y0～Y6 的变化，观察步进电动机定位机械手的运行。

（12）按下停止按钮，使系统停止运行。

（13）按下回原点按钮，使系统回原点。

（14）切换到单周运行状态。

（15）按下启动按钮，观察 PLC 步进电动机定位机械手的单周运行过程。

习 题 12

1. 比较 FX$_{3U}$ 系列 PLC 的定位指令与 FX$_{2N}$ 系列 PLC 的定位指令的异同。

2. 使用带 DOG 搜索的原点回归指令 DSZR，设计带正转极限、反转极限、接近点 DOG、零点 SQ0 控制的定位控制程序，并使工作台分别位于接近点 DOG 前端或后端不远处，执行原点回归操作，观察原点回归过程，记录回归过程。

3. 使用 N80 系列 PLC，实现步进电动机定位机械手控制。

4. 使用西门子 S7-200 系列 PLC，实现步进电动机定位机械手控制。

项目十三　自动生产线控制

学习目标

（1）学习使用光电传感器、光纤传感器、金属非金属检测传感器。
（2）学会使用气动控制元件。
（3）学会使用真空吸盘。
（4）学会传感器、真空器件、气动元件、步进电动机的综合应用。
（5）学会设计自动分拣控制程序。
（6）学会用 PLC 控制自动生产线。

任务 23　自动分拣生产线控制

基础知识

一、任务分析

1. 控制要求

自动分拣生产线实训台如图 13-1 所示，它由零件料仓、推料缸、光纤传感器、运输皮带、直流电动机、光电传感器、金属检测传感器、水平滑台气缸、垂直移动气缸、真空吸盘、阀岛、金属零件料库、非金属零件料库、开关电源、PLC 等组成。

图 13-1　自动分拣生产线实训台

自动分拣生产线的控制要求如下。

（1）按下启动按钮，零件料仓光纤传感器检测是否有工件。

（2）如果零件料仓有工件，推料气缸动作，将工件推出。

（3）工件推出后，启动皮带生产线，当工件运行经过光电传感器时，推料气缸缩回。

（4）皮带生产线继续运行到工件属性判别位。

（5）金属检测传感器对工件进行属性检测，如果是金属工件，置位辅助继电器软元件。如果是非金属，就等待一段时间。

（6）检测到金属工件或等待时间到，滑台气缸右移。

（7）右移到位，垂直移动气缸下移，下移到位，真空吸盘气缸动作，吸住工件，延时 1s，垂直移动气缸上移，上移到位，滑台气缸左移，左移到位，根据工件属性的不同转入不同的工艺。

210

（8）如果是金属工件，水平前移气缸前移，前移到位，垂直气缸下移，下移到位，释放工件，延时 1s，垂直气缸上移，上移到位，水平前后移动气缸后移，后移到位，完成一次金属工件分拣控制循环，回到料仓工件检测状态。

（9）如果非金属工件，垂直气缸下移，下移到位，释放工件，延时 1s，垂直气缸上移，上移到位，完成一次非金属工件分拣控制，返回料仓工件检测状态。

（10）在任何时候，按下停止按钮，系统停止工作。

（11）按下复位按钮，系统回到滑台气缸位于左限位、垂直移动气缸位于上限位、前后移动气缸位于后限位的原始位置。

（12）再次按下启动按钮，自动分拣生产线重新自动分拣运行。

2. 控制分析

自动分拣生产线控制是由零件料仓光纤传感器检测、推料、运输、零件光电传感器检测、金属非金属零件传感器检测、滑台右移、垂直气缸下移、真空吸盘吸住零件、垂直气缸上移、滑台左移，根据零件属性不同，分别送不同零件料仓等控制操作组成的。自动生产线的自动运行工艺流程图如图 13-2 所示。

二、PLC 自动分拣生产线控制

（1）PLC 输入、输出端分配。PLC输入、输出端 I/O 分配见表 13-1。

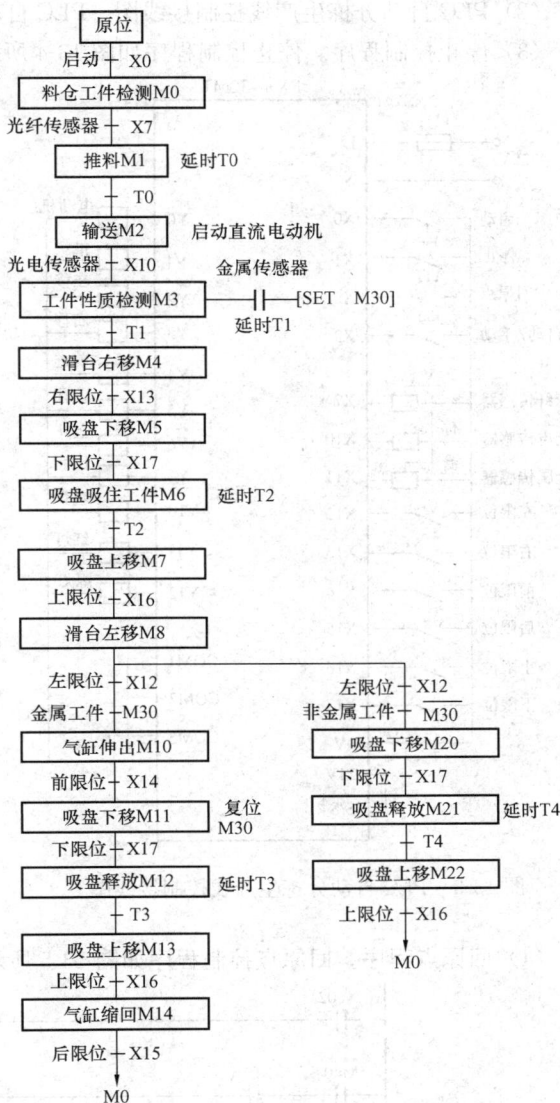

图 13-2 自动运行工艺流程图

原位
启动 — X0
料仓工件检测 M0
光纤传感器 — X7
推料 M1 — 延时 T0
— T0
输送 M2 — 启动直流电动机
光电传感器 — X10
工件性质检测 M3 — 金属传感器 ┤├ [SET M30] 延时 T1
— T1
滑台右移 M4
右限位 — X13
吸盘下移 M5
下限位 — X17
吸盘吸住工件 M6 — 延时 T2
— T2
吸盘上移 M7
上限位 — X16
滑台左移 M8

左限位 — X12　　　　　　　　左限位 — X12
金属工件 — M30　　　　　　　非金属工件 — M̄30
气缸伸出 M10　　　　　　　　吸盘下移 M20
前限位 — X14　　　　　　　　下限位 — X17
吸盘下移 M11 — 复位 M30　　吸盘释放 M21 — 延时 T4
下限位 — X17　　　　　　　　— T4
吸盘释放 M12 — 延时 T3　　　吸盘上移 M22
— T3　　　　　　　　　　　　上限位 — X16
吸盘上移 M13　　　　　　　　— M0
上限位 — X16
气缸缩回 M14
后限位 — X15
— M0

表 13-1　　　　　　　PLC 输入、输出端 I/O 分配

输　入		输　出	
启动	X0	直流电动机	Y0
停止	X1	推料	Y1
回原点	X2	滑台左移	Y2
手动/自动	X3	滑台右移	Y3
光纤传感器	X7	机械手前移	Y4
光电传感器	X10	机械手后退	Y5
金属检测传感器	X11	垂直上升	Y6
左限位	X12	垂直下降	Y7
右限位	X13	真空吸盘	Y10
前限位	X14	红色指示灯	Y11
后限位	X15	绿色指示灯	Y12
上限位	X16		
下限位	X17		

211

（2）PLC 自动分拣生产线控制接线图。PLC 自动分拣生产线控制接线如图 13-3 所示。

（3）停止控制程序。停止控制程序如图 13-4 所示。

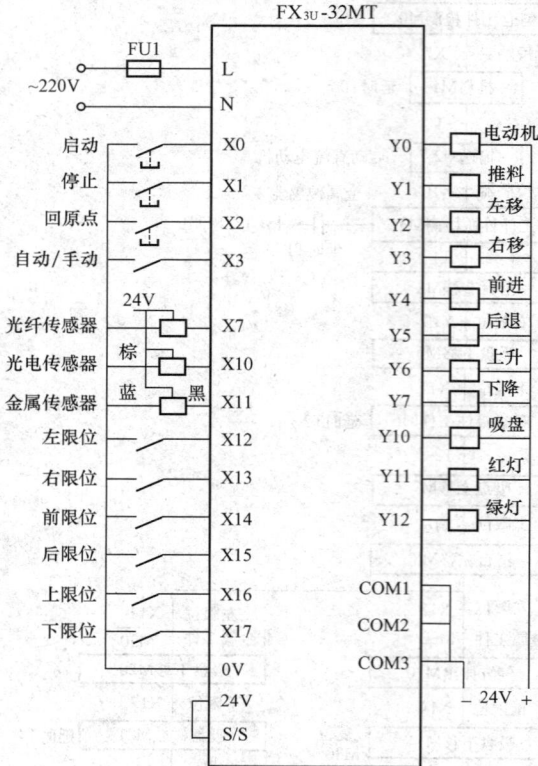

图 13-3　PLC 自动分拣生产线控制接线图

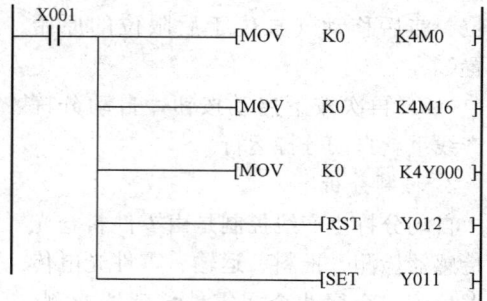

图 13-4　停止控制程序

（4）回原点程序。回原点控制程序如图 13-5 所示。

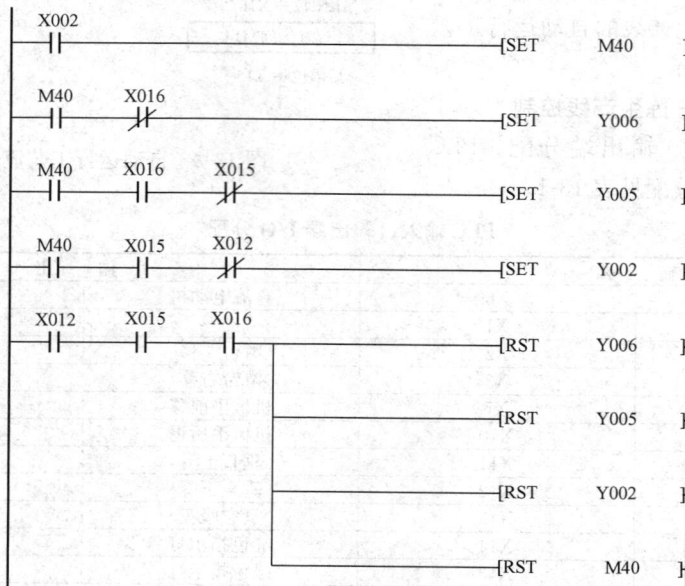

图 13-5　回原点控制程序

（5）自动运行程序。

1）启动、光纤传感器检测程序。按下启动按钮，置位 M0，启动光纤传感器检测，程序如图 13-6 所示。

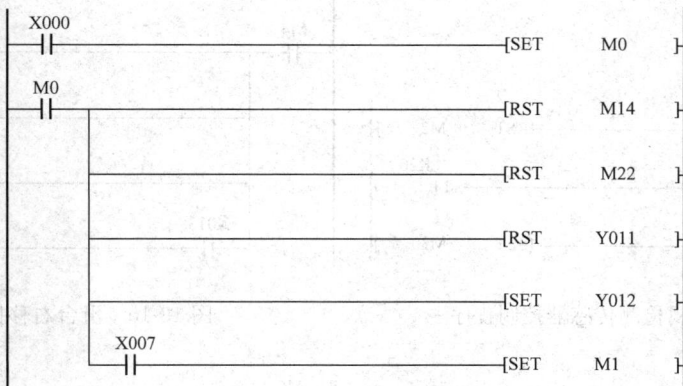

图 13-6　光纤传感器检测程序

安装在零件料仓的光纤传感器对零件进行检测，有零件时，X7 为 ON，驱动运行状态进入下一步控制。

2）推料控制。推料控制梯形图如图 13-7 所示。

光纤传感器检测到有零件时，程序控制 Y1 输出，驱动推料气缸动作，将零件推出。

3）皮带传输。皮带传输、光电传感器检测控制程序如图 13-8 所示。

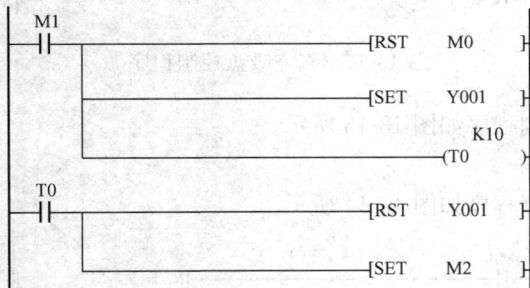

图 13-7　推料控制梯形图

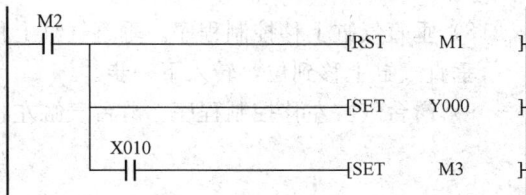

图 13-8　皮带传输控制梯形图

推料动作完成，延时 1s，驱动输出 Y0，启动直流电动机，皮带移动。

皮带移动带动零件经过光电传感器时，光电传感器为 ON，驱动运行状态转入进一步。

4）金属检测传感器程序。金属检测传感器控制程序如图 13-9 所示。

零件通过皮带牵引，传输到金属检测传感器时，如果是金属零件，置位 M30。非金属零件，M30 为 OFF。

5）滑台右移控制程序。滑台右移控制程序如图 13-10 所示。

滑台右移到位，转入下一步。

6）垂直气缸下移控制程序。垂直气缸下移控制程序如图 13-11 所示。

垂直气缸下移到位，转入下一步。

7）真空吸盘控制程序。真空吸盘控制程序如图 13-12 所示。

为保证真空吸盘可靠吸住零件，延时一段时间，延时时间到，转入下一步。

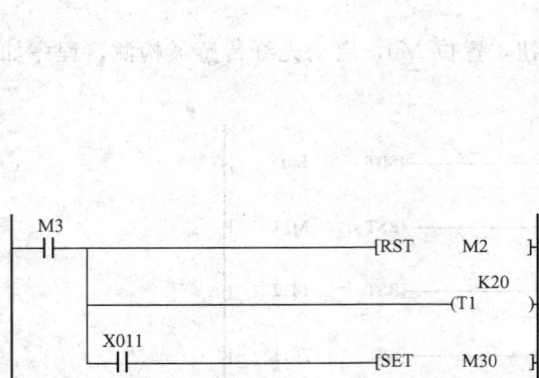

图 13-9　金属检测传感器控制程序

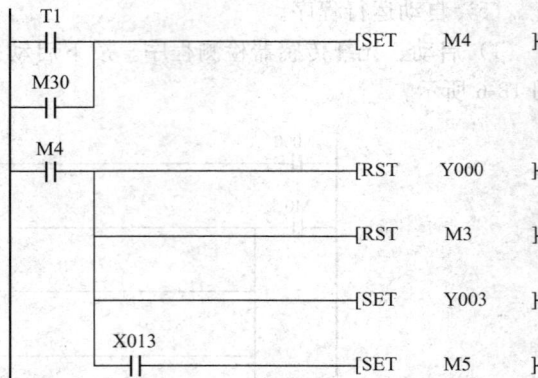

图 13-10　滑台右移控制程序

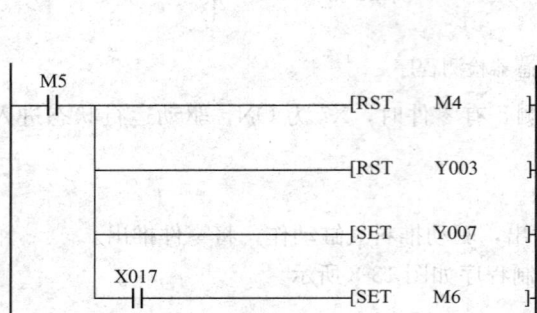

图 13-11　垂直气缸下移控制程序

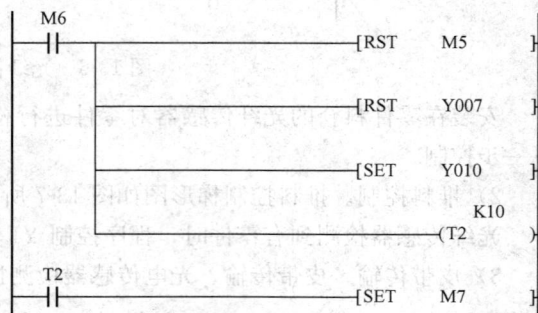

图 13-12　真空吸盘控制程序

8）垂直气缸上移控制程序。垂直气缸上移控制程序如图 13-13 所示。

垂直气缸上移到位，转入下一步。

9）滑台气缸左移控制程序。滑台气缸左移控制程序如图 13-14 所示。

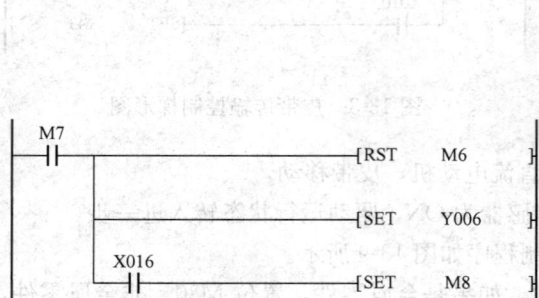

图 13-13　垂直气缸上移控制程序

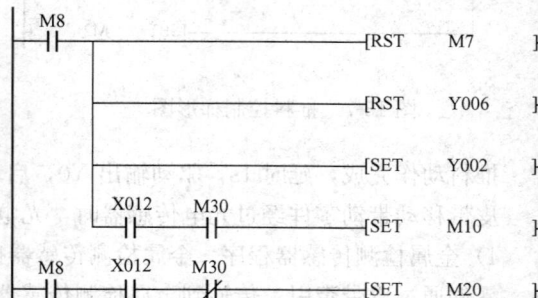

图 13-14　滑台气缸左移控制程序

滑台气缸左移到位后，根据零件性质决定转移分支。如果是金属零件，转移到 M10。非金属零件则转移到 M20。

10）金属零件时，水平机械手前移，前移到位，垂直机械手下移，释放金属零件到金属零件库。金属零件分拣控制程序如图 13-15 所示。

11）释放金属零件到金属零件库。释放金属零件程序如图 13-16 所示。

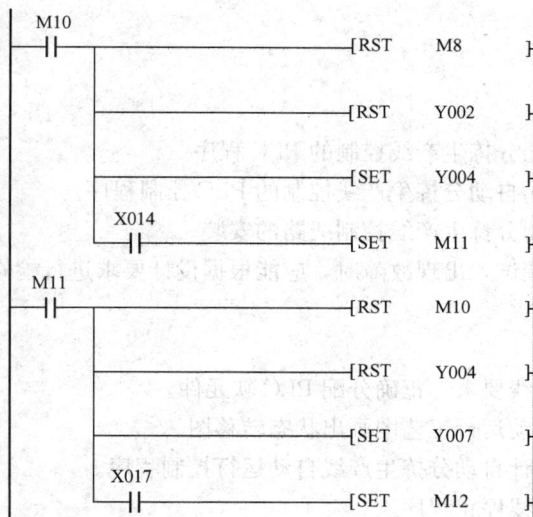

图 13-15 金属零件分拣控制程序

下移到位，释放金属零件到金属零件库，延时 1s，垂直机械手上移，上移到位，机械手缩回，完成金属零件分拣控制。

12）非金属零件时，垂直机械手下移、释放非金属零件到非金属零件库，垂直机械手上移，完成非金属零件分拣控制。非金属零件分拣控制程序如图 13-17 所示。

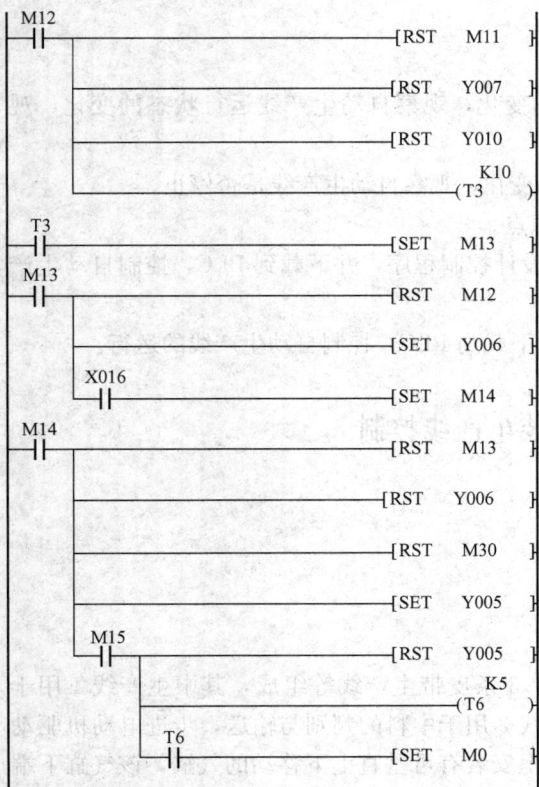

图 13-16 释放金属零件控制程序

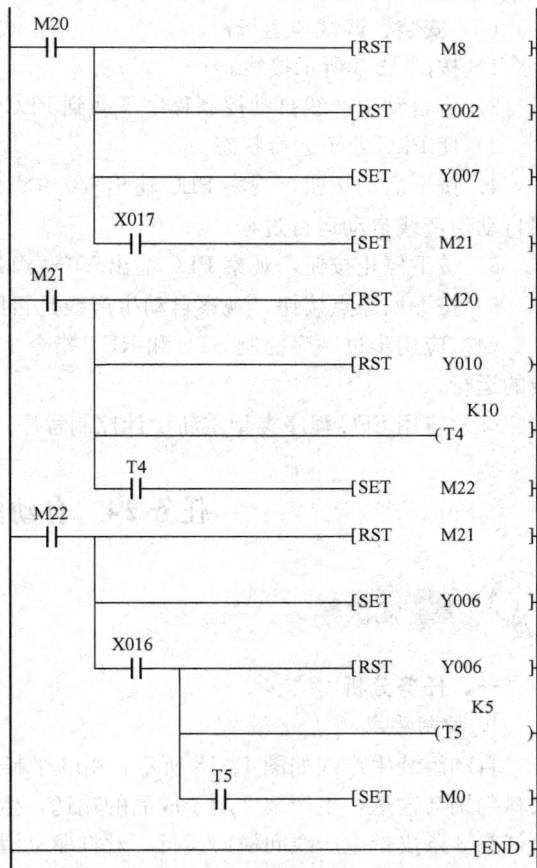

图 13-17 非金属零件分拣控制程序

技能训练

一、训练目标

(1) 能够正确设计自动分拣生产线控制的 PLC 程序。

(2) 能正确输入和传输自动分拣生产线控制的 PLC 控制程序。

(3) 能够独立完成自动分拣生产线控制线路的安装。

(4) 按规定进行通电调试，出现故障时，应能根据设计要求进行检修，并使系统正常工作。

二、训练步骤与内容

(1) 设计 PLC 程序。

1) 根据自动分拣生产线要求，正确分配 PLC 软元件。

2) 根据自动生产线自动运行工艺图画出状态转移图。

3) 根据状态转移图设计自动分拣生产线自动运行控制程序。

4) 设计自动分拣生产线停止程序。

5) 设计自动分拣生产线回原点程序。

(2) 输入 PLC 程序。

1) 输入自动生产线自动停止程序。

2) 输入自动生产线自动回原点程序。

3) 输入自动生产线自动运行程序。

(3) 安装、调试与运行。

1) 按图 13-3 所示接线。

2) 将自动生产线自动控制程序下载到 PLC。

3) 使 PLC 处于运行状态。

4) 按下启动按钮，观察 PLC 输出 Y0～Y11 的变化，观察自动生产线运行状态的变化，观察自动生产线自动运行过程。

5) 按下停止按钮，观察 PLC 输出 Y0～Y11 的变化，观察自动生产线是否停止。

6) 按下回原点按钮，观察自动生产线是否回原点。

(4) 应用步进顺序控制 STL 和 RET 指令重新设计控制程序，并下载到 PLC，控制自动生产线的运行。

(5) 应用 SFC 程序类型重新设计控制程序，并下载到 PLC，控制自动生产线的运行。

任务 24   自动组装生产线控制

基础知识

一、任务分析

1. 控制要求

自动组装生产线如图 13-18 所示，由 3 个料仓、3 条皮带生产线等组成，其中生产线 1 用于大料判别与输送，生产线 2 用于成品的输送，生产线 3 用于中料的判别与输送，步进电动机驱动丝杠在 3 条皮带生产线间横向运行，丝杠驱动滑块上安装有可垂直上下移动的气缸，该气缸下端安装了真空吸盘，用于吸取工件。

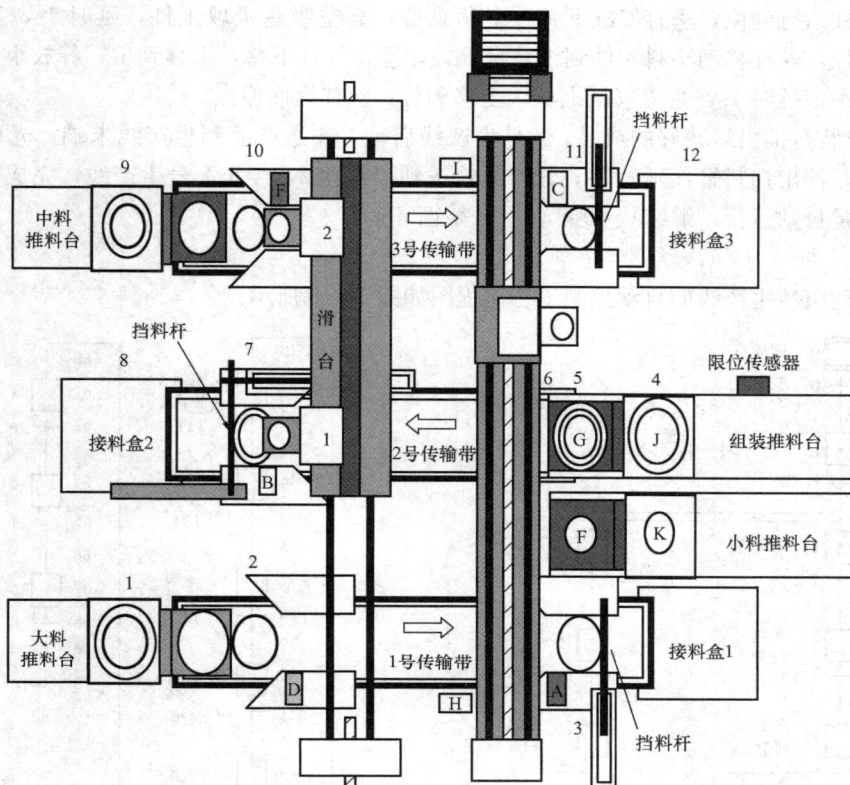

图 13-18 自动组装生产线

自动组装生产线控制要求如下。

（1）将大料、中料和小料分别放入组装台料仓、中料仓和小料仓，大小料工件凹口向上，中料凹口向下，所有工件属性任意。

（2）按下启动按钮，丝杠回原点。

（3）小料仓将工件推出，小料进行属性判别。启动生产线 1、生产线 3 输送大、中料工件。

（4）大料仓将工件推出，启动生产线 1 输送，光电传感器 D 检测有工件经过时，驱动挡料缸伸出，皮带继续输送工件前移，工件移动到生产线末端时，金属检测传感器检测工件是否是金属，如果大料工件属性与小料不相同，挡料缸缩回，工件被输送到接料盒 1，生产线 1 继续推料、检测、输送、属性判别的运行。如果大料工件属性与小料相同，生产线 1 停止。

（5）料仓将工件推出，启动生产线 1 输送，光电传感器 D 检测有工件经过时，驱动挡料缸伸出，皮带继续输送工件前移，工件移动到生产线末端时，金属检测传感器检测工件是否是金属，如果中料工件属性与小料不相同，挡料缸缩回，工件被输送到接料盒 3，生产线 3 继续推料、检测、输送、属性判别的运行。如果中料工件属性与小料相同，生产线 3 停止。

（6）当大、中、小属性相同时，组装台气缸半程推出，丝杠运行到 1 号皮带上方。

（7）丝杠到位，垂直气缸下移，下移到位，真空吸盘吸取工件，延时 1s，垂直气缸上移，上移到位，丝杠移动大料工件到组装台上方，垂直气缸下移，下移到位，释放工件，延时 1s，垂直气缸上移，上移到位，丝杠运行到小料工件上方。

（8）丝杠运行到位，垂直气缸下移，下移到位，真空吸盘吸取工件，延时 1s，垂直气缸上移，上移到位，丝杠移动小料工件到组装台上方，垂直气缸下移，下移到位，释放小料工件，小料放于大料中，延时 1s，垂直气缸上移，上移到位，丝杠运行到 3 号生产线上方。

（9）丝杠运行到位，垂直气缸下移，下移到位，真空吸盘吸取工件，延时 1s，垂直气缸上移，上移到位，丝杠移动小料工件到组装台上方，垂直气缸下移，下移到位，释放小料工件，小料放于大料中，延时 1s，垂直气缸上移，上移到位，丝杠返回原点。

（10）组装台推出组装好的成品，2 号生产线启动，输送产品到生产线末端，光电传感器检测到成品时，伸出挡料缸，延时 2s，让产品输送到接料盒 2，停止 2 号生产线，完成 1 件产品的组装。如果是自动运行，继续从步骤（3）开始循环运行。

2. 控制分析

（1）自动组装生产线的自动控制工艺流程图如图 13-19 所示。

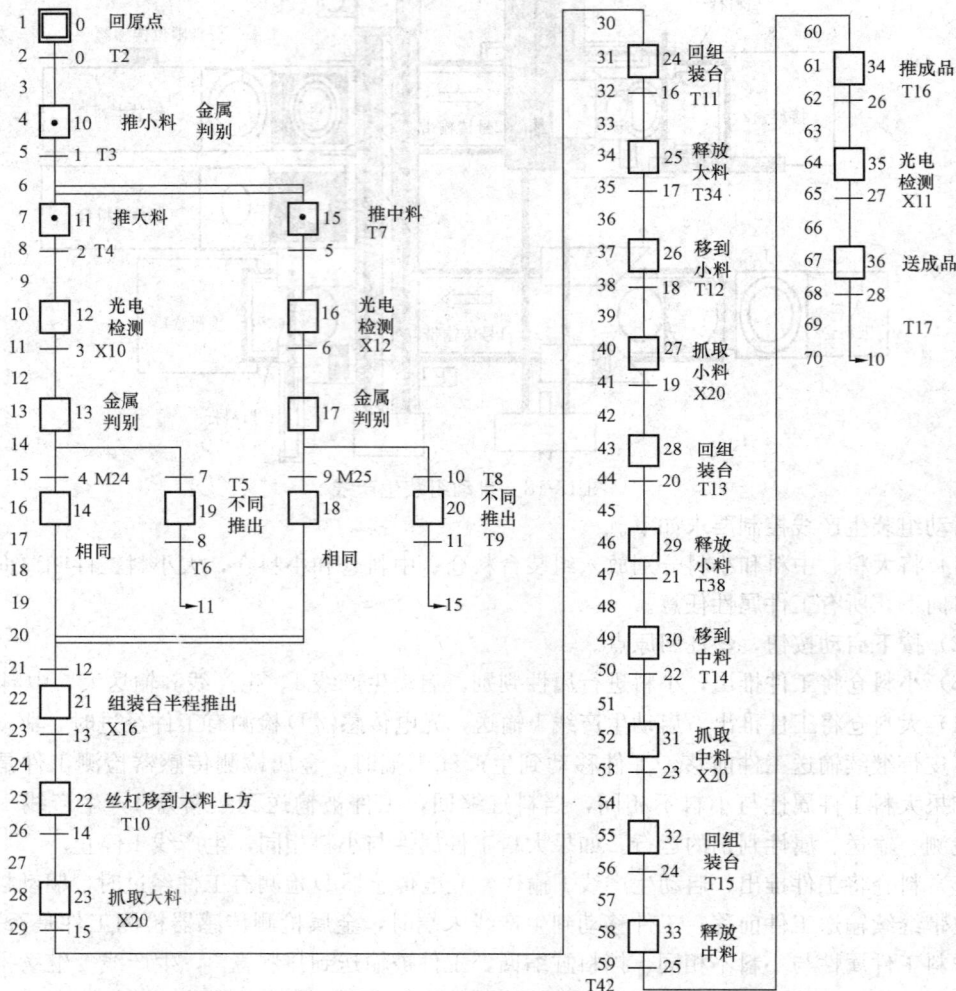

图 13-19　自动控制工艺流程图

（2）自动组装生产线的大中料的推料、检测、属性判别等是并行分支顺序步进控制。

（3）自动组装生产线的控制难点是丝杠的运行，丝杠运行可以应用回原点指令、绝对位置驱动指令、相对位置驱动指令控制。

二、PLC 控制

1. PLC 输入输出端分配

PLC 输入输出端 I/O 分配见表 13-2。

表 13-2   **PLC 输入输出端 I/O 分配**

输入元件	输入点	输出元件	输出点
原点	X0	脉冲	Y0
启动	X1	步进电动机方向	Y2
停止	X2	组装台推料	Y4
手动/自动转换	X3	组装台缩回	Y5
手动回原点	X5	小料推料	Y6
手动丝杠前移	X6	垂直下移	Y7
手动丝杠后退	X7	垂直上移	Y10
1号皮带光电传感器	X10	丝杠吸盘	Y11
2号皮带光电传感器	X11	1号皮带推料	Y12
3号皮带光电传感器	X12	1号皮带挡料	Y13
1号皮带金属感应器	X13	2号皮带挡料	Y14
小料金属传感器	X14	3号皮带推料	Y15
3号皮带金属感应器	X15	3号皮带挡料	Y16
组装台半程感应器	X16	1号皮带电动机	Y20
垂直移动下限	X17	2号皮带电动机	Y21
垂直移动上限	X20	RH、STF	Y22

2. PLC 自动组装生产线接线图

PLC 自动组装生产线接线图如图 13-20 所示。

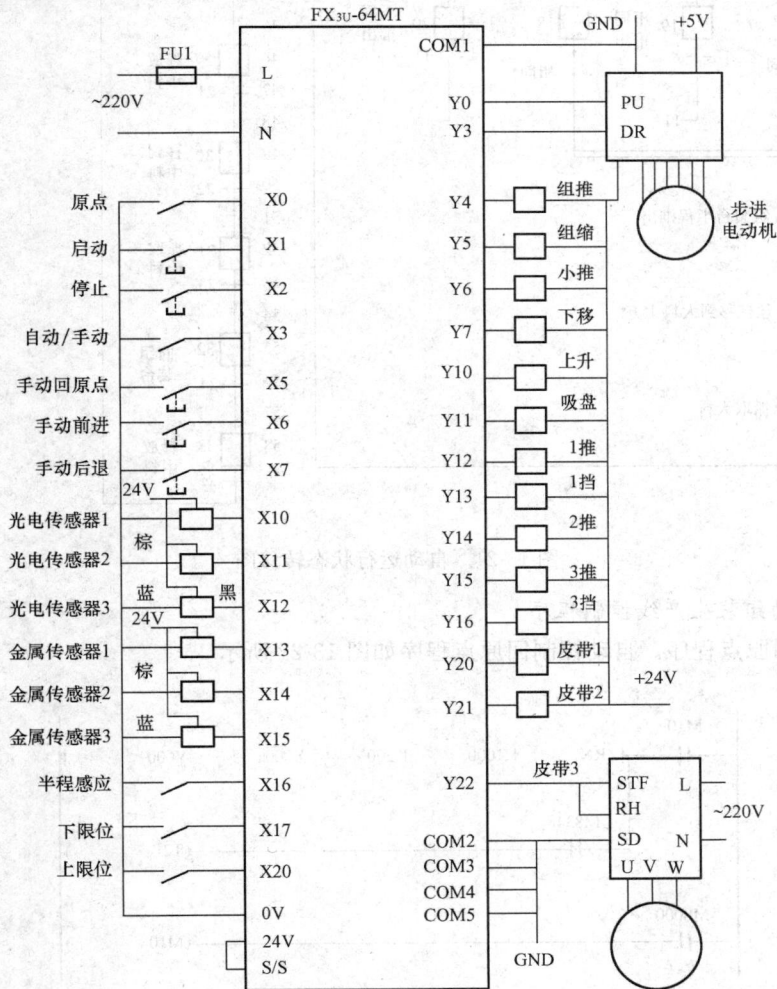

图 13-20 自动控制工艺流程图

3. PLC 自动组装生产线自动运行状态转移图

PLC 自动组装生产线自动运行状态转移图如图 13-21 所示。

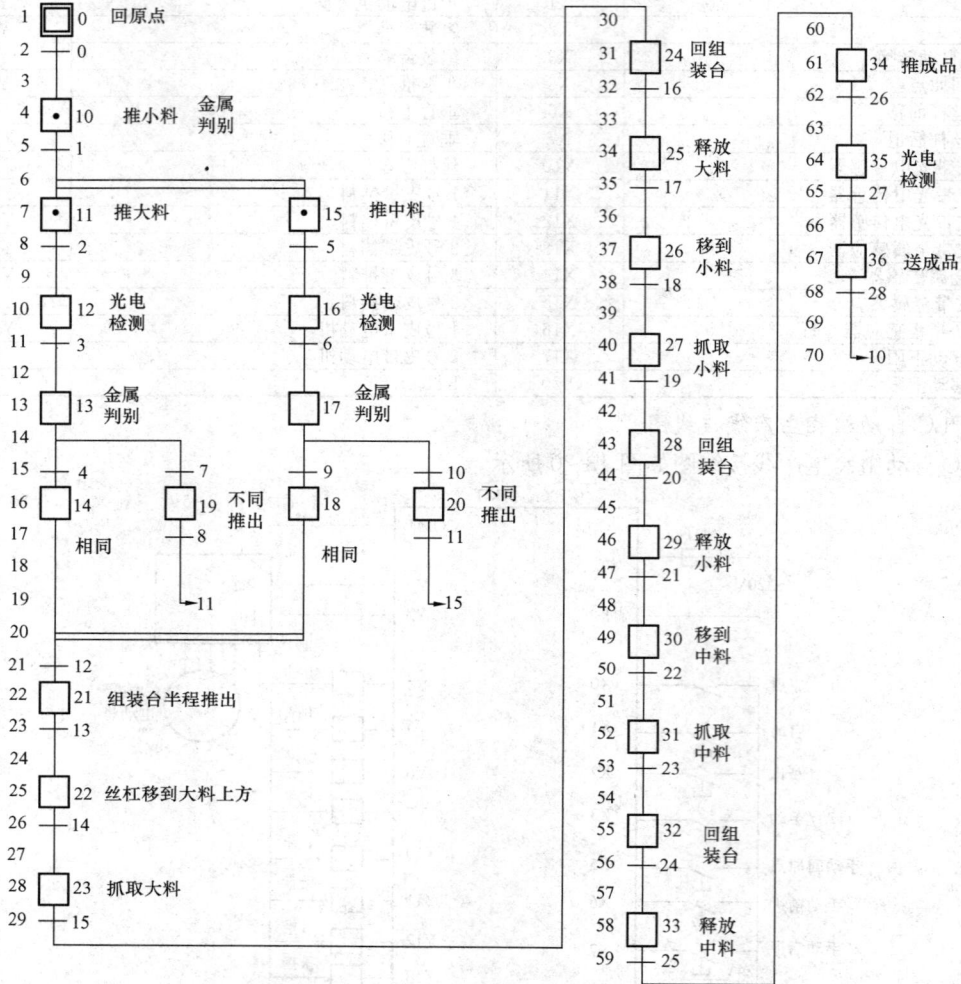

图 13-21　自动运行状态转移图

4. PLC 自动组装生产线控制程序

（1）自动回原点程序。自动控制回原点程序如图 13-22 所示。

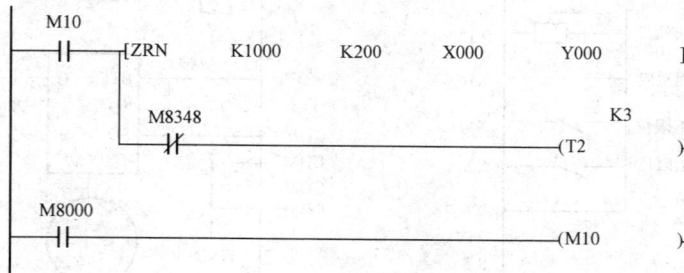

图 13-22　自动控制回原点程序

（2）推小料、属性判别状态程序。推小料、属性判别状态程序如图 13-23 所示。

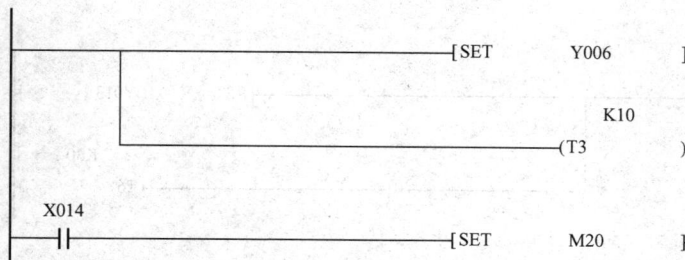

图 13-23 推小料、属性判别状态程序

（3）推大料状态程序。推大料状态程序如图 13-24 所示。

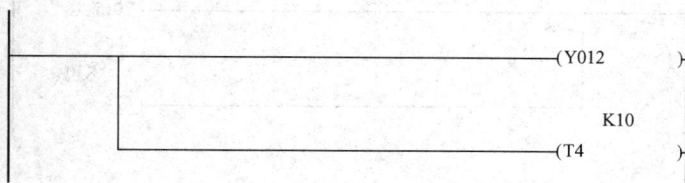

图 13-24 推大料状态程序

（4）启动 1 号皮带程序。启动 1 号皮带程序如图 13-25 所示。

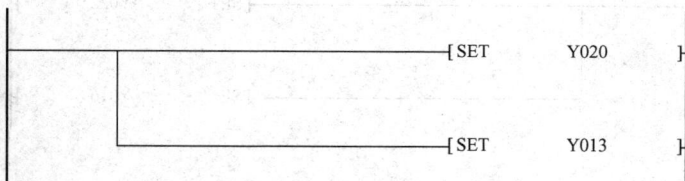

图 13-25 启动 1 号皮带程序

启动 1 号皮带电动机的同时，驱动 1 号皮带挡料缸伸出。

（5）1 号皮带零件属性检测程序。1 号皮带零件属性检测程序如图 13-26 所示。

（6）材料属性相同、停止 1 号皮带程序。材料属性相同，使用复位指令停止 1 号皮带。

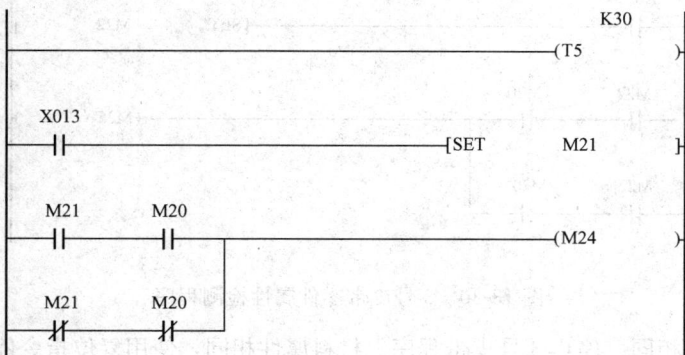

图 13-26 1 号皮带零件属性检测程序

任务
24

221

（7）材料属性不同、输送大料到接料盒 1 程序。材料属性不同、输送大料到接料盒 1 程序如图 13-27 所示。

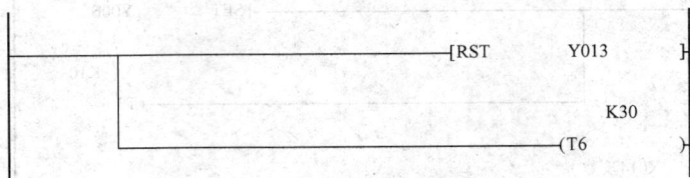

图 13-27　材料属性不同、输送大料到接料盒 1

（8）推中料状态程序。推中料状态程序如图 13-28 所示。

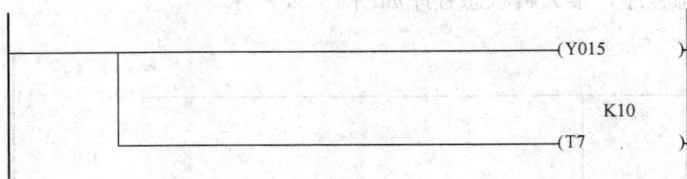

图 13-28　推中料状态程序

（9）启动 3 号皮带程序。启动 3 号皮带、驱动 3 号皮带挡料缸程序如图 13-29 所示。

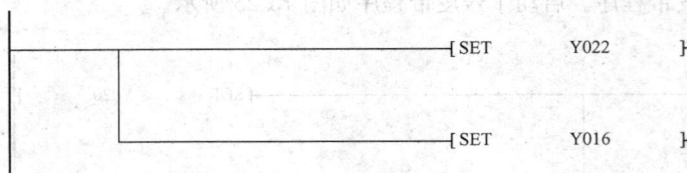

图 13-29　启动 3 号皮带程序

（10）3 号皮带零件属性检测程序。3 号皮带零件属性检测程序如图 13-30 所示。

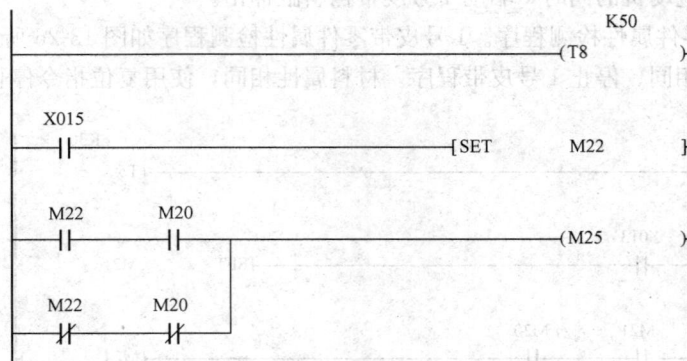

图 13-30　3 号皮带零件属性检测程序

（11）材料属性相同、停止 3 号皮带程序。材料属性相同，使用复位指令停止 3 号皮带。

（12）材料属性不同、推出中料到接料盒 3 程序。材料属性不同、推出大料到接料盒 3 程序如图 13-31 所示。

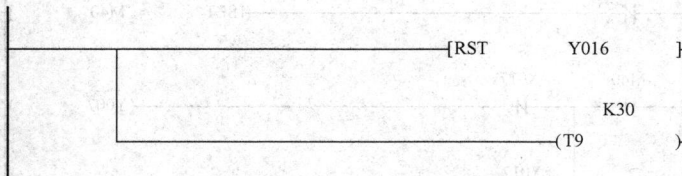

```
                                        [RST    Y016 ]

                                                 K30
                                        (T9         )
```

图 13-31　材料属性不同、输送中料到接料盒 3

（13）组装台半程推出程序。组装台半程推出程序如图 13-32 所示。

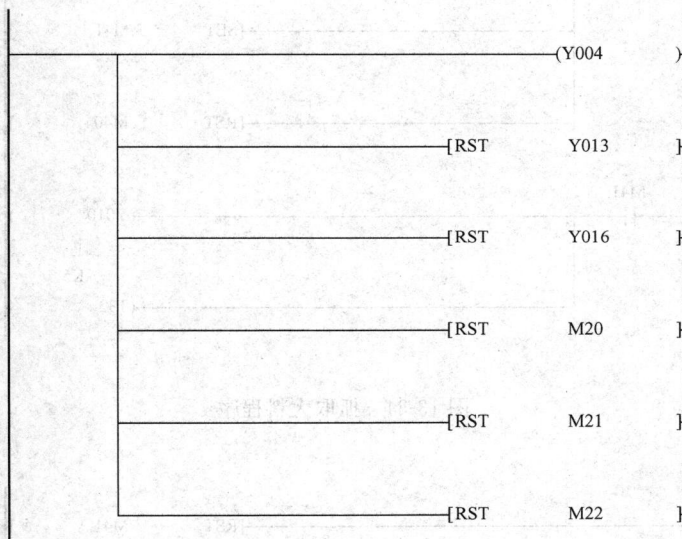

```
                                        (Y004       )

                                        [RST    Y013 ]

                                        [RST    Y016 ]

                                        [RST    M20  ]

                                        [RST    M21  ]

                                        [RST    M22  ]
```

图 13-32　组装台半程推出程序

（14）丝杠移到大料上方程序。组装台半程推出程序如图 13-33 所示。

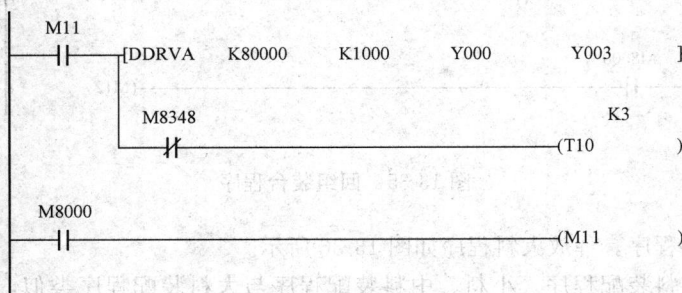

```
 M11
──┤├──[DDRVA   K80000    K1000    Y000     Y003 ]

      M8348                                   K3
      ──┤/├──                          (T10      )

 M8000
──┤├──                                  (M11      )
```

图 13-33　丝杠移到大料上方程序

（15）抓取大料程序。抓取大料程序如图 13-34 所示。

（16）回组装台程序。回组装台程序如图 13-35 所示。

```
    M41
    ─┤/├─────────────────────────────────[SET    M40 ]

    M40   X017
    ─┤ ├──┬─┤/├──────────────────────────────(Y007 )
          │
          │ X017
          ├─┤ ├──────┬───────────────────[SET    Y011 ]
          │          │                        K5
          │          └───────────────────(T31  )
          │
          ├──────────────────────────────[SET    M41 ]
          │
          └──────────────────────────────[RST    M40 ]

    M41
    ─┤ ├──┬──────────────────────────────(Y010 )
          │                                  K5
          └──────────────────────────────(T32  )
```

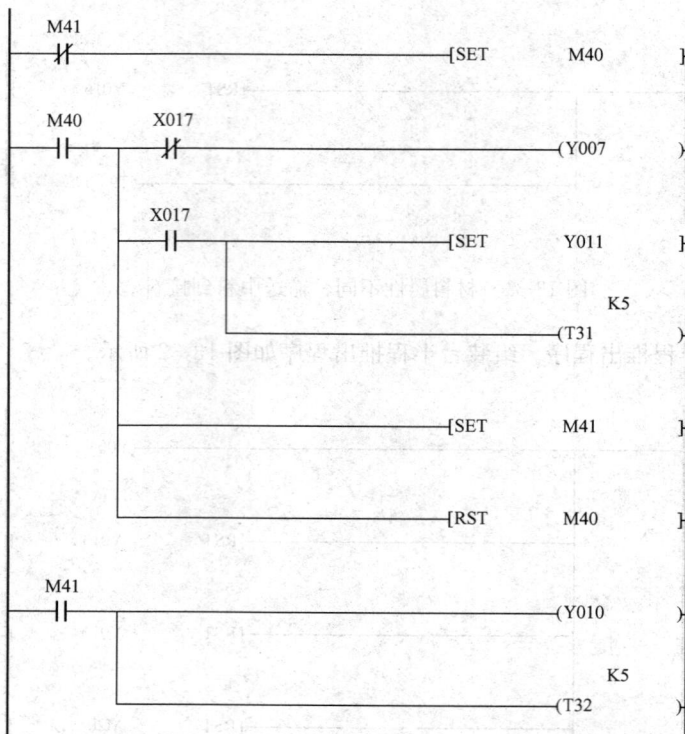

图 13-34　抓取大料程序

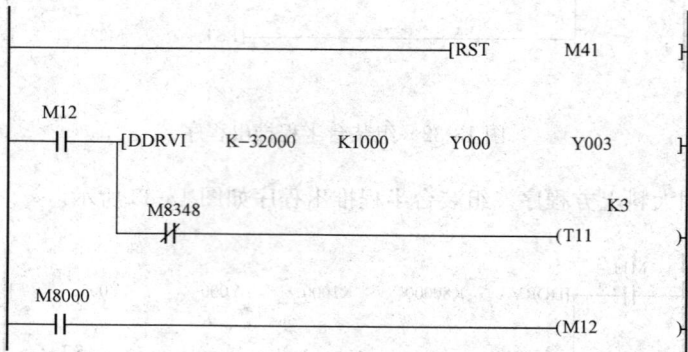

```
    ──────────────────────────────────────[RST    M41 ]

    M12
    ─┤ ├──┬─[DDRVI  K-32000  K1000  Y000   Y003 ]
          │
          │ M8348                            K3
          └─┤/├────────────────────────────(T11  )

    M8000
    ─┤ ├──────────────────────────────────(M12  )
```

图 13-35　回组装台程序

（17）释放大料程序。释放大料程序如图 13-36 所示。

（18）小料、中料装配程序。小料、中料装配程序与大料装配程序类似，可参考丝杠移动、大料抓取、丝杠回组装台、释放大料的程序设计。

（19）推成品程序。推成品、启动 2 号皮带程序如图 13-37 所示。

（20）输送成品入库程序。输送成品入库程序如图 13-38 所示。

（21）手动控制部分程序。手动控制部分程序如图 13-39 所示。

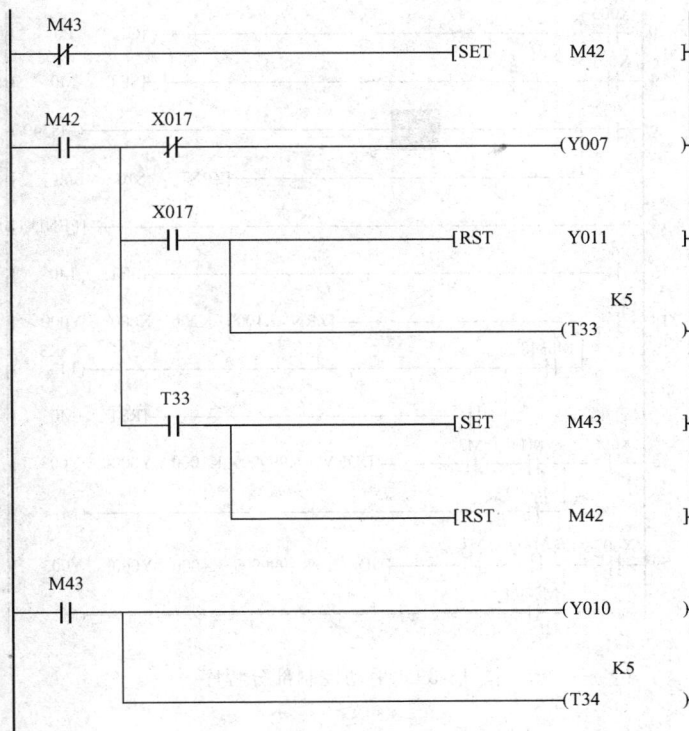

图 13-36 释放大料程序

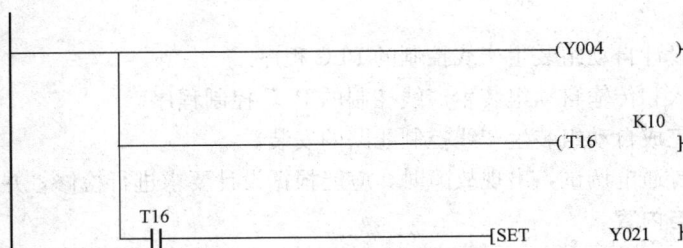

图 13-37 推成品程序

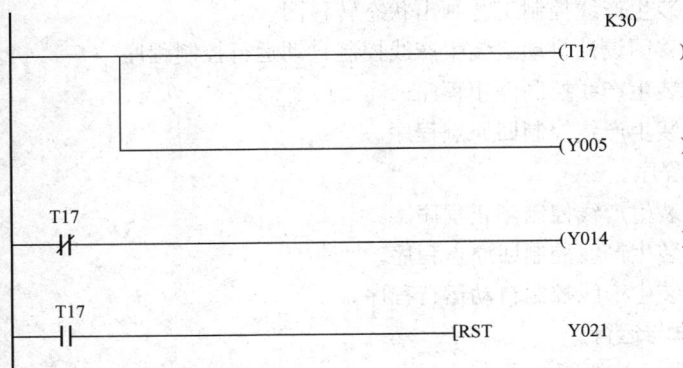

图 13-38 输送成品入库程序

225

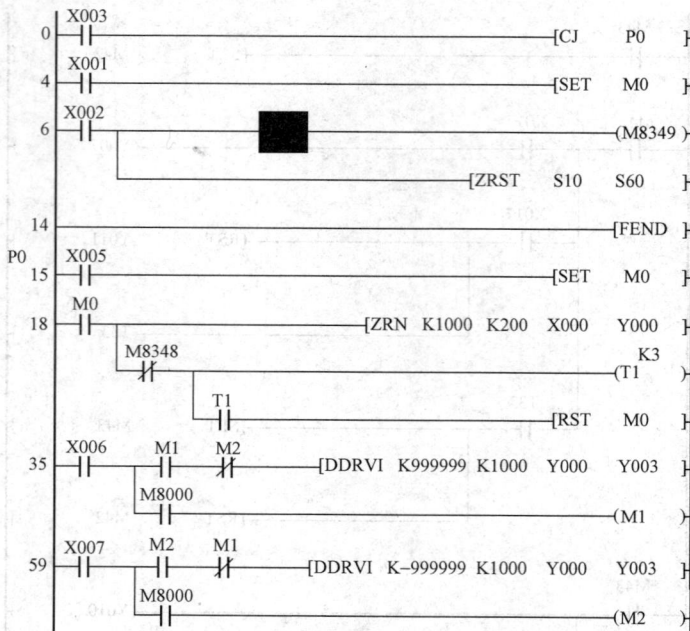

图 13-39　手动控制部分程序

技能训练

一、训练目标

（1）能够正确设计自动组装生产线控制的 PLC 程序。

（2）能正确输入和传输自动组装生产线控制的 PLC 控制程序。

（3）能够独立完成自动组装生产线控制线路的安装。

（4）按规定进行通电调试，出现故障时，应能根据设计要求进行检修，并使系统正常工作。

二、训练步骤与内容

（1）设计 PLC 程序。

1）根据自动组装生产线控制要求，正确分配 PLC 软元件。

2）根据自动组装生产线控制工艺画出状态转移图。

3）根据状态转移图设计自动组装生产线控制自动运行控制程序。

4）设计自动组装生产线控制停止程序。

5）设计自动组装生产线控制回原点程序。

（2）输入 PLC 程序。

1）输入自动组装生产线控制停止程序。

2）输入自动组装生产线控制回原点程序。

3）输入自动组装生产线控制自动运行程序。

（3）安装、调试与运行。

1）按图 13-20 所示接线图接线。

2）将自动组装生产线控制程序下载到 PLC。

3）使 PLC 处于运行状态。

4）按下启动按钮，观察 PLC 输出 Y0～Y22 的变化，观察自动组装生产线控制运行状态的变化，观察自动组装生产线运行过程。

5）按下停止按钮，观察 PLC 输出 Y0～Y22 的变化，观察自动组装生产线是否停止。

6）按下回原点按钮，观察自动生产线是否回原点。

（4）应用步进顺序控制 STL 和 RET 指令重新设计控制程序，并下载到 PLC，控制自动生产线的运行。

习 题 13

1. 在自动分拣生产线控制中，增加一个暂停按钮，按一次暂停按钮，自动分拣生产线控制暂停，再按一次暂停按钮，自动分拣生产线控制由暂停处状态继续运行。按下停止按钮，自动分拣生产线控制停止运行。设计控制程序，并下载到 PLC，检测验证程序是否符合上述要求。

提示：

（1）在主控程序中，通过暂停按钮，控制暂停辅助控制继电器 M100 的交替运行。即按一次暂停按钮，M100 得电。再按一次暂停按钮，M100 失电。再按一次暂停按钮，M100 重新得电，……，如此循环。

（2）在每一步控制中，串联 M100 的常闭触点，如此实现整个步进顺序控制程序暂停控制功能。

2. 使用 N80 系列 PLC，设计带暂停功能的自动分拣生产线控制程序，并下载到 N80 系列 PLC，检测验证程序是否符合控制要求。

3. 在自动组装生产线控制中，增加一个暂停按钮，按一次暂停按钮，自动组装生产线控制暂停，再按一次暂停按钮，自动组装生产线控制由暂停处状态继续运行。按下停止按钮，自动组装生产线控制停止运行。设计控制程序，并下载到 PLC，检测验证程序是否符合上述要求。

4. 使用 N80 系列 PLC，设计带暂停功能的自动组装生产线控制程序，并下载到 N80 系列 PLC，检测验证程序是否符合控制要求。

项目十四 远程通信控制

学习目标

(1) 学会应用三菱 PLC 的通信指令。

(2) 学习 PLC 通信协议常识。

(3) 学习使用三菱 PLC 的 ASCI、CCD 指令。

(4) 学会使用 FX₃U-485-BD 通信板。

(5) 学会用 PLC 远程控制三菱变频器。

(6) 学会用 PLC 实现远程通信控制。

任务 25 PLC 与变频器的通信

基础知识

一、任务分析

1. 控制要求

(1) 应用 FX₃U-485-BD 通信板，控制变频器的正转、反转、停止。

(2) 应用 FX₃U-485-BD 通信板直接控制变频器的运行频率。

(3) 运行频率数据可以通过触摸屏输入。

2. 控制分析

(1) 三菱 FR-A540 变频器的通信参数设置。三菱 FR-A540 变频器的通信参数设置见表 14-1。

表 14-1　　　　　　　　　　　　三菱 FR-A540 变频器的通信参数

序号	变频器参数	设置值	说　明
1	Pr. 79	1	运行模式：参数运行
2	Pr. 117	0	站号，可设置数据 0~31
3	Pr. 118	192	通信速率 19 200bit/s
4	Pr. 119	1	停止位长 2 位，字长 8 位
5	Pr. 120	2	奇偶校验　　2 偶校验
6	Pr. 121	9999	通信再试次数　不报警停机
7	Pr. 122	9999	通信校验时间间隔
8	Pr. 123	20	单位：ms，数据传输到变频器响应时间，等待时间
9	Pr. 124	0	无回车 CR、换行 LF 信号

（2）三菱 FR-A540 变频器的通信指令代码、数据。三菱 FR-A540 变频器的通信部分指令代码、数据见表 14-2。

表 14-2　　　　　　　　　　变频器的通信指令代码、数据

控制动作	指令代码	数　据
正转	HFA	H02
反转	HFA	H04
停止	HFA	H00
运行频率写入	HED	H0000～H2E00

（3）通信数据格式。通信数据格式分 A′和 A 格式两种，分别见表 14-3、表 14-4。

表 14-3　　　　　　　　　　A′通信格式

ENQ	变频器站号	指令代码	等待时间	数据	总和校验	CR、LF
1	2　3	4　5	6	7　8	9　10	11

表 14-4　　　　　　　　　　A 通信格式

ENQ	变频器站号	指令代码	等待时间	数据	总和校验	CR、LF
1	2　3	4　5	6	7　8　9　10	11　12	13

A′通信格式，每帧通信数据字长 11 字节。

A 通信格式，每帧通信数据字长 13 字节。

第 1 字节是控制代码。

第 2、3 字节是变频器站号，可在 H00～H31 之间设定。

第 4、5 字节是指令代码，根据控制动作要求设置。

第 6 字节，等待时间，由变频器决定，通过设置变频器参数 Pr.123 响应时间设定，如果设置为 9999，表示不设等待时间，数据格式中的等待时间不用考虑，整体字节数减 1。

A′通信格式的第 7、8 字节是控制数据，A 通信格式的第 7、8、9、10 字节是控制数据。

A′通信格式的第 9、10 字节是总和校验数据，A 通信格式的第 11、12 字节是总和校验数据。

（4）ASCII 码。部分 ASCII 码见表 14-5。

表 14-5　　　　　　　　　　部分 ASCII 码

字符	0	1	2	3	4	5	6	7
ASCII	H30	H31	H32	H33	H34	H35	H36	H37
字符	8	9	A	B	C	D	E	F
ASCII	H38	H39	H41	H42	H43	H44	H45	H46

（5）总和校验。总和校验数据计算方法：首先计算变频器站号、指令代码、等待时间、数据的代数和，然后取低 8 位数据的 ASCII 代码作为总和校验数据。

例如变频器正转采用 A′通信格式，数据见表 14-6，总和校验计算如下

H30＋H30＋H46＋H41＋H30＋H32＝H14A

变频器站号、指令代码、数据的 ASCII 码代数和是 H14A，低 8 位数据是 H4A，转换为 ASCII 码，分别是 H34、H41。

表 14-6 总和校验

ENQ	变频器站号	指令代码	等待时间	数 据	总和校验	CR、LF	
	1	2 3	4 5	6	7 8	9 10	11
字符	H05	0 1	F A		0 2		
ASCII		H30 H30	H46 H41		H30 H32	H34 H39	

二、PLC 的通信控制

1. PLC 指令

（1）ASCI 指令。ASCI 指令格式见表 14-7。

表 14-7 ASCI 指令

指令助记符	S 源操作数	D 目标操作数	n
ASCI	H1000	D305	K4

ASCI 指令将源操作数 n 个字符数据转换为 ASCII 码，存于 D 开始单元目标数据寄。

（2）数据传送指令。RS 数据传送指令格式见表 14-8。

表 14-8 数据传送指令

指令助记符	S 发送数据首元件	发送字节数	D 接收数据首元件	接收字节数
RS	D200	K9	D500	K5

（3）CCD 校验总和指令。CCD 校验总和指令格式见表 14-9。

表 14-9 CCD 校验总和指令

指令助记符	S 首元件	D 目标元件	n 字节数
CCD	D201	D207	K6

计算 S 首元件开始的 n 个字节的校验总和并送到指定的目标元件。

2. FX₃ᵤ-485-BD 通信板

（1）使用无协议通信即可完成数据通信功能。FX₃ᵤ-485-BD 通信板在个人计算机、条形码阅读器或打印机之间使用 RS 指令传输数据。

（2）使用专用协议进行数据传输。计算机通过 FX₃ᵤ-485-BD 通信板直接与 PLC 使用专用通信协议进行数据传输。

（3）当两台 FX₃ᵤ 系列的 PLC 一对一连接时，FX₃ᵤ-485-BD 通信板可以自动传送 100 个辅助继电器和 10 个数据寄存器的数据。

（4）在 N∶N 网络，FX₃ᵤ-485-BD 通信板可以自动传送 512 个辅助继电器和 64 个数据寄存器的数据。

3. 设置 PLC 通信格式

PLC 的通信格式由数据寄存器 D8120 决定，D8120 的位号、意义、内容见表 14-10。

表 14-10   通信格式

位号	意　义	内　容	
		0（OFF）	1（ON）
b0	数据长度	7 位	8 位
b1 b2	奇偶性	b2，b1 （0，0）：无 （0，1）：奇（1，1）偶	
b3	停止位	1 位	2 位
b4 b5 b6 b7	波特率	b7，b6，b5，b4， （0，0，1，1）：300（0，1，1，1）：4800 （0，1，0，0）：600（1，0，0，0）：9600 （0，1，0，1）：1200（1，0，0，1）：19200 （0，1，1，0）：2400	
b8	头字符①	无	D8124②
b9	结束字符①	无	D8124③
b10		保留	
b11	DTR 检测④	发送和接收	接收
b12	控制线④	无	H/W
b13	和校验	不加和校验码	和校验码自动加上
b14	协议	无协议	专用协议
b15	传输控制协议⑤	协议格式 1	协议格式 4

① 当使用专用协议时，设置为"0"。
② 只有当选择无协议（RS 指令）时，它才有效。并具有初始值 STX（02H：可由用户修改）。
③ 只有当选择无协议（RS 指令）时，它才有效。并具有初始值 ETX（03H：可由用户修改）。
④ 当使用专用协议时，设置（b12，b11）=（1，0）。
⑤ 当使用无协议时，设置为"0"。

在本任务中设置 D8120＝H9F。

4. 通信用的特殊辅助继电器与特殊数据寄存器

通信用特殊辅助继电器与特殊数据寄存器见表 14-11。

表 14-11   通信用特殊辅助继电器与特殊数据寄存器

特殊辅助继电器	功　能	特殊数据寄存器	功　能
M8121	等待发送标志	D8120	通信格式
M8122	发送请求	D8121	站号
M8123	接收结束标志	D8122	发送数据剩余点数
M8124	载波检测标志	D8123	接收数据点数监控
M8126	全局标志	D8124	起始字符
M8127	请求式握手标志	D8125	结束字符
M8128	请求式握手标志	D8129	数据网络的超时定时器设定值 　单位 10ms，为零时表示 100ms
M8129	请求式字节超时判断标志	D8045	显示通信参数
M8161	8/16 位转换标志	D8419	显示运行模式

5. 通信控制代码

通信控制代码见表 14-12。

表 14-12 控制代码

信号	代码	功能	信号	代码	功能
STX	02H	文本开始	LF	0AH	换行
ETX	03H	文本结束	CL	0CH	清除
EOT	04H	发送结束	CR	ODH	回车
ENQ	05H	请求	NAK	15H	不能确认
ACK	06H	确认			

6. PLC 与变频器的通信控制程序

（1）PLC 软元件配置。PLC 软元件配置见表 14-13。

（2）PLC 与变频器的通信控制接线图。PLC 与变频器的通信控制接线图如图 14-1 所示。

（3）PLC 通信格式设置程序。PLC 通信格式设置如图 14-2 所示。

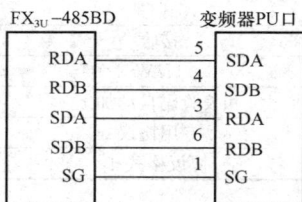

图 14-1 PLC 与变频器的
通信控制接线图

表 14-13 PLC 软元件配置

元件名称	软元件
正转按钮	X1
停止按钮	X2
反转按钮	X3
通信控制寄存器	D100～D108
频率写入寄存器	D200～D210
运行频率寄存器	D1000

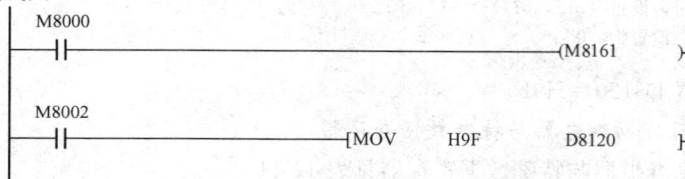

图 14-2 PLC 通信格式

第 1 逻辑行，通信数据设置为 8 位。

第 2 逻辑行，设置通信格式数据寄存器 D8120＝H9F。

（4）PLC 与变频器通信控制正转、反转、停止公用程序。PLC 与变频器通信控制正转、反转、停止公用程序如图 14-3 所示。

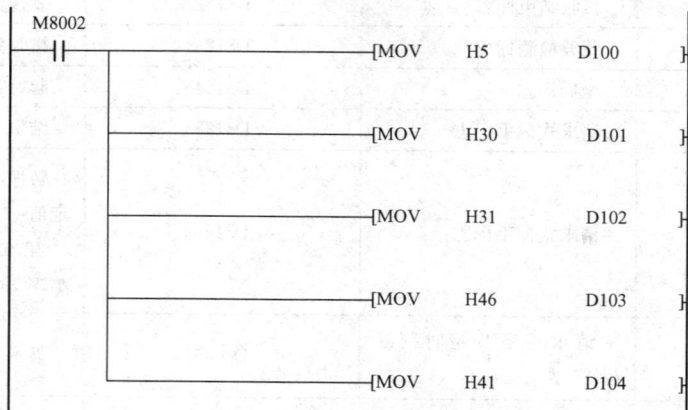

图 14-3 公用程序

第1逻辑行，通信控制代码送 D100。

第2、3逻辑行，变频器站号 H01 的 ASCII 代码送 D101、D102。

第4、5逻辑行，运行指令 HFA 的 ASCII 代码送 D103、D104。

（5）PLC 与变频器通信控制正转专用程序。PLC 与变频器通信控制正转专用程序如图 14-4 所示。

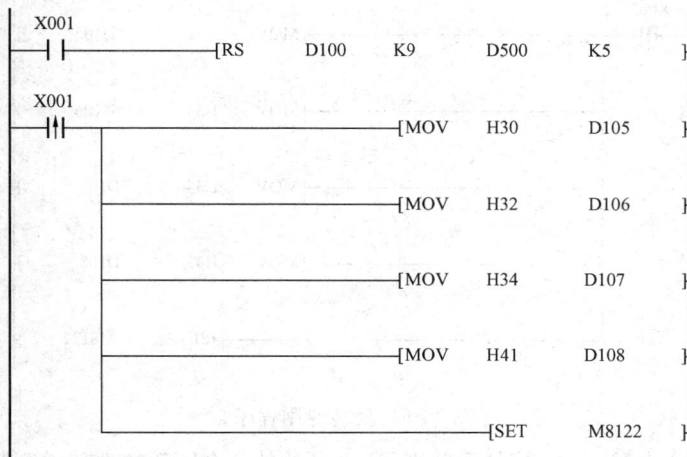

图 14-4　正转专用程序

第1逻辑行，X1 为 ON 时，控制正转用 D100 开始的 9 个字符数据传送变频器。

第2、3逻辑行，正转 H02 的 ASCII 代码送 D105、D106。

第4、5逻辑行，正转校验总和数据的 ASCII 代码送 D107、D108。

第6逻辑行，送出发送请求脉冲。

（6）PLC 与变频器通信控制停止专用程序。PLC 与变频器通信控制停止专用程序如图 14-5 所示。

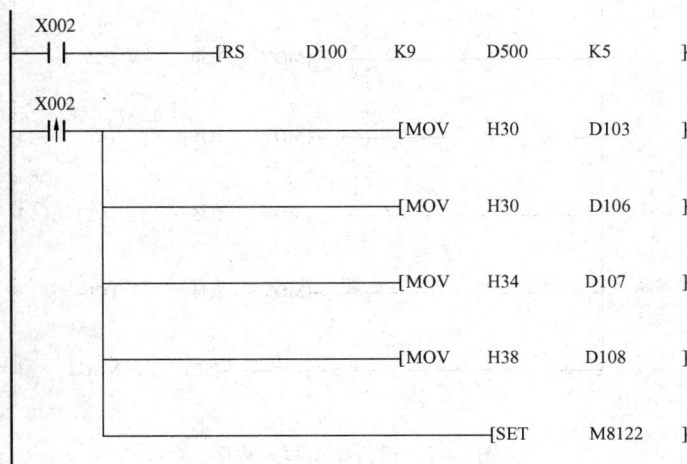

图 14-5　停止专用程序

第1逻辑行，X2 为 ON 时，控制停止用 D100 开始的 9 个字符数据传送变频器。

第2、3逻辑行，停止 H00 的 ASCII 代码送 D105、D106。

第 4、5 逻辑行，停止校验总和数据的 ASCII 代码送 D107、D108。

第 6 逻辑行，送出发送请求脉冲。

（7）PLC 与变频器通信控制反转专用程序。PLC 与变频器通信控制反转专用程序如图 14-6 所示。

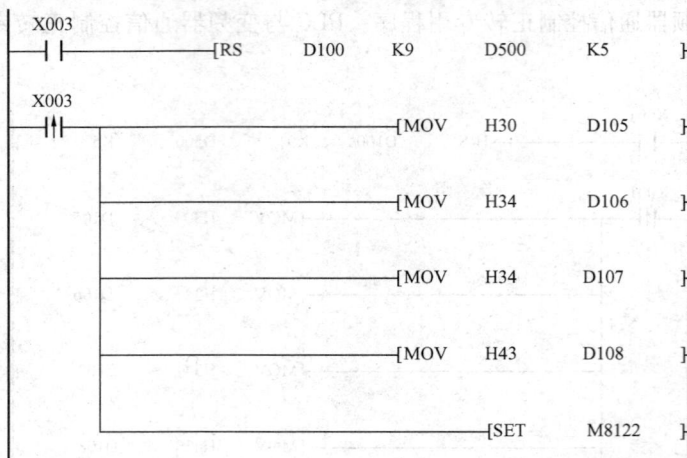

图 14-6　反转专用程序

第 1 逻辑行，X2 为 ON 时，控制反转用 D100 开始的 9 个字符数据传送变频器。

第 2、3 逻辑行，反转 H04 的 ASCII 代码送 D105、D106。

第 4、5 逻辑行，反转校验总和数据的 ASCII 代码送 D107、D108。

第 6 逻辑行，送出发送请求脉冲。

（8）PLC 与变频器通信运行频率写入程序。PLC 与变频器通信运行频率写入程序如图 14-7 所示。

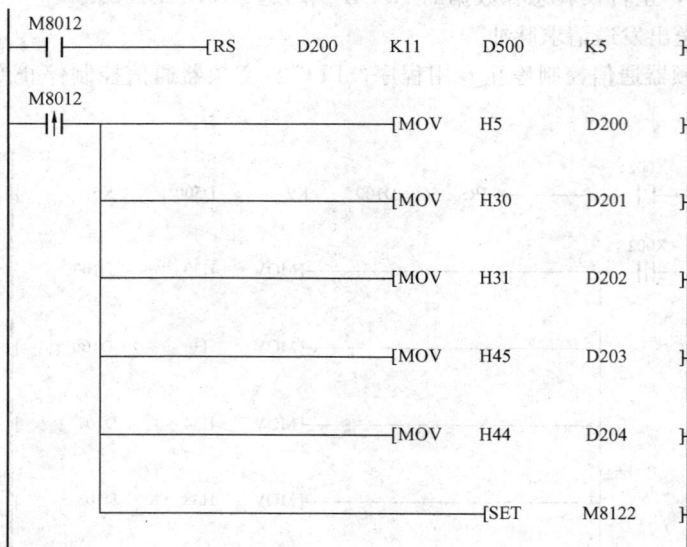

图 14-7　运行频率写入程序

第 1 逻辑行，M8012 为 ON 时，运行频率写入用 D200 开始的 11 个字符数据传送变频器。

第 2 逻辑行，控制代码 H05 送 D200。

第 3、4 逻辑行，变频器站号 H01 的 ASCII 代码送 D201、D202。

第 5、6 逻辑行，运行写入指令 HED 的 ASCII 代码送 D203、D204。

第 7 逻辑行，送出发送请求脉冲。

（9）变频器运行频率数据处理程序。变频器运行频率数据处理程序如图 14-8 所示。

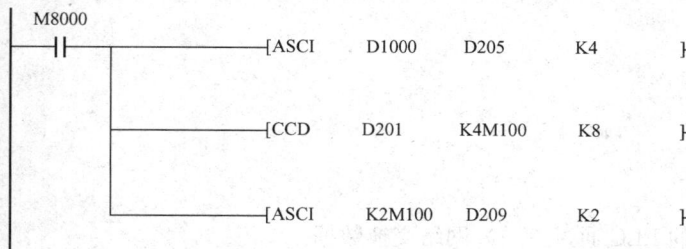

```
   M8000
    ┤├                      ┤ASCI    D1000    D205    K4├

                            ┤CCD     D201     K4M100   K8├

                            ┤ASCI    K2M100   D209    K2├
```

图 14-8　运行频率数据处理程序

第 1 逻辑行，将变频器运行频率数据寄存器 D1000 中的数据转换为 ASCII 代码送 D205～D208。

第 2 逻辑行，计算 D201～D208 的校验总和，传送至 K4M100 位组合元件。

第 3 逻辑行，将校验总和数据低 8 位数据转换为 ASCII 代码，送 D109、D110。

技能训练

一、训练目标

（1）能够正确设计 PLC 与变频器的通信控制的 PLC 程序。

（2）能正确输入和传输 PLC 与变频器的通信控制程序。

（3）能够独立完成 PLC 与变频器的通信控制线路的安装。

（4）按规定进行通电调试，出现故障时，应能根据设计要求进行检修，并使系统正常工作。

二、训练步骤与内容

1. 设计 PLC 与变频器的通信控制程序

（1）配置 PLC 软元件。

（2）设计 PLC 通信格式设置程序。

（3）设计 PLC 与变频器通信运行频率写入程序。

（4）设计变频器运行频率数据处理程序。

（5）设计 PLC 与变频器通信控制正转、反转、停止公用程序。

（6）设计 PLC 与变频器通信控制正转专用程序。

（7）设计 PLC 与变频器通信控制停止专用程序。

（8）设计 PLC 与变频器通信控制反转专用程序。

（9）设计触摸屏运行频率数据输入程序。

2. 安装、调试运行

（1）按图 14-1 接线。

（2）将 PLC 与变频器的通信控制程序下载到 PLC。

（3）拨动 PLC 的 RUN/STOP 开关，使 PLC 处于 RUN 状态。

（4）通过触摸屏输入变频器运行频率。

（5）按下正转按钮，观察变频器的运行，观察交流异步电动机的运行。

（6）按下停止按钮，观察变频器的运行，观察交流异步电动机的运行。

（7）按下反转按钮，观察变频器的运行，观察交流异步电动机的运行。

任务 26　PLC 与 PLC 的通信

📖 **基础知识**

一、任务分析

1. 控制要求

3 台 FX$_{3U}$ 系列的 PLC 通过 N：N 网络交换数据。

通信刷新范围设置为模式 1。

重试次数设为 3，通信超时设为 50ms。

1）用主站的 X0～X3 控制 1 号从站的 Y10～Y13。

2）用 1 号从站的 X4～X7 控制 2 号从站的 Y14～Y17。

3）用 2 号从站的 X10～X13 控制主站的 Y20～Y23。

4）用主站的 D0 为 1 号从站计数器 C1 提供设置值，C1 触点的状态通过 M1080 控制主站的 Y6。

5）1 号从站 D11 的值与 2 号从站 D21 的值相加送主站 D2。

2. 控制分析

3 台 FX$_{3U}$ 系列 PLC 通过 FX$_{3U}$-485-BD 通信板组建 N：N 通信网络，通过网络进行数据交换，用 M1000～M1003，通过主站的 X0～X3 控制从站 1 的 Y10～Y13。用 M1064～M1067，通过 1 号从站的 X4～X7 控制 2 号从站的 Y14～Y17。用 M1128～M1131，通过 2 号从站的 X10～X13 控制主站的 Y20～Y23。主、从站数据传送通过相关的数据寄存器进行。

二、PLC 通信控制

1. N：N 网络通信

N：N 网络通信用于最多 8 台 FX 系列 PLC 之间的自动数据数据交换，其中 1 台为主站，其余为从站。

在每台 PLC 的辅助继电器和数据寄存器分别有一块系统指定的共享数据区，网络中每一台 PLC 都分配了各自的共享辅助继电器和数据寄存器。

对于网络中的某一 PLC 来说，分配给它的共享数据区数据自动传输到其他站 PLC 的相同区域，分配给其他 PLC 的共享数据的数据时其他 PLC 站自动传输的。

对于网络中的某一 PLC 来说，在使用其他 PLC 的自动传输的共享数据时，就像读写自己内部的数据区一样。共享数据区的数据与其他 PLC 里对应数据在时间上有一定的延时，数据延时的时间与数据传送周期、站数、数据传输量有关（延时范围 18～131ms）。

2. N：N 网络通信用辅助继电器、数据寄存器

N：N 网络通信用辅助继电器见表 14-14。

表 14-14　　　　　　　　　　　　N：N 网络通信用辅助继电器

响应类型	属性	FX$_{1S}$	FX$_{1N}$、FX$_{3U}$、FX$_{3UC}$	功　能
主、从站	只读	M8038	M8038	用于 N：N 网络参数设置
主站	只读	M504	M8183	主站通信错误时为 ON
主、从站	只读	M505～M511	M8184～M8190	从站通信错误时为 ON
主、从站	只读	M503	M8191	与别的站通信错误时为 ON

N∶N网络通信数据寄存器见表14-15。

表 14-15 N∶N网络通信数据寄存器

响应类型	属性	FX_{1S}	FX_{1N}、FX_{3U}、FX_{3UC}	功　能
主、从站	只读	D8173	D8173	保存自己站号
主、从站	只读	D8174	D8174	保存从站个数
主、从站	只读	D8175	D8175	保存刷新范围
主、从站	只写	D8176	D8176	设置站号
主站	只写	D8177	D8177	设置从站个数
主站	只写	D8178	D8178	设置刷新模式
主站	读/写	D8179	D8179	设置重试次数
主站	读/写	D8180	D8180	设置通信超时时间
主、从站	只写	D201	D8201	网络当前扫描时间
主、从站	只写	D202	D8202	网络最大扫描时间
从站	只写	D203	D8203	主站通信错误条数
主、从站	只写	D204～D210	D8204～D8210	1～7 号从站通信错误条数
从站	只写	D211	D8211	主站通信错误代码
主、从站	只写	D212～D218	D8212～D8218	1～7 号从站通信错误代码

3.N∶N网络设置

N∶N网络设置在 PLC 运行时或 PLC 启动时有效。

(1) 设置 PLC 工作站号。通过 D8176 设置 PLC 工作站号，主站设为 0，从站设置为 1～7。

(2) 设置从站个数。主站通过 D8177 设置，设置范围为 1～7，默认值是 7。

(3) 设置刷新范围。刷新范围是指主站与从站共享辅助继电器和数据寄存器的范围，由主站的 D8178 设置，可以设为 0、1、2（默认值时 0），对应的刷新范围见表14-16。

表 14-16 刷新模式、刷新范围

通信元件	刷新范围		
	模式 0	模式 1	模式 2
	FX_{0N}、FX_{1S}、FX_{1N}、FX_{3U}、FX_{3UC}	FX_{1N}、FX_{3U}、FX_{3UC}	FX_{1N}、FX_{3U}、FX_{3UC}
位元件	0 点	32 点	64 点
字元件	4 点	4 点	8 点

N∶N网络通信共享辅助继电器和数据寄存器见表14-17。

表 14-17 网络通信共享辅助继电器和数据寄存器

站号	模式 0		模式 1		模式 2	
	位元件	字元件	位元件	字元件	位元件	字元件
0		D0～D3	M1000～M1031	D0～D3	M1000～M1063	D0～D7
1		D10～D13	M1064～M1095	D10～D13	M1064～M1127	D10～D17
2		D20～D23	M1128～M1159	D20～D23	M1128～M1191	D20～D27
3		D30～D33	M1192～M1223	D30～D33	M1192～M1255	D30～D37

续表

站号	模式 0		模式 1		模式 2	
	位元件	字元件	位元件	字元件	位元件	字元件
4		D40~D43	M1256~M1287	D40~D43	M1256~M1319	D40~D47
5		D50~D53	M1320~M1351	D50~D53	M1320~M1383	D50~D57
6		D60~D63	M1384~M1415	D60~D63	M1384~M1447	D60~D67
7		D70~D73	M1448~M1479	D70~D73	M1448~M1511	D70~D77

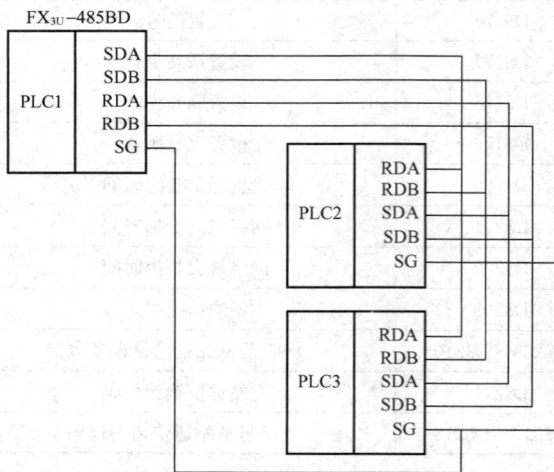

图 14-9　PLC 通信网络接线图

（4）设置重试次数。主站通过 D8179 设置重试次数，设定范围为 0～10（默认值时 3）。当通信出错时，主站就会根据设置的重试次数自动重试通信。

（5）设置通信超时时间。主站通过 D8180 设置通信超时时间，设定值范围是 5～255（默认值是 5），该值乘以 10ms 就是通信超时时间。

4. PLC 与 PLC 的通信接线图

PLC 与 PLC 的通信网络接线图如图 14-9 所示。

5. PLC 与 PLC 的通信控制程序

3 个 FX₃U 系列的 PLC 工作站号分别设置为 0、1、2，PLC 与 PLC 的通信程序分为主站控制程序，从站控制程序。

（1）主站控制程序。主站控制程序如图 14-10 所示。

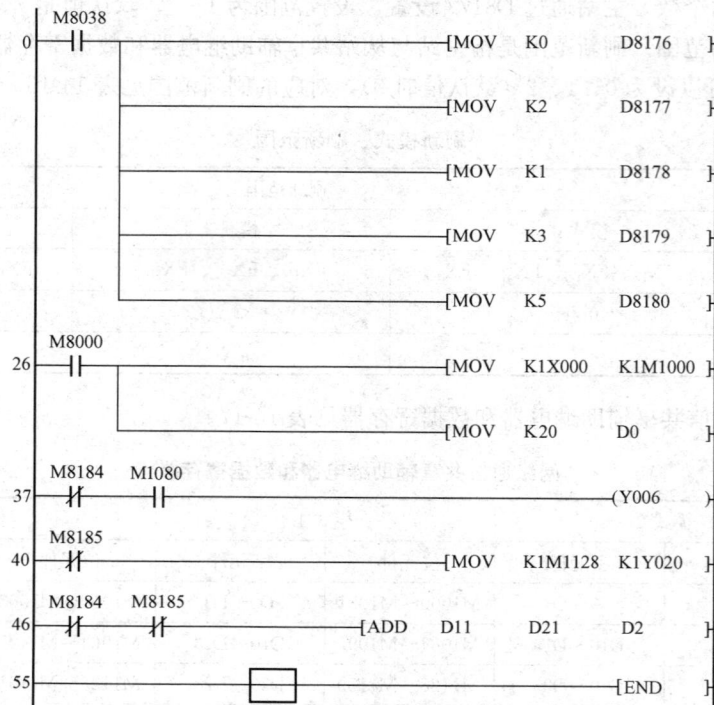

图 14-10　主站控制程序

第 1 逻辑行，设置主站站号为 0。

第 2 逻辑行，设置从站个数为 2。

第 3 逻辑行，设置刷新模式为 1。

第 4 逻辑行，设置重试次数为 3。

第 5 逻辑行，设置超时时间为 50ms。

第 6 逻辑行，X0～X3 数据传送给 M1000～M1003。

第 7 逻辑行，如果从站 1 通信正常，从站 1 计数器 C1 对应的 M1080 控制主站的 Y6。

第 8 逻辑行，如果从站 2 通信正常，用 M1128～M1031 控制主站的 Y20～Y23。

第 9 逻辑行，如果从站 1、从站 2 通信正常，D11＋D21 送 D2。

（2）1 号从站控制程序。从站 1 控制程序如图 14-11 所示。

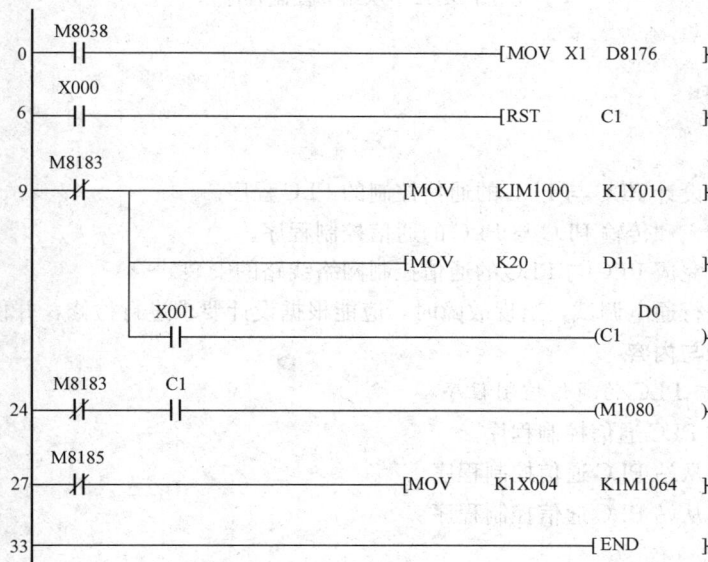

图 14-11　从站 1 控制程序

第 1 逻辑行，设置从站 1 站号为 1。

第 2 逻辑行，用 X0 复位计数器 C1。

第 3 逻辑行，如果主站通信正常，用主站信号 M1000～M1003 控制从站 1 的 Y10～Y13。

第 4 逻辑行，传送数据到 D11。

第 5 逻辑行，X1 为 C1 提供计数脉冲，主站 D0 为从站 1 计数器 C1 提供设置值。

第 6 逻辑行，如果主站通信正常，C1 触点状态通过 M1080 送主站 Y6。

第 7 逻辑行，如果从站 2 通信正常，从站 1 的 X4～X7 信号通过 M1064～M1067 送 2 号从站，控制 2 号从站的 Y14～Y17。

（3）2 号从站控制程序。从站 2 控制程序如图 14-12 所示。

第 1 逻辑行，设置从站 2 站号为 2。

第 2 逻辑行，如果主站通信正常，2 号从站的 X10～X13 信号通过 M1128～M1231 传送到主站，控制主站的 Y20～Y23。

第 3 逻辑行，传送数据到 D21。

第 4 逻辑行，如果从站 1 通信正常，用从站 1 的 M1064～M1067 控制从站 2 的 Y14～Y17。

```
       M8038
  0 ─────┤├──────────────────────────[MOV    K2        D8176    ]

       M8183
  6 ─────┤/├──────────────────────────[MOV   K1X010    K1M1128   ]
              │
              └───────────────────────[MOV    K10       D21      ]

       M8184
 17 ─────┤/├──────────────────────────[MOV   K1M1064   K1Y014    ]

 23 ─────────────────────────────────────────────────[END      ]
```

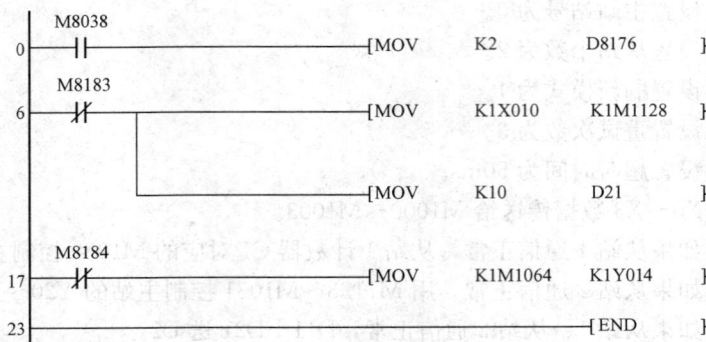

图 14-12 从站 2 控制程序

技能训练

一、训练目标

（1）能够正确设计 PLC 与 PLC 的通信控制的 PLC 程序。

（2）能正确输入和传输 PLC 与 PLC 的通信控制程序。

（3）能够独立完成 PLC 与 PLC 的通信控制网络线路的安装。

（4）按规定进行通电调试，出现故障时，应能根据设计要求进行检修，并使系统正常工作。

二、训练步骤与内容

1. 设计 PLC 与 PLC 的通信控制程序

（1）设计主站 PLC 通信控制程序。

（2）设计 1 号从站 PLC 通信控制程序。

（3）设计 2 号从站 PLC 通信控制程序。

2. 安装、调试运行

（1）正确组建 N∶N 的 PLC 通信网络。

注意：

所有从站的接收端线并联后再与主站发送线连接。

所有从站的发送端线并联后再与主站接收线连接。

主站与末端从站发送端、接收端均并联电阻 110Ω 防止信号反射。

（2）将主站 PLC1 程序下载到主站 PLC1。

（3）将从站 PLC2 程序下载到从站 PLC2。

（4）将从站 PLC3 程序下载到从站 PLC3。

（5）使主站、从站 1、从站 2PLC 处于运行状态。

（6）按下主站的 X0～X3 端的按钮。分别观察 1 号站的 Y10～Y13 的状态变化，观察主站对从站 1 的控制。

（7）按下 1 号从站的 X4～X7 端的按钮，观察 2 号从站的 Y14～Y17 的状态变化，观察从站 1 对从站 2 的控制。

（8）按下 2 号从站的 X10～X13 端的按钮，观察主站的 Y20～Y23 的状态变化，观察从站 2 对主站的控制。

（9）改变主站 D0 的参数，观察 1 号从站计数器 C1 计数设定值的变化，观察计数次数的

任务
26

变化。

（10）观察 C1 计数达到设定值时，C1 触点的状态通过 M1080 对主站的 Y6 的控制。

（11）观察 1 号从站 D11 的值与 2 号从站 D21 的值相加结果对主站 D2 的影响。

习　题　14

1. 如果变频器站号设置为 3，请重新设计 PLC 与变频器的通信控制程序，并下载到 PLC，检验程序是否正确。

2. 使用矩形 N80 系列 PLC，设计 PLC 与变频器的通信控制程序，并下载到 PLC，检验程序是否正确。

3. 使用 FX$_{3U}$ 系列 PLC 的变频器通信控制指令，设计控制程序，控制变频器正转、停止、反转，使用变频器通信控制指令读写变频器的参数，使用变频器通信控制指令改变变频器的运行频率，下载程序到 PLC，检验程序是否正确。

4. 如何计算校验和？变频器站号设置为 4 时，正转控制时的校验和是多少，对应的 ASCII 校验码是什么？

5. FX$_{3U}$ 系列 PLC 具有哪些通信控制方式？

6. 如何增加 PLC 与 PLC 的通信距离？

7. 如何使用 FX$_{3U}$-485 ADP 通信适配器进行 N：N 的网络通信？

项目十五 温度控制

学习目标

（1）学会使用 FX$_{3U}$-4AD-PT 温度传感器模拟量输入模块。

（2）学会使用 FX$_{3U}$-4DA 模拟量输出模块。

（3）学会使用脉冲检测指令。

（4）学会使用触点比较指令。

（5）学会使用读写特殊功能模块指令。

（6）学会用 PLC 实现模拟量温度控制。

任务 27 中央空调冷冻泵运行控制

基础知识

一、任务分析

1. 控制要求

（1）按下启动按钮，全速（50Hz）启动冷冻泵，20s 后转入温差自动控制。

（2）变频器加速时间为 8s，减速时间为 6s。

（3）变频器避免在 20～25Hz 频率范围运行，以防振荡。

（4）具有手动和自动切换功能，手动时可调节变频器的运行频率。

（5）冷冻泵进、出水温差和变频器输出频率及 D/A 转换数字量间的关系见表 15-1。

表 15-1　　　　　　　　　温差、频率、D/A 转换数字量

进、出水温差（℃）	变频器输出频率	D/A 转换数字量
$t \leqslant 1℃$	30	6000
$1 < t \leqslant 1.5$	32.5	6500
$1.5 < t \leqslant 2$	35	7000
$2 < t \leqslant 2.5$	37.5	7500
$2.5 < t \leqslant 3$	40	8000
$3 < t \leqslant 3.5$	42.5	8500
$3.5 < t \leqslant 4$	45	9000
$4 < t \leqslant 4.5$	47.5	9500
$t > 4.5$	50	10 000

（6）按下停止按钮，系统停止运行。

2．控制分析

（1）冷冻泵进水、出水温度信号通过铂电阻温度传感器 PT100 采集，通过模数转换模块将温度信号转换为线性输出的数字信号。

（2）变频器的运行频率根据温差信号变化而变化，通过数模转换模块将数字信号转换为模拟电压输出信号，通过模拟电压信号控制变频器输出频率。

（3）通过变频器驱动冷冻泵运行，调节中央空调的运行。

二、PLC 中央空调冷冻泵的运行控制

1．温度传感器模拟量输入模块

温度传感器模拟量输入模块 FX$_{3U}$-4AD-PT 是 4 通道温度输入 12 位 A/D 转换模块，这是一种内附温度传感器前置放大器的模拟电压量输入模块，它可以直接与三线的铂电阻 PT-100 直接连接。摄氏度和华氏度数据都可读取。读分辨率是 0.1℃ 或 0.18℉。FX$_{3U}$-4AD-PT-ADP 的技术指标见表 15-2。

表 15-2　　　　　　　　　　　**FX$_{3U}$-4AD-PT-ADP 的技术指标**

项　　目	摄　氏	华　氏
输入信号	PT-100 传感器　　3 线制 4 通道（CH1～CH4）	
额定温度范围	−50～250℃	−58～ +482℉
数字输出	−500～+2500	−580～+4820
	12 位转换 11 位数据 +1 符号位	
分辨率	0.1℃	0.18℉
综合精确度	±1%（相对最大值）	
转换速度	200μs	
隔离方式	光电隔离或 DC/DC 转换器使输入与 PLC 隔离	
电源	模拟电路 DC 24V±10%，5QmA	
	数字电路 DC 5V，30mA（主单元的内部电源供应）	
占用输入输出点数	0 点（与 FX$_{3U}$ 系列 PLC 最大输入或输出无关）	

2．FX$_{3U}$-4DA 模拟量输出模块

FX$_{3U}$-4DA 模拟量输出模块为 4 通道 16 位 D/A 转换模块，每个通道可独立设置电压或电流输出。FX$_{3U}$-4DA 是一种具有高精确度的输出模块。通过简易的调整或根据 PLC 的指令可改变模拟量输出的范围。FX$_{3U}$-4DA 的技术指标见表 15-3。

表 15-3　　　　　　　　　　　**FX$_{3U}$-4DA 的技术指标**

项　　目	电压输出	电流输出
输出信号	DC −10～+10V	DC 0～20mA
		DC 4～20mA
数字输入	带符号 16 位	15 位
分辨率	0.32mV（10V/64 000）	0.63μA（20mA/32 000）
综合精确度	±0.3%（相对最大值）	
转换时间	1ms	
隔离方式	光电隔离或 DC/DC 转换器使输出与 PLC 隔离	
占用输入输出点数	FX$_{3U}$ 扩展总线 8 点（计输入或输出均可）	

3. 模块单元编号

接在 FX 基本单元右边扩展总线上的特殊功能模块（例如 FX$_{3U}$-4DA、FX$_{3U}$-4AD 等），从最靠近基本单元的那一个特殊功能模块开始顺次编为 0～7 号，如图 15-1 所示。

4. FX$_{3U}$-4DA 的缓冲寄存器（BFM）分配

FX 系列 PLC 基本单元与 FX$_{3U}$-4AD、FX$_{3U}$-4DA 等之间的数据通信是由 FROM 指令和 TO 指令来执行的，FROM 是基本单元从 FX$_{3U}$-4AD、FX$_{3U}$-4DA 读数据的指令，TO 是从基本单元将数据写到 FX$_{3U}$-4AD、FX$_{3U}$-4DA 的指令。实际上读、写操作都是对 FX$_{3U}$-4AD、FX$_{3U}$-4DA 的缓冲寄存器 BFM 进行的。这一缓冲寄存器区由 3098 个 16 位的寄存器组成，编号为 BFM 0 号～3097 号。

（1）BFM 0 号输出模式指定。BFM 0 号用于指定通道 1～4 的输出模式，如图 15-2 所示，采用 4 位数 HEX 码，对各位分配各通道的编号。

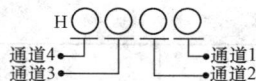

图 15-1　模块单元编号

图 15-2　输出模式指定

通过在各位中设定 0～4、F 的数值，可以指定个通道的输出模式，见表 15-4。

表 15-4　设定输出模式

设定值	输出模式	输出范围	数字量输入
0	电压输出	−10～+10V	−32 000～+32 000
1	电压输出 mV 模式	−10～+10V	−10 000～+10 000
2	电流输出	0～20mA	0～32 000
3	电流输出	4～20mA	0～32 000
4	电流输出 μA 模式	0～20mA	0～20 000
5～E	无效	—	—

电压输出模式 0、模式 1 的特性如图 15-3 所示。

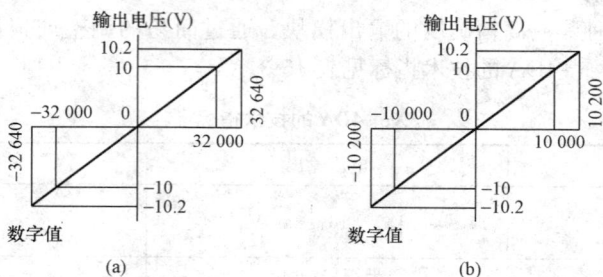

图 15-3　电压输出模式 0、1
（a）模式 0；（b）模式 1

电流输出模式 2、模式 4 的特性如图 15-4 所示。

电流输出模式 3 的特性如图 15-5 所示。

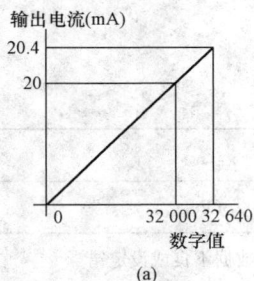
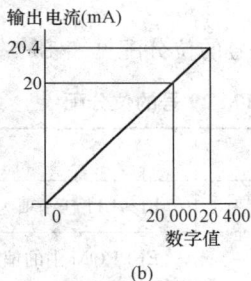
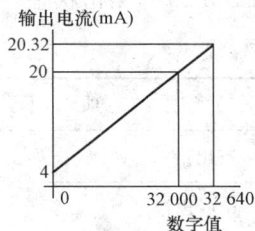

图 15-4　电流输出模式 2、4

（a）模式 2；（b）模式 4

图 15-5　电流输出模式 3

（2）BFM 1 号～4 号输出数据。BFM 1 号～4 号给定通道 1～通道 4 的输出数据。

（3）BFM 5 号设定停止状态 STOP 时的数据。BFM 5 号用于指定通道 1～4 的设定停止状态 STOP 时数据，采用 4 位数 HEX 码，对各位分配了各通道的编号，通过在各位中设定 0～2、3～F 的数值，设定停止状态 STOP 时数据，见表 15-5。

表 15-5　　　　　　　　　　　　　　　　BFM 5 号参数设定

设定值	输出内容
0	保持 RUN 时的最终值
1	输出偏置值*
2	输出 BFM 32 号～35 号中设定的数据*
3～F	无效（设定值不变化）

* 因输出模式 BFM 0 号值的不同，输出各异。

（4）BFM 6 号设定输出状态。BFM 6 号保存通道 1～通道 4 的输出状态信息，采用 4 位数 HEX 码，对各位分配了各通道的编号，改变设定值时，输出停止，输出状态，自动写入 H0000。变更结束后，输出状态，自动写入 H1111，并恢复输出。

（5）BFM 9 号设定偏置、增益的写入指令。BFM 9 号的低 4 位被分配对应各个通道的编号，各位为 ON 时，被分配的对应通道的偏置数据 BFM 10 号～BFM 13 号、增益数据 BFM 14 号～BFM 17 号被写入内置内存 EEPROM，且有效。

可以对多个通道同时给出写入指令（用 H000F 对所有通道进行写入），写入结束后，自动变更为 H0000。

（6）BFM 10 号～13 号偏置数据。根据 BFM 0 号的内容，自动保存各通道的偏置数据。

（7）BFM 14 号～17 号增益数据。根据 BFM 0 号的内容，自动保存各通道的增益数据。

（8）BFM 19 号设定变更禁止。BFM 19 号只有设定为 K3030 才允许变更参数，设定为其他值，禁止变更参数。

（9）BFM 20 号初始化。BFM 20 号为 K1 时，所有功能 BFM 0 号～ BFM 3098 号被初始化，恢复到出厂设定值。初始化结束时，自动变更为 K0。

（10）BFM 28 号断线检查。BFM 28 号低 4 位（b3、b2、b1、b0）被分配对应各个通道的编号，b0 对应通道 1 的断线检测，b1 对应通道 2 的断线检测，b2 对应通道 3 的断线检测，b3 对应通道 4 的断线检测，如果检测到断线，相应的各通道的位为 ON。

只有输出模式 BFM 0 号设定为电流输出模式（模式 2～4）时，断线检测状态才有效，除此之外，BFM 28 号的相关位均为 OFF。

（11）BFM 29 号出错状态。BFM 29 号的位分配见表 15-6。

表 15-6　　　　　　　　　　　　　　　　　BFM 29 号的位分配

位号	项　目	内　容
b0	有出错	b1～b11 任一项为 ON，b0 为 ON
b1	0/G 出错	EEPROM 中的偏置、增益数据不良或设定错
b2	电源异常	没有供给 24V 电源
b3	硬件出错	FX₃U-4DA 故障
b4	—	—
b5	BFM 5 号设定值错	BFM 5 号设定值不正常，重新设定
b6	上下限功能设定错	上下限功能设定不正常，重新设定
b7	BFM 51 号～ BFM 54 号设定值错	BFM 51 号～ BFM 54 号设定值不正常，重新设定
b8	表格输出功能设定错	表格输出功能设定不正常，重新设定
b9	状态自动传送设定错	状态自动传送设定不正常，重新设定
b10	量程溢出	模拟量输出值在规定值外
b11	检测到断线	有断线，通过 BFM 28 号确定断线通道
b12	设定变更的禁止状态	设定变更被禁止
b13～15	—	—

（12）BFM 30 号机型代码。FX₃U-4DA 的机型代码为 K3030。

（13）BFM 32 号～BFM 35 号可编程控制器 STOP 时的输出数据。在 BFM 5 号设定值为 2 时，BFM 32 号～BFM 35 号可以设定通道 1～通道 4 的 STOP 时的输出数据。

其他的参数请参考 FX₃U 用户手册（模拟量控制篇）。

5. FX₃U-4DA 的应用

（1）端子排列（见图 15-6）。

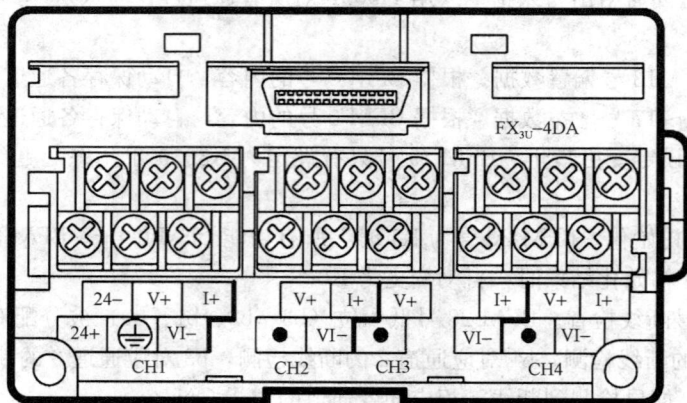

图 15-6　FX₃U-4DA 端子排列

24＋、24－用于连接直流 24V 电源。

各个通道 V＋、VI－、I＋为模拟量输出连接端。

（2）接线图（见图 15-7）。

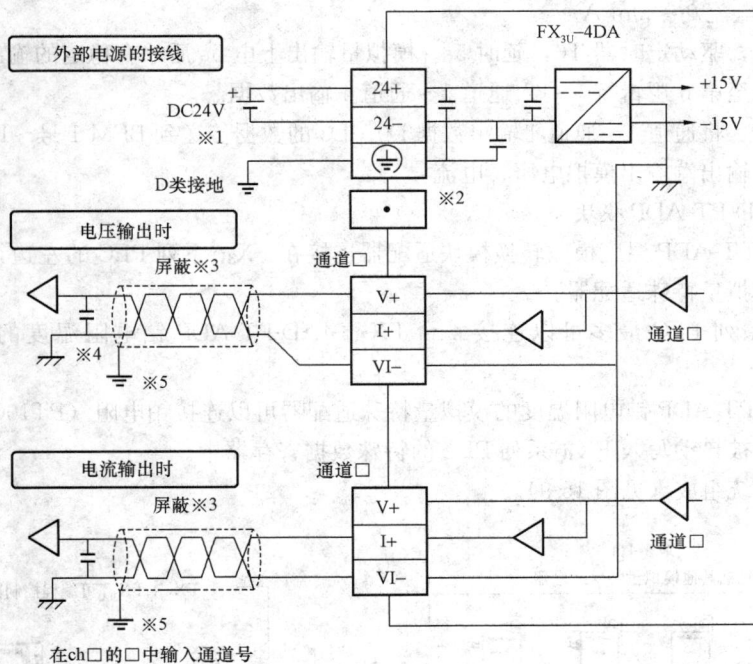

图 15-7 FX₃U-4DA 接线图

1）连接交流输入的基本单元时，可以使用基本单元的 DC 24V 电源。

2）[.] 端子不要接线。

3）模拟量输出使用双芯屏蔽线。

4）模拟输出电压有噪声时，并联 $0.1 \sim 0.47 \mu F/25V$ 的电容。

5）屏蔽线在信号接收侧单独接地。

（3）编写控制程序（见图 15-8）。

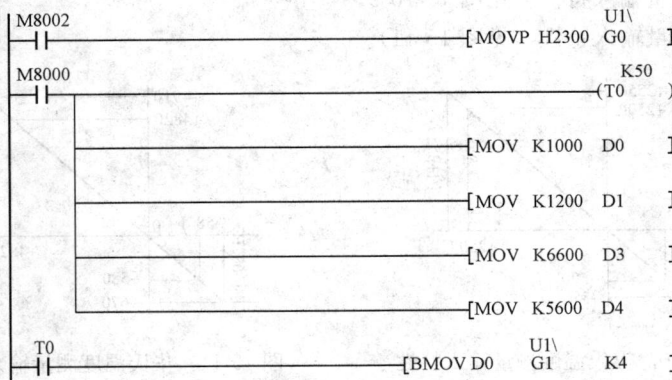

图 15-8 4DA 控制程序

247

缓冲区 BFM 采用单元号/缓冲存储区号的指定模式。

第 1 逻辑行，初始化设定单元 1 的 BFM 0 号，指定通道 1～通道 4 输出模式，其中指定通道 1、通道 2 为模式 0（模拟电压输出），指定通道 3 为模式 3（输出电流 4～20mA），指定通道 4 为模式 2（输出电流 0～20mA）。

第 2 逻辑行，驱动定时器 T0，延时 5s。模拟量输出上电 5s 后才有稳定的输出。

第 3 逻辑行至第 6 逻辑行，写入通道 1～通道 4 输出数据。

第 7 逻辑行，将通道 1～通道 4 输出数据 D0～D3 的数据传送到 BFM 1 号～BFM 4 号，通过数模转换从通道输出端输出模拟电压、电流。

6. FX$_{3U}$-4AD-PT-ADP 模块

FX$_{3U}$-4AD-PT-ADP 温度模数转换模块适配器连接在 FX$_{3U}$ 系列 PLC 的左边，是获得 4 通道铂电阻温度的模拟量特殊适配器。

1 台 FX$_{3U}$ 系列 PLC 最多可以连接 4 台 FX$_{3U}$-4AD-PT-ADP 铂电阻温度的模拟量特殊适配器。

FX$_{3U}$-4AD-PT-ADP 铂电阻温度的模拟量特殊适配器可以连接铂电阻（PT100）测量温度。

测定的温度被自动写入 FX$_{3U}$ 系列 PLC 的特殊数据寄存器中。

（1）测温系统组成（见图 15-9）。

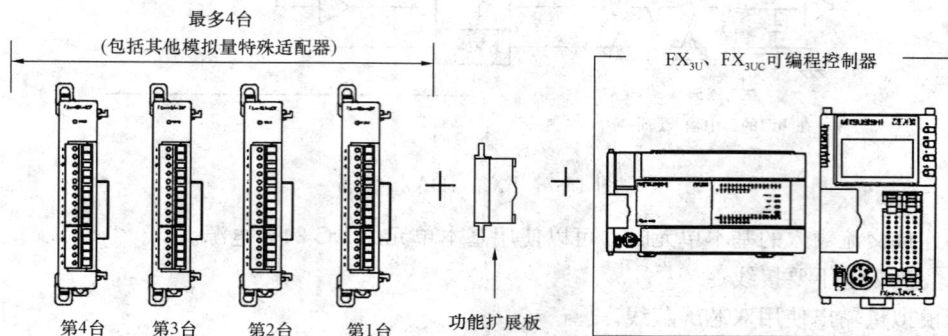

图 15-9　测温系统

（2）输入特性。

1）摄氏温度测量输入特性（见图 15-10）。

2）华氏温度测量输入特性（见图 15-11）。

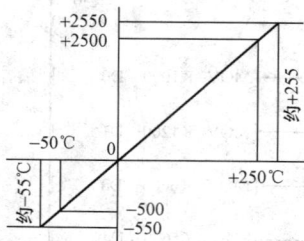

图 15-10　摄氏温度测量输入特性

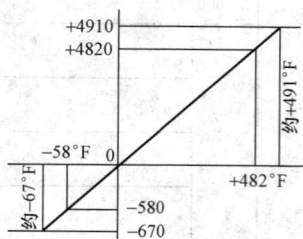

图 15-11　华氏温度测量输入特性

（3）端子排列（见图 15-12）。

FX$_{3U}$-4AD-PT-ADP 信号名称及用途见表 15-7。

表 15-7 　　　　FX₃ᵤ-4AD-PT-ADP 信号名称及用途

信号名称	用　途
24＋	外部电源
24－	
⏚	接地
L1＋	
L1－	通道 1 铂电阻输入
I1－	
L2＋	
L2－	通道 2 铂电阻输入
I2－	
L3＋	
L3－	通道 3 铂电阻输入
I3－	
L4＋	
L4－	通道 4 铂电阻输入
I4－	

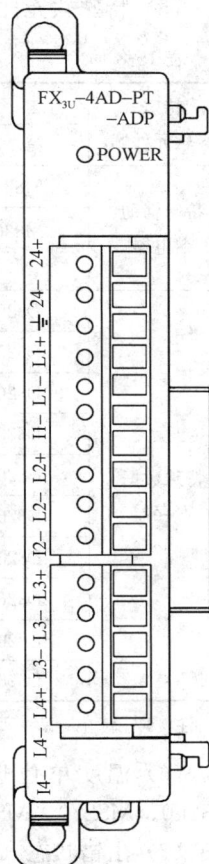

（4）外部接线（见图 15-13）。

图 15-12　端子排列

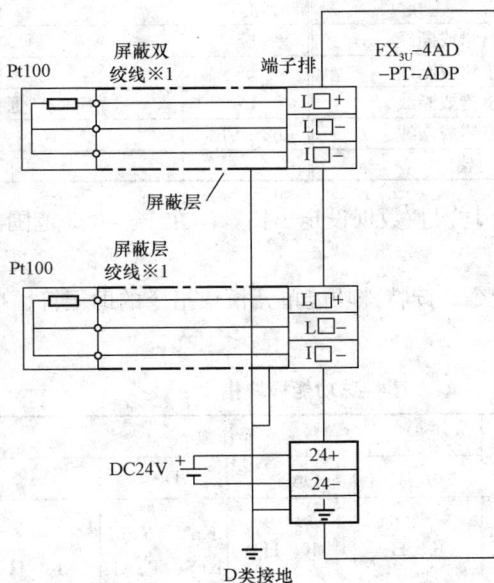

图 15-13　外部接线

（5）特殊软元件（见表 15-8）。

表 15-8 特殊软元件

特殊软元件	软元件编号				内　　容	属性
	第 1 台	第 2 台	第 3 台	第 4 台		
特殊辅助继电器	M8260	M8270	M8280	M8290	温度单位选择	R/W
	M8261 ～M8269	M8271 ～M8279	M8281 ～M8289	M8291 ～M8299	未使用	—
特殊数据寄存器	D8260	D8270	D8280	D8290	通道 1 测定温度	R
	D8261	D8271	D8281	D8291	通道 2 测定温度	R
	D8262	D8272	D8282	D8292	通道 3 测定温度	R
	D8263	D8273	D8283	D8293	通道 4 测定温度	R
	D8264	D8274	D8284	D8294	通道 1 平均次数	R/W
	D8265	D8275	D8285	D8295	通道 2 平均次数	R/W
	D8266	D8276	D8286	D8296	通道 3 平均次数	R/W
	D8267	D8277	D8287	D8297	通道 4 平均次数	R/W
	D8268	D8278	D8288	D8298	出错状态	R/W
	D8269	D8279	D8289	D8299	机型代码	R

注　R—读出；W—写入。

（6）温度单位选择。M8260、M8270、M8280、M8290 设置为 OFF，温度选择摄氏度。M8260、M8270、M8280、M8290 设置为 ON，温度选择华氏度。

（7）出错状态（见表 15-9）。通过 D8260、D8270、D8280、D8290 出错状态寄存器的各位 ON、OFF 状态，可以确定出错的内容。要确认出错时，可以编辑程序。

表 15-9 出　错　状　态

位	内　　容	位	内　　容
b0	通道 1 测温设定出错或断线	b5	平均次数设定错
b1	通道 2 测温设定出错或断线	b6	硬件出错
b2	通道 3 测温设定出错或断线	b7	通信数据出错
b3	通道 4 测温设定出错或断线	b8～b15	未使用
b4	EEPROM 出错		

如 D8268.5 为 ON，表示平均次数数据设定出错，不在 1～4095 范围内。

7. 模拟量处理指令

（1）读特殊功能单元模块指令。读特殊功能单元模块指令的助记符、指令代码、操作数、程序步见表 15-10。

表 15-10 读特殊功能模块指令

指令名称	助记符	指令代码	操作数				程序步
			m1	m2	D·	n	
读特殊功能模块	FROM FROM（P）	FNC78 (16/32)	K、H (0～7)	K、H (0～31)	KnY、KnM KnS、T、C、 D、V、Z	K、H	FROM、 FROMP 9 步 DFROM、 DFROMP 17 步

读特殊功能模块指令 FROM 的梯形图如图 15-14 所示。

当 X10 由 OFF→ON 时，读特殊功能模块指令 FROM 开始执行，将编号为 m1 的特殊功能模块内从缓冲寄存器（BFM）编号为 m2 开始的 n 个数据读入基本单元，并存入 [D] 指定的元件的 n 个数据寄存器中。

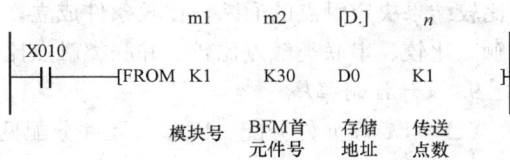

图 15-14 FROM 指令

m1 是特殊功能模块号，m1＝0～7。

m2 是缓冲寄存器首元件号，m2＝0～31。

n 是待传送数据的字数，16 位指令 n＝1～32，32 位指令 n＝1～16。

（2）写特殊功能单元模块指令。写特殊功能单元模块指令的助记符、指令代码、操作数、程序步见表 15-11。

表 15-11　　　　　　　　　　　　　　写特殊功能模块指令

指令名称	助记符	指令代码	操作数				程序步
			m1	m2	D·	n	
写特殊功能模块	TO TO (P)	FNC79 (16/32)	K、H (0～7)	K、H (0～31)	KnY、KnM KnS、T、C、D、V、Z	K、H	TO、TOP9 步 DTO、DTOP 17 步

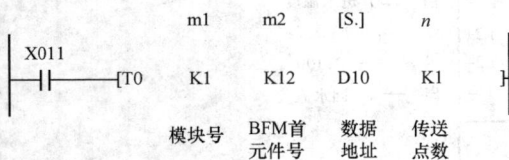

图 15-15　TO 指令

写特殊功能模块指令 TO 的梯形图如图 15-15 所示。

当 X11 由 OFF→ON 时，写特殊功能模块指令 TO 开始执行，将 PLC 基本单元从 [S] 指定的元件开始的 n 个数据写到特殊功能模块 m1 中编号为 m2 开始的缓冲寄存器（BFM）中。

m1 是特殊功能模块号，m1＝0～7。

m2 是缓冲寄存器首元件号，m2＝0～31。

n 是待传送数据的字数，16 位指令 n＝1～32，32 位指令 n＝1～16。

8. 其他 PLC 指令

（1）交替输出指令。交替输出指令的助记符、指令代码、操作数、程序步见表 15-12。

表 15-12　　　　　　　　　　　　　　交替输出指令

指令名称	助记符	指令代码	操作数	程序步
			D·	
交替输出	ALT	FNC66	Y、M、S	ALTP3 步

交替输出指令的使用说明如图 15-16 所示。

当 X5 每次由 OFF→ON 时，M10 的状态反向一次。

（2）脉冲检测指令。脉冲检测指令用于检测位元件的上升沿、下降沿，上升沿检测指令有 LDP、ANDP、ORP，下降沿检测指令有 LDF、ANDF、ORF，分别用于触点的加载、串联、并联。

（3）触点比较指令。触点比较指令用于两个数据的比较，根

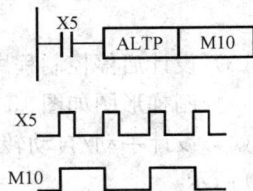

图 15-16　交替输出指令

据比较结果决定触点的通断,比较条件成立,触点为 ON,否则为 OFF。触点比较分为数据加载类触点比较、串联类触点比较、并联类触点比较指令,分别用于比较触点的加载、串联、并联。

9. 设计控制程序

(1) PLC 软元件分配。PLC 软元件分配见表 15-13。

表 15-13   PLC 软元件分配

元件名称	软元件	元件名称	软元件
启动按钮	X1	进水温度	D11
停止按钮	X2	回水温度	D12
频率增加按钮	X3	温差值	D20
频率减少按钮	X4	温差数字量	D100
手动/自动转换	X5	辅助继电器	M10
变频器 STF 控制	Y1		

(2) PLC 中央空调冷冻泵控制接线图。PLC 中央空调冷冻泵控制接线图如图 15-17 所示。

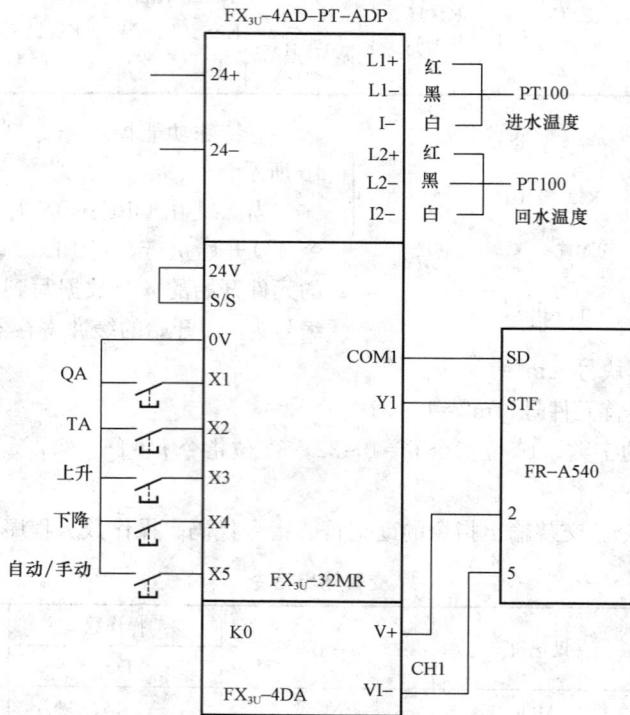

图 15-17   PLC 控制接线图

(3) 设计启停控制程序。系统启停通过控制变频器实现,控制 PLC 的 Y1 可以控制变频器的运行,控制梯形图如图 15-18 所示。

(4) 设计手动/自动转换控制程序。手动/自动转换控制通过交替输出指令实现,梯形图如图 15-19 所示。

(5) 设计模拟量输入、输出控制程序。模拟量输入、输出控制程序如图 15-20 所示。

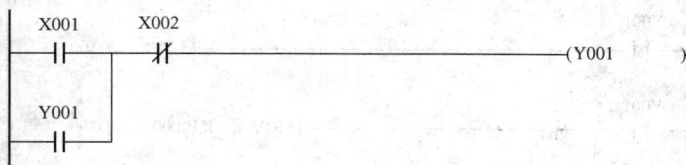

图 15-18　启停控制

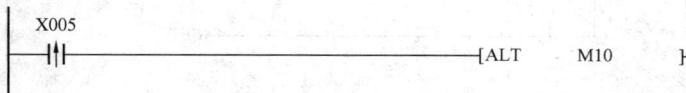

图 15-19　手动/自动转换控制

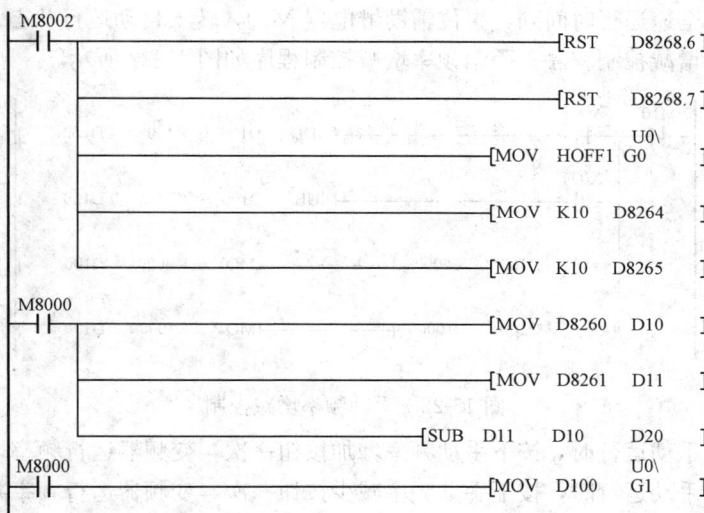

图 15-20　模拟量输入、输出控制

梯形图程序说明：

第 1 逻辑行，利用初始化脉冲设置复位 D8268.6，清除硬件错误。

第 2 逻辑行，利用初始化脉冲设置复位 D8268.7，清除数据通信错误。

第 3 逻辑行，利用初始化脉冲设置设定 FX$_{3U}$-4DA 数模转换模块的输出模式，设定通道 1 为模式 1（电压输出 mV 模式），其他三个通道不使用。

第 4、5 逻辑行，设定 FX$_{3U}$-4AD-PT-ADP 铂电阻温度的模拟量特殊适配器通道 1、通道 2 的平均取样次数为 10。

第 6、7 逻辑行，将通道 1、通道 2 铂电阻温度传感器采集到的温度数据送 D10、D11。

第 8 逻辑行，将回水温度寄存器 D11 与进水温度寄存器 D10 的温差值送温差值寄存器 D20。

第 9 逻辑行，传送 D100 数据到 FX$_{3U}$-4DA 数模转换模块通道 1 的 BFM 1 号，通过通道 1 输出端输出模拟电压。

（6）设计全速运行程序。全速运行程序如图 15-21 所示。

第 1 逻辑行，变频器停止运行时，复位数模转换数据寄存器 D100。

第 2 逻辑行，变频器全速运行时，设置数模转换数据寄存器为数模转换数据的最大值，使变频器运行在 50Hz。

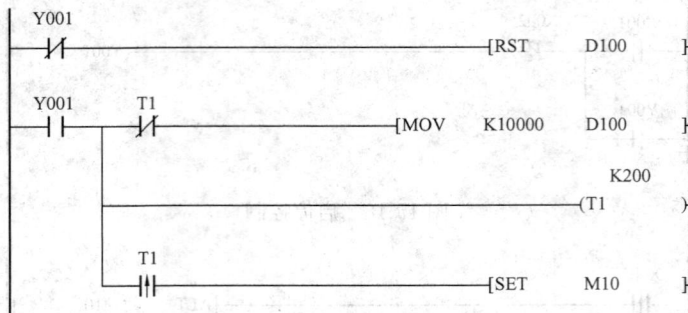

图 15-21　全速运行程序

第 3 逻辑行，设置变频器全速运行时间 T1 为 20s。

第 4 逻辑行，全速运行时间到，置位辅助继电器 M10，转入自动运行状态。

（7）手动频率增减控制程序。手动频率增减控制程序如图 15-22 所示。

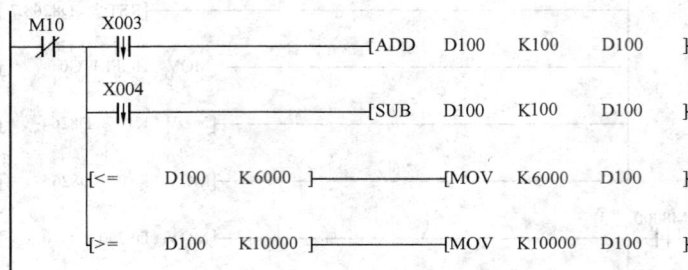

图 15-22　手动频率增减控制

第 1 逻辑行，手动运行时，按下手动频率增加按钮一次，变频器运行频率增加 0.5Hz。

第 2 逻辑行，手动运行时，按下手动频率减少按钮一次，变频器运行频率减少 0.5Hz。

第 3 逻辑行，手动运行状态，数模转换数据寄存器值低于下限值，即频率减少到 30Hz 以下时，数模转换数据寄存器值保持为下限值。

第 4 逻辑行，手动运行状态，数模转换数据寄存器值高于上限值，即频率达到 50Hz 时，数模转换数据寄存器值保持为上限值。

（8）设计自动温差转换控制运行程序。自动温差转换控制运行程序如图 15-23 所示。

第 1 逻辑行，温差小于、等于 1℃时，将变频器 30Hz 频率运行对应的数模转换数据送数模转换数据寄存器。

第 2 逻辑行，温差大于 1℃且小于、等于 1.5℃时，将变频器 32.5Hz 频率运行对应的数模转换数据送数模转换数据寄存器。

第 3 逻辑行，温差大于 1.5℃且小于、等于 2℃时，将变频器 35Hz 频率运行对应的数模转换数据送数模转换数据寄存器。

第 4 逻辑行，温差大于 2℃且小于、等于 2.5℃时，将变频器 37.5Hz 频率运行对应的数模转换数据送数模转换数据寄存器。

第 5 逻辑行，温差大于 2.5℃且小于、等于 3℃时，将变频器 40Hz 频率运行对应的数模转换数据送数模转换数据寄存器。

第 6 逻辑行，温差大于 3℃且小于、等于 3.5℃时，将变频器 42.5Hz 频率运行对应的数模转换数据送数模转换数据寄存器。

任务 27

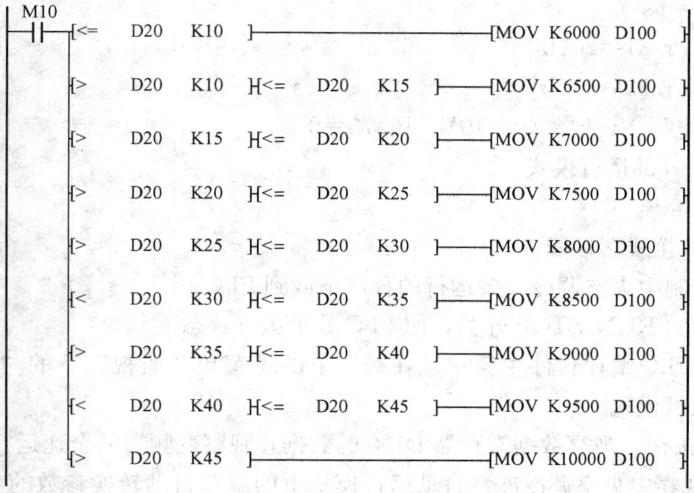

图 15-23 自动温差转换控制

第 7 逻辑行，温差大于 3.5℃且小于、等于 4℃时，将变频器 45Hz 频率运行对应的数模转换数据送数模转换数据寄存。

第 8 逻辑行，温差大于 4℃且小于、等于 4.5℃时，将变频器 47.5Hz 频率运行对应的数模转换数据送数模转换数据寄存器。

第 9 逻辑行，温差大于 4.5℃时，将变频器 50Hz 频率运行对应的数模转换数据送数模转换数据寄存器。

技能训练

一、训练目标

(1) 能够正确设计控制中央空调冷冻泵运行的 PLC 程序。

(2) 能正确输入和传输控制中央空调冷冻泵运行 PLC 控制程序。

(3) 能够独立完成控制中央空调冷冻泵运行的线路的安装。

(4) 按规定进行通电调试，出现故障时，应能根据设计要求进行检修，并使系统正常工作。

二、训练步骤与内容

1. 设计 PLC 控制中央空调冷冻泵运行的程序

(1) 配置 PLC 软元件。

(2) 设计用 PLC 控制变频器启停的程序。

(3) 设计手动/自动转换控制程序。

(4) 设计全速运行控制程序。

(5) 设计模拟量输入、输出模块控制程序。

(6) 设计手动频率增减控制程序。

(7) 设计自动运行温差转换控制程序。

2. 设置变频器参数

在 Pr. 79＝1 时设置以下参数：

上限运行频率 Pr. 1＝50 Hz

加速时间 Pr. 7＝8s

减速时间 Pr. 8＝6s

跳跃频率下限 Pr. 31＝20Hz

跳跃频率上限 Pr. 32＝25Hz

模拟输入控制电压 Vi 选择（0～10V）Pr. 73＝0

设置 Pr. 79＝2 外部运行模式

3. 安装、调试运行

（1）按图 15-17 接线图接线。

（2）将 PLC 控制中央空调冷冻泵运行的程序下载到 PLC。

（3）拨动 PLC 的 RUN/STOP 开关，使 PLC 处于运行状态。

（4）点击执行 PLC 编程软件主菜单"在线"下的子菜单"监视"下的"监视模式"命令，使 PLC 处于监控运行模式。

（5）按下启动按钮，观察数据寄存器 D100 的数据，观察变频器的全速运行及运行频率。

（6）20s 后，观察中央空调冷冻泵自动运行模式下的温差自动转换参数的变化，观察进水温度、回水温度、温差值寄存器当前值的变化，观察数模转换数值寄存器 D100 当前值的变化。观察变频器的运行频率。

（7）切换到手动运行模式。

（8）按下手动频率增加按钮，观察数模转换数值寄存器 D100 当前值的变化。观察变频器的运行频率。

（9）按下手动频率减少按钮，观察数模转换数值寄存器 D100 当前值的变化。观察变频器的运行频率。

习 题 15

1. 使用模拟量输入模块 FX₃ᵤ-4AD-PT-ADP 的通道 3、4 检测进水、回水温度，PLC 控制中央空调冷冻泵运行的其他控制要求不变。根据上述控制要求设计 PLC 控制程序。

2. 使用模拟量输出模块 FX₃ᵤ-4DA 的通道 2 控制变频器，PLC 控制中央空调冷冻泵运行的其他控制要求不变。根据上述控制要求设计 PLC 控制程序。

3. 使用 N80 系列 PLC，实现 PLC 控制中央空调冷冻泵运行控制。

4. 使用 FX₂ₙ-4AD-PT 温度数模转换模块、FX₂ₙ-2DA 数模转换模块和 FX₃ᵤ 系列 PLC，实现 PLC 控制中央空调冷冻泵运行控制。